单片机原理与接口技术

胡臻龙 著

哈爾濱工業大學出版社

图书在版编目(CIP)数据

单片机原理与接口技术 / 胡臻龙著. —— 哈尔滨：
哈尔滨工业大学出版社，2021.10
ISBN 978-7-5603-9753-5

Ⅰ. ①单… Ⅱ. ①胡… Ⅲ. ①单片微型计算机－基础
理论②单片微型计算机－接口 Ⅳ. ①TP368.1

中国版本图书馆 CIP 数据核字(2021)第 211460 号

策划编辑 张凤涛
责任编辑 周一曈 惠 晗
封面设计 宣是设计
出版发行 哈尔滨工业大学出版社
社　　址 哈尔滨市南岗区复华四道街 10 号　邮编 150006
传　　真 0451－86414749
网　　址 http://hitpress.hit.edu.cn
印　　刷 北京荣玉印刷有限公司
开　　本 787mm×1092mm 1/16 印张 14 字数 410 千字
版　　次 2021 年 10 月第 1 版　2021 年 10 月第 1 次印刷
书　　号 ISBN 978-7-5603-9753-5
定　　价 42.00 元

前言

PREFACE

随着社会的发展，嵌入式系统的应用越来越广泛。这些应用改变了人们的生活、学习的方式，以及信息处理、存储的方法，因此学习嵌入式系统的硬件概念与原理对于工科学生尤为重要。

本书系统地论述了单片机的组成原理、指令系统和汇编语言程序设计、中断系统、并行和串行 I/O 接口，以及 MCS－51 对 A/D 和 D/A 的接口等内容，并在此基础上介绍了单片机应用系统的设计。

本书以能力培养为导向，以实际微机应用问题为导引叙述微机应用原理、基本理论和方法，强调对一款 CPU 的深入学习与理解应用。所有的实例均用 C51 和 51 汇编并列编程，通过汇编熟悉 CPU 内部结构原理，通过 C51 促进工程应用，也方便读者对照学习。

本书可作为各类工科院校电子技术、计算机、工业自动化、自动控制、智能仪器仪表、电气工程、机电一体化等专业的单片机课程教材，也可供从事单片机应用设计的工程技术人员参考。

限于作者水平，书中疏漏与不足在所难免，请广大读者批评指正。

作　者

2021 年 9 月

目录

CONTENTS

第一章　单片机的概论

本章主要介绍单片机的基础知识、发展历史、应用场合以及发展趋势，并以美国 Atmel 公司 AT89S5X 系列单片机为例，对当前占有市场较大份额的 8 位单片机的主流机型 MCS－51 系列及其兼容机进行简要概述。

第一节　单片机的定义

一、计算机的基本结构

自 1971 年微机问世以来，由于实际应用的需要，微机向着两个不同的方向发展：一是朝向速度、大容量、高性能的高档微机方向发展；二是向稳定可靠、体积小、价格低廉的单片机方向发展。但两者在原理和技术上是紧密联系的。

计算机由微处理器(CPU)、内存条(RAM)、硬盘(ROM)、北桥(North Bridge)管理内存和数据处理、南桥(South Bridge)管理总线接口时钟等组成。计算机典型结构图如图 1.1 所示。

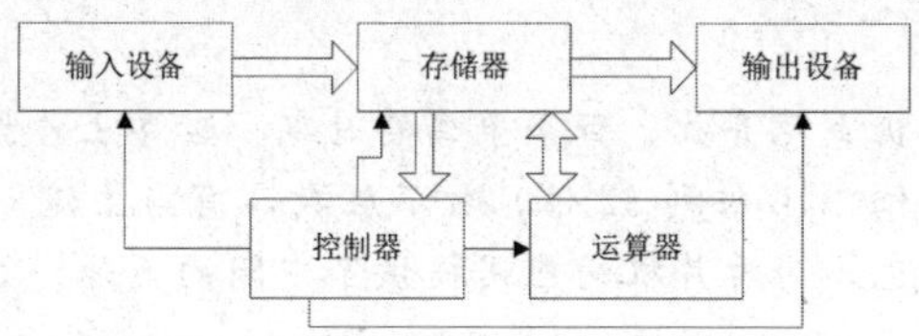

图 1.1　计算机典型结构图

整个系统由微处理器(控制器、运算器)、存储器(数据存储器、程序存储器)和 I/O 接口组成，各部分通过地址总线(Address Bus，AB)、数据总线(Data Bus，DB)和控制总线(Control Bus，CB)相连。计算机总线结构图如图 1.2 所示。

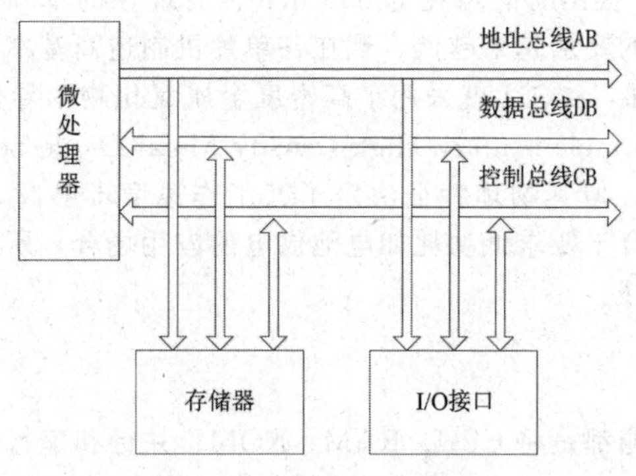

图 1.2　计算机总线结构图

以上为计算机的硬件组成，再配以系统软件和外围设备即构成了完整的计算机系统。

二、什么是单片机

单片机是单片微型计算机的简称。它将计算机的微处理器、存储器、定时计数器、中断系统、串行口和I/O接口等电路集成在一块电路芯片上，形成芯片级的计算机，再配以晶振电路和复位电路就可以形成单片机最小系统。

第二节　单片机的发展过程及应用

一、单片机的发展历史及趋势

单片机的发展分以下四个阶段。

第一阶段：20世纪70年代后期，4位逻辑控制器件发展到8位，使用N型金属氧化物半导体(N Metal Oxide Semiconducter，NMOS)工艺(速度低、功耗大、集成度低)，代表产品有MC6800、Intel 8048。

第二阶段：20世纪80年代初，采用互补金属氧化物半导体(Complementary Metal Oxide Semicondutor，CMOS)工艺，并逐渐被高速、低功耗的高密度金属氧化物半导体(High Density Metal Oxide Semiconductor，HMOS)工艺代替，代表产品有MC146805和Intel 8051。

第三阶段：近十年来，微控制器(Micro Controller Unit，MCU)的发展出现了许多新特点。

(1)在技术上，由可扩展总线型向纯单片型发展，即只能以单片方式工作。

(2)MCU的扩展方式由并行总线型发展出各种串行总线型。

(3)将多个CPU集成到一个MCU中。

(4)在降低功耗、提高可靠性方面，MCU工作电压已降至3.3 V。

第四阶段：Flash的使用使MCU技术进入了第四阶段。

小贴士

现在可以说是单片机百花齐放、百家争鸣的时期，世界上各大芯片制造公司都推出了自己的单片机，从8位、16位到32位，数不胜数，有与主流C51系列兼容的，也有不兼容的。它们各具特色，为单片机的应用提供了广阔的天地。

纵观单片机的发展过程，可以预测单片机的发展趋势大致如下。

(一)低功耗CMOS化

MCS-51系列的8031推出时的功耗为630 mW，而现在的单片机功耗普遍都在100 mW左右。随着对单片机功耗的要求越来越低，现在各单片机制造商基本都采用了互补金属氧化物半导体(CMOS)工艺。例如，80C51就采用了高密度金属氧化物半导体(HMOS)工艺和互补高密度金属氧化物半导体(Complementary High Density Metal Oxide Semicondutor，CHMOS)工艺。CMOS虽然功耗较低，但其物理特征决定了其工作速度不够高，而CHMOS则具备了高速和低功耗的特点，更适合于要求低功耗如电池供电的应用场合，所以这种工艺将是今后一段时期单片机发展的主要途径。

(二)微型单片化

现今常规的单片机普遍都是将CPU、RAM、ROM、并行和串行通信接口、中断系统、定

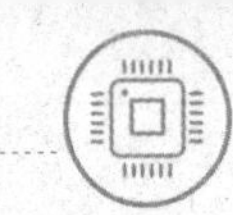

时电路和时钟电路集成在一块单一的芯片上，增强型的单片机集成了 A/D 转换器、脉宽调制(Pulse Width Modulation，PMW)电路和看门狗定时器(Watch Dog Timer，WDT)。有些单片机将液晶(Lquid Crystal Display，LCD)驱动电路也集成在单一的芯片上，这样单片机包含的单元电路就更多，功能更强大。有些单片机厂商甚至还可以根据用户的要求量身定做，制造出具有自己特色的单片机芯片。

此外，现在的产品普遍要求体积小、质量轻，这就要求单片机除了功能强和功耗低外，其体积也要小。目前，许多单片机都具有多种封装形式，其中表面封装(Surface Maunted Devices，SMD)越来越受欢迎，使得由单片机构成的系统朝着微型化的方向发展。

(三)主流与多品种共存

现今单片机的品种繁多，各具特色，以 8051 为核心的单片机占主流，兼容其结构和指令系统的有 Philips 公司的产品、Atmel 公司的产品和中国台湾的华邦系列单片机；Microchip 公司的 PIC(Peripheral Interface Controller，外设接口控制器)精简指令集(Redvced Instruction Set Computer，RISC)也有着强劲的发展势头；中国台湾的 Holtek 公司近年的单片机产量与日俱增，以其低价质优的优势，占据了一定的市场份额；此外还有 Motorola 公司的产品，以及日本几大公司的专用单片机。在一定的时期内，这种情形将仍将延续，而不存在某品牌单片机一统天下的垄断局面，走的是依存互补、相辅相成、共同发展的道路。

(四)外设电路内装化

众多外围电路集成在片内的系统单片化是目前发展趋势之一。例如，美国 Cygnal 公司的 C8051F020 8 位单片机内部采用流水线结构，大部分指令的完成时间为 1 或 2 个时钟周期，峰值处理能力为 25 MIPS。片上集成有 8 通道 A/D、两路 D/A 和两路电压比较器，内置温度传感器、定时器、可编程数字交叉开关、64 个通用 I/O 接口、电源监测、多种类型的串行接口，两个通用异步收发传输器(Universal Asynchronous Receiver/Trqnslnitter，UART)、串行外设接口(Serial Peripheral Interfare，SPI)等，一片芯片就是一个"测控"系统。

(五)编程及仿真简单化

目前大多数的单片机都支持在线编程，也称在系统编程(In System Program，ISP)，只需一条 ISP 并口下载线，就可以把仿真调试通过的程序从 PC 写入单片机的 Flash 存储器内，省去了编程器。某些机型还支持在线应用编程(In Application Program，IAP)，可在线升级或销毁单片机的应用程序，省去了仿真器。

综上所述，单片机正在向多功能、高性能、高速度、低电压、低功耗、低价格(几元钱)、外设电路内装化，以及片内程序存储器和数据存储器容量不断增大的方向发展。

二、单片机的主流产品

自单片机诞生以来的近 30 年中，单片机已有 70 多个系列的近 500 个机种。

MCS-51 系列单片机产品繁多，主流地位已经形成，近年来推出的与 8051 兼容的主要产品如下。

(1)Atmel 公司融入 Flash 存储器技术的 AT89 系列。

(2)Philips 公司的 80C51、80C552 系列。

(3)华邦公司的 W78C51、W77C51 高速低价系列。

(4)ADI 公司的 ADμC8××高精度 ADC 系列。

(5)LG 公司的 GMS90/97 低压高速系列。

(6)Maxim 公司的 DS89C420 高速(50 MIPS)系列。

(7)Cygnal公司的C8051F系列高速系统级芯片(System on Chip，SOC)单片机。

非8051结构的单片机新品不断推出，给用户提供了更为广泛的选择空间，近年来推出的非8051系列的主要产品如下。

(1)Intel的MCS-96系列16位单片机。

(2)Microchip的PIC系列RISC单片机。

(3)TI的MSP430F系列16位低功耗单片机。

根据近年来国内实际应用统计，Intel公司的单片机在市场上的占有率为67%，其中MCS-51系列产品占54%，国内至今仍以MCS-48、MCS-1和MCS-96为主流系列。随着这一系列产品的深入开发，其主流系列的地位会不断巩固下去，因此本书主要介绍Intel公司的单片机系列。

三、单片机的应用领域

单片机的应用主要体现在以下几个方面。

(1)工业自动化方面。如过程控制、数据采集和测控技术、机器人技术及机械电子计算机一体化技术。

(2)仪器仪表方面。如测试仪表和医疗仪器的数字化、智能化、高精度、小体积、低成本，便于增加显示报警和自诊断功能。

(3)家用电器方面。如冰箱、洗衣机、空调机、微波炉、电视机、音像设备等。

(4)信息和通信产品方面。如计算机的键盘、打印机、磁盘驱动器、传真机、复印机、电话机和考勤机。

(5)汽车电子方面。单片机已经广泛地应用在各种汽车电子设备中，如汽车安全系统、汽车信息系统、智能自动驾驶系统、卫星汽车导航系统、汽车紧急请求服务系统、汽车防撞监控系统、汽车自动诊断系统及汽车黑匣子等。

(6)军事方面。如飞机、大炮、坦克、军舰、导弹、火箭、雷达等。

(7)分布式多机系统方面。在较复杂的多节点测控系统中，常采用分布式多机系统。一般由若干台功能各异的单片机组成，各自完成特定的任务，它们通过串行通信相互联系、协调工作。在这种系统中，单片机往往作为一个终端机，安装在系统的某些节点上，对现场信息进行实时的测量和控制。

小贴士

从工业自动化、自动控制、智能仪器仪表、消费类电子产品等方面，到国防尖端技术领域，单片机都发挥着十分重要的作用。

第三节　几种微处理器简介及特点

一、MCS-51系列

AT89C5X/AT89S5X属于51系列，分为基本型和增强型两种。在原有功能、引脚及指令系统方面完全兼容的基础上，该系列单片机中的某些品种又增加了一些新的功能，如看门狗定时器(WDT)、ISP及SPI串行接口技术等。片内Flash存储器允许在线(+5 V)电擦除、使用编程器或串行下载写入对其重复编程。

另外，AT89C5X/AT89S5X还支持由软件选择的两种节电工作方式，非常适于电池供电或其他要求低功耗的场合。AT89S51与MCS-51系列中的87C51相比，片内的4 KB Flash存

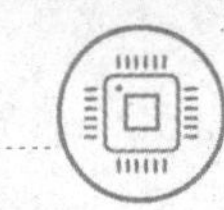

储器取代了87C51片内的4 KB可擦除可编程只读存储器(Erasable Programmable Read-Only Memory，EPROM)。AT89S51片内的4 KB Flash存储器可在线编程或使用编程器重复编程，且价格较低，因此AT89S5X单片机是目前取代MCS-51系列单片机的主要芯片之一。本书重点介绍AT89S51单片机的工作原理及应用设计。

AT89S5X系列单片机编码由三部分组成，分别是前缀、型号和后缀，其格式为AT89S51×××　×××。其中，AT是前缀，89S×××是型号，×××是后缀。下面分别对这三部分进行说明。

字母"AT"表示该器件是Atmel公司的产品，8表示单片，9表示内部含有Flash存储器，S表示含有串行下载的Flash存储器，后缀分别表示主频、封装、温度和工艺。

例如，某一单片机型号"AT89C51-12PI"，表示是Atmel公司的Flash，CMOS产品，速度为12 MHz，塑料双列直插DIP封装，工业级，标准处理工艺生产。

二、PIC系列单片机

美国Microchip公司的产品主要特点如下。

(1)从实际出发，重视性价比。当需要一个I/O口较少、RAM及程序存储空间不大、可靠性较高的小型单片机时，若采用40脚单片机，则会"大马拉小车"。PIC系列从低到高几十个型号，可满足各种需要。其中，PIC12C508仅有8个引脚，是世界上最小的单片机。

(2)具有精简指令集，指令执行效率大为提高。采用数据总线和指令总线分离的哈佛总线(Harvard)结构，使指令具有单字节长，且允许指令代码的位数可多于8位的数据位数。

(3)具有优越的开发环境，实时性非常好。

(4)引脚具有防瞬态能力，通过限流电阻可以接至220 V交流电源，可直接与继电器控制电路相连，无须光电耦合器隔离，给应用带来极大方便。

(5)片内有看门狗定时器，可提高程序运行的可靠性。

(6)设有休眠和省电工作方式，可大大降低单片机系统的功耗，并可采用电池供电。

三、AVR系列单片机

AVR系列单片机是1997年由Atmel公司利用Flash新技术研发出的具有精简指令集(RISC)的高速8位单片机，其特点如下。

(1)高速度、高可靠性、功能强、低价位。AVR系列单片机废除了机器周期，抛弃了复杂指令集计算机(Complex Instruction Set Computer，CISC)追求指令完备的做法。其采用精简指令集，以字作为指令长度单位，将内容丰富的操作数与操作码安排在一字之中。其指令长度固定，指令格式与种类相对较少，寻址方式也相对较少，绝大部分指令都为单周期指令。其取指周期短，又可预取指令，实现流水作业，故可高速执行指令。当然，这种高速度是以高可靠性来保障的。

(2)片内Flash存储器给用户程序的开发带来了方便。单片机采用新工艺的AVR器件，Flash程序存储器擦写可达10 000次以上。片内较大容量的RAM不仅能满足一般场合的使用，还更有效地支持使用高级语言开发系统程序，并可像MCS-51单片机那样扩展外部RAM。

(3)丰富的外设。单片机内有定时器/计数器、看门狗电路、低电压检测电路(Brown-out Detector，BOD)、多个复位源(自动上下电复位、外部复位、看门狗复位和BOD复位)和可设置的启动后延时运行程序，增强了单片机应用系统的可靠性。片内有多种串口，如通用的异步串行口，面向字节的高速硬件串口TWI(Two Wire Serial Interface)(与I^2C兼容)、SPI。此外，还有A/D转换器(Analog to Digital Convertor，ADC)、脉冲宽度调制(Pulse Width Modulation，PWM)等片内外设。

(4)I/O口功能强、驱动能力强。工业级产品具有大电流(最大可达40 mA)，驱动能力强，可省去功率驱动器件，直接驱动可控硅固态继电器(Solid State Relay，SSR)或继电器。AVR单片机的I/O口是真正的I/O口，能正确反映I/O口输入/输出的真实情况。I/O口的输入可设定为三态高阻抗输入或带上拉电阻输入，以便满足各种多功能I/O口应用的需要，具备10～20 mA灌电流的能力。

(5)低功耗。单片机具有省电功能(Power Down)及休眠功能(Idle)的低功耗的工作方式，一般耗电为1～2.5 mA。对于典型功耗情况，WDT关闭时为100 nA，更适用于电池供电的应用设备。有的器件最低1.8 V即可工作。

(6)AVR单片机支持程序的在系统编程，即在线编程，开发门槛较低。只需一条ISP并口下载线，就可以把程序写入AVR单片机，无须使用编程器。其中，MEGA系列还支持在线应用编程，可在线升级或销毁应用程序，省去了仿真器。

四、嵌入式数字信号处理器

嵌入式数字信号处理器(Digital Signal Processor，DSP)是一种非常擅长高速实现各种数字信号处理运算(如数字滤波、快速傅里叶变换(Fast Fourier Transform，FFT)、频谱分析等)的嵌入式处理器。由于对DSP硬件结构和指令进行了特殊设计，因此其能够高速完成各种数字信号处理算法。

1981年，美国TI(Texas Instruments)公司研制出了著名的TMS320系列的首片低成本、高性能的DSP处理器芯片——TMS320C10，使DSP技术向前跨出了意义重大的一步。20世纪90年代，随着无线通信、各种网络通信及多媒体技术的普及和应用，高清晰度数字电视的研究极大地刺激了DSP的推广应用。

DSP大量进入嵌入式领域，推动其快速发展的是嵌入式系统的智能化，如各种带有智能逻辑的消费类产品、生物信息识别终端、实时语音压解系统、数字图像处理等。这类智能化算法一般运算量较大，特别是向量运算、指针线性寻址等较多，而这些正是DSP的长处所在。

尽管DSP技术已达到较高的水平，但在一些实时性要求很高的场合，单片DSP的处理能力还是不能满足要求。因此，又研制出了多总线、多流水线和并行处理的包含多个DSP处理器的芯片，大大提高了系统的性能。

小贴士

与单片机相比，DSP具有的实现高速运算的硬件结构及指令和多总线、DSP处理的算法复杂度和大的数据处理流量更是单片机不可企及的。

DSP的主要厂商有美国TI、ADI、Motorola、Zilog等公司。TI公司位居榜首，约占全球DSP市场的60%。DSP的代表性产品是TI公司的TMS320系列，该系列处理器包括用于控领域的C2000系列，移动通信的C5000系列，以及应用在网络、多媒体和数字图像处理的C6000系列等。

如今，随着全球信息化和Internet的普及、多媒体技术的广泛应用及尖端技术向民用领域的迅速转移，数字技术大范围进入消费类电子产品，使DSP不断更新换代，性能指标不断提高，价格不断下降，已成为新兴科技(通信、多媒体系统、消费电子、医用电子等)飞速发展的主要推动力。据国际著名市场调查研究公司Forward Concepts发布的统计和预测报告显示，目前世界DSP产品市场每年正以30%的增幅增长，是目前最有发展和应用前景的嵌入式处理器之一。

五、嵌入式微处理器

嵌入式微处理器(Embedded MicroProcessor Unit，EMPU)的基础是通用计算机中的CPU。

在应用设计中，将嵌入式处理器装配在专门设计的电路板上，只保留和嵌入式应用有关的母版功能，这样可以大幅度减小系统体积和功耗。

为满足嵌入式应用的特殊要求，嵌入式微处理器虽然在功能上和标准微处理器基本是一样的，但在工作温度、抗电磁干扰、可靠性等方面一般都做了各种增强处理。

嵌入式微处理器中比较有代表性的产品为ARM(Advanced RISC Machines)系列，主要有五个产品系列：ARM7、ARM9、ARM9E、ARM10和SecurCore。下面以ARM7为例，简单说明嵌入式微处理器的基本性能。

嵌入式处理器的地址线为32条，所能扩展的存储器空间要比单片机存储器空间大得多，所以可配置实时多任务操作系统(Real Time Operating on System，RTOS)，该系统是嵌入式应用软件的基础和开发平台。

常用的RTOS为Linux(数百KB)、VxWorks(数MB)及μC－OSⅡ。由于嵌入式实时多任务操作系统具有高度灵活性，可很容易地对它进行定制或适当开发，即对它进行“裁剪”“移植”和“编写”，从而设计出用户所需的应用程序，满足实际应用需要。

正是由于以嵌入式微处理器为核心的嵌入式系统能够运行实时多任务操作系统，因此能够处理复杂的系统管理任务和处理工作，在移动计算平台、媒体手机、工业控制和商业领域(例如，智能工控设备、ATM机等)、电子商务平台、信息家电(机顶盒、数字电视)等方面，甚至军事上的应用，都具有巨大的吸引力。以嵌入式微处理器为核心的嵌入式系统应用已成为继单片机、DSP之后的电子信息技术应用的又一大热点。

小贴士

这里要对“嵌入式系统”这个名称进行进一步说明。广义上讲，凡是系统中嵌入了“嵌入式处理器”，如单片机、DSP和嵌入式微处理器，都称其为“嵌入式系统”。但还有部分人仅把嵌入嵌入式微处理器的系统，称为“嵌入式系统”。目前“嵌入式系统”还没有一个严格和权威的定义，但人们所说的“嵌入式系统”多指后者。

第四节　计算机中数的表示及运算

计算机只识别和处理数字信息，数字是以二进制数表示的。这种表示不仅易于物理实现，同时资料存储、传送和处理简单可靠，且运算规则简单，使逻辑电路的设计、分析和综合变得方便，使计算机具有逻辑性。

一、常用数制及转换

(一)数制及其表示方法

用数字符号0，1，2，…，9来表示数字的大小，这些数字符号称为数码。数制的基数即所用数码的个数，十进制数有10个数码，故基数为10。此外，常用的数制还有二进制、八进制和十六进制等。基数小于10的计数制，可用十进制相应的数码作为它的数字符号，如二进制数码为0和1，八进制的数码为0～7；基数大于10的计数制，采用十进制数码加上大写的英文字母(从首字符开始)作为它的数码，如十六进制的数码为0～9的十进制数码，外加A～F 6个字母。

一个数一般由多个数码组成，数码在数中的位置不同，其值也不同。例如，十进制123.4，其中数码1位于百位，其值为100；2位于十位，其值为20；3位于个位，其值为3；4在小数点后一位，其值为0.4。这个数可以展开成多项式：

$$123.4=1\times10^{2}+2\times10^{1}+3\times10^{0}+4\times10^{-1}$$

式中，10^2、10^1、10^0和10^{-1}称为该位的“权”，每一位上的数码与该位“权”的乘积就是该位数值的大小，上式称为按权展开式。其他任意进制的数都可以按权展开，其形式为

$$N=d_{n-1}b^{n-1}+d_{n-2}b^{n-2}+\cdots+d_{-m}b^{-m}=\sum_{i=n-1}^{-m}d_ib^i$$

式中，d_i 为第 i 位数码；b 为基数；b^i为权；n 为整数的总位数；m 为小数的总位数。

例如，十进制数，10 个数码，采用“逢十进一”。

$$30\,681=3\times10^{4}+0\times10^{3}+6\times10^{2}+8\times10^{1}+1\times10^{0}$$

例如，二进制数，两个数码，采用“逢二进一”。

$$(11010100)_2=1\times2^7+1\times2^6+0\times2^5+1\times2^4+0\times2^3+1\times2^2+0\times2^1+0\times2^0$$

总之，N 进制数，N 个数码，“逢 N 进一”。

（二）数制之间的转换

任意进制之间相互转换，整数部分和小数部分必须分别进行。十进制整数转换成二进制时采用短除取余法(图 1-3)；十进制小数转换成二进制小数时采用乘 2 取整法；二进制转换成十进制时采用展开求和法。例如：

$$(101101)_2=1\times2^5+0\times2^4+1\times2^3+1\times2^2+0\times2^1+1\times2^0=32+0+8+4+0+1=45$$

二进制转换成八进制、十六进制与此类似。

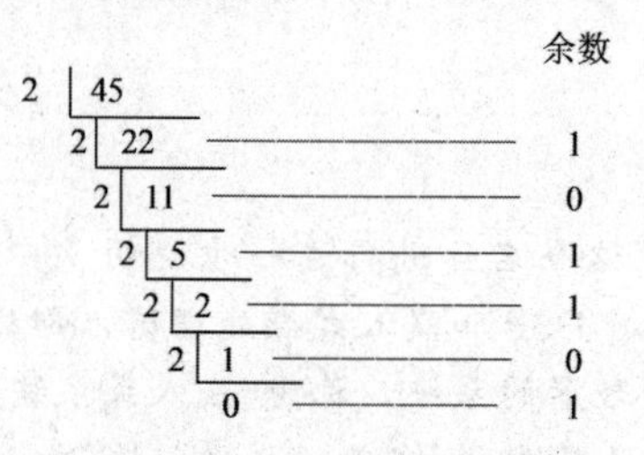

图 1.3　十进制数字 45 的转换

二、机器数及其编码

（一）机器数与真值

机器只能识别二进制数：0，1。这是因为电路状态常有两个，如通、断，高电平、低电平等，可用 0，1 表示。这种 0，1，0，1，…，0，1 在机器中的表现形式称为机器数，一般为 8 位。

（二）机器数的编码及运算

对带符号数而言，有原码、反码和补码之分，计算机内一般使用补码。

(1)原码。

将数“数码化”，原数前的“+”用 0 表示，原数前的“−”用 1 表示，数值部分为该数本身，这样的机器数称为原码。

设 X 为原数，则

$$[X]_{原}=X\quad(X\geqslant0)$$

$$[X]_{原}=2^{n-1}-X\quad(X\leqslant0)$$

式中，n 为字长的位数。

例如，$[+3]_{原}=00000011\text{B}$，$[-3]_{原}=2^7-(-3)=10000011\text{B}$。

0 有两种表示方法：00000000 表示+0，10000000 表示−0。

原码最大、最小的表示：+127，−128。

(2)反码。

规定正数的反码等于原码，负数的反码是将原码的数值位各位取反。

$$[X]_{反}=X \quad (X\geqslant 0)$$

$$[X]_{反}=(2^n-1)+X \quad (X\leqslant 0)$$

例如，$[+4]_{反}=[+4]_{原}=00000100B$，$[-4]_{反}=(2^8-1)+(-5)=11111111-00000101=11111010B$。

反码范围：−128～+127。

0有两种表示方法：00000000B表示+0，11111111B表示−0。

(3)补码。

补码的概念可这样理解：现在是下午3点，手表停在12点，可正拨3点，也可倒拨9点，即−9的操作可用+3来实现，在12点里，3和−9互为补码。运用补码可使减法变成加法。

规定：正数的补码等于原码。

负数的补码求法：①反码+1，②公式为

$$[X]_{补}=2^n+X \quad (X<0)$$

例如，设 $X=-0101110B$，则$[X]_{原}=10101110B$，$[X]_{补}=[X]_{反}+1=11010001+00000001=11010010B$。

再如，$[+6]_{补}=[+6]_{原}=00000110B$，$[-6]_{补}=2^8+(-6)=10000000-00000110=11111010B$。

8位补码的范围：−128～+127。

0的表示方法：只有一个，即00000000。

10000000B是−128的补码。

(4)补码的运算。

当$X\geqslant 0$时：

$$[X]_{补}=[X]_{反}=[X]_{原}$$

$$[[X]_{补}]_{补}=[X]_{原}$$

$$[X]_{补}+[Y]_{补}=[X+Y]_{补}$$

$$[X-Y]_{补}=[X+(-Y)]_{补}$$

(5)运算的溢出问题。

数的字长(位数)有一定限制，所以数的表示应有一个范围。例如，字长为8位时，补码范围为−128～+127。若运算结果超出这个范围，便溢出。

第五节　单片机系统的开发过程

正确的硬件设计和良好的软件功能设计是一个实用的单片机应用系统的设计目标，完成该目标的过程称为单片机应用系统的开发。

单片机作为一片集成了微型计算机基本部件的集成电路芯片，与通用的微机相比，它自身没有开发功能，必须借助开发工具来完成。硬件包括计算机、开发板、编程器等。单片机系统开发板如图1.4所示。

软件包括 Keil C51、Proutes、Multisim 及 ISP 程序下载软件。

仿真是单片机开发过程中非常重要的一个环节，除了一些极简单的任务，一般产品开发过程中都要进行仿真，其主要目的是进行软件调试，当然借助仿真器也能进行一些硬件排错。一块单片机应用电路板包括单片机部分及为达到使用目的而设计的应用电路，仿真就是利用仿真器来代替应用电路板(目标机)的单片机部分，对应用电路部分进行测试、调试。

仿真分为软件模拟仿真和利用仿真器仿真两类。软件模拟仿真是指用仿真软件来模拟单片

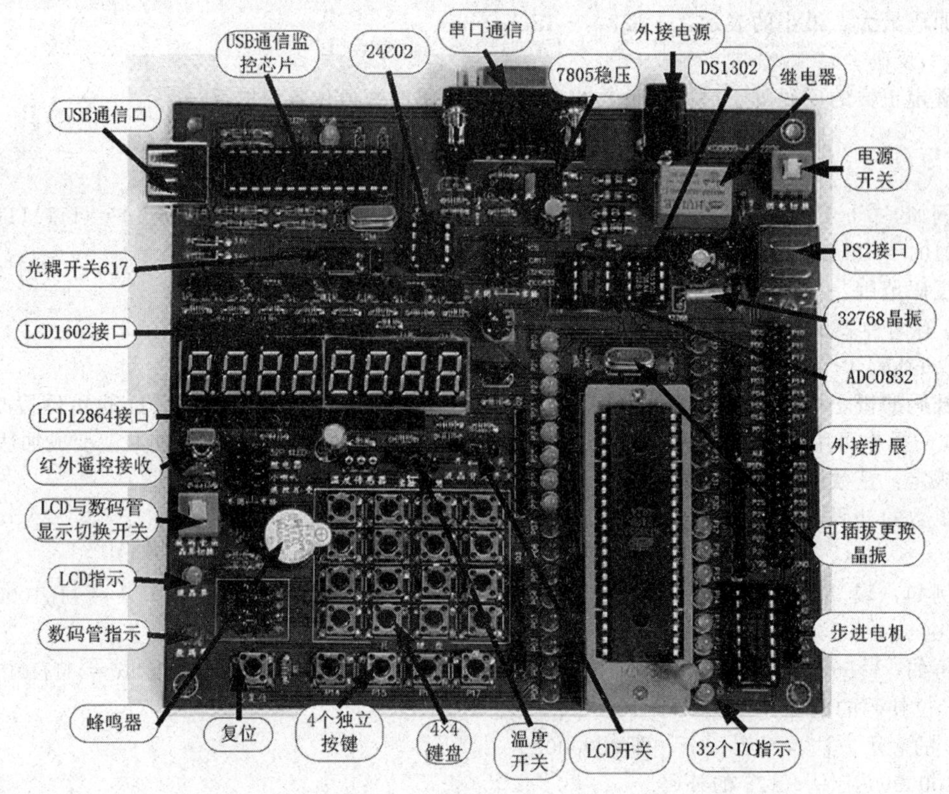

图 1.4　单片机系统开发板

机运行情况，一般学习指令系统时常用这种方式，它不能进行硬件系统的调试和故障诊断；利用仿真器仿真是指利用仿真器以及微机进行软、硬件系统的调试和故障诊断。

小贴士

在仿真调试过程中，可以以各种运行方式运行程序(断点、单步和跟踪)，还可以观察到单片机内部存储器、寄存器等的状态。

这里所说的开发过程并不是一般书中所说的从任务分析开始，假设已设计并制作好硬件，下面就是编写软件的工作。在编写软件之前，首先要确定一些常数、地址，事实上这些常数、地址在设计阶段已被直接或间接地确定下来了。例如，当某器件的连线设计好后，其地址也就被确定了；当器件的功能被确定下来后，其控制字也就被确定了。然后用文本编辑器编写软件，编写好后用编译器对源程序文件编译、查错，直到没有语法错误。除了极简单的程序外，一般应用仿真机对软件进行调试，直到程序运行正确为止。运行正确后，就可以将程序固化在ROM中，完成整个系统的开发过程。

习　题

1. 计算机的组成包括哪些部分？
2. 什么是单片机？其主要特点是什么？
3. 单片机有哪些用途？
4. 当前单片机的主要产品有哪些？

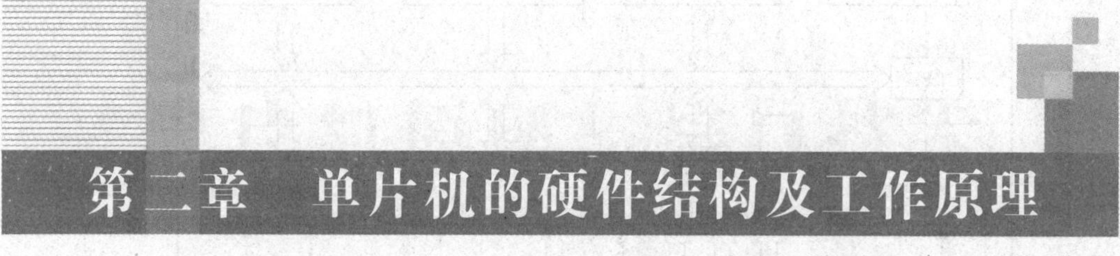

第二章　单片机的硬件结构及工作原理

本章的主要内容是AT89S5X单片机的内部硬件基本结构、工作原理、引脚功能、端口结构、特点、存储器结构、特殊功能寄存器的功能及晶振电路与复位电路的工作原理和作用。通过本章内容的学习，为学生掌握单片机应用系统的硬件设计打下基础。

第一节　单片机内部结构及引脚功能

一、单片机基本结构

AT89S5X系列属于总线型的单片机，即有4个并行端口，便于外部扩展。AT89S5X分为51基本型和52增强型，区别在于存储容量和中断：51内部有4 KB的程序存储器和128 B的数据存储器，而52内部有8 KB的程序存储器和256 B的数据存储器；51内部有2个16位的定时/计数器，而52内部有3个16位的定时/计数器，因而也比51多了一个中断源。

小贴士

同时该系列也有非总线型的，如AT89S2051、AT89S4051等，只有两个端口，只用于简单的应用场合。

当设计一个单片机应用系统时，首先要了解所选单片机内部资源是否能够满足系统设计的需要。现以AT89S51系列为例来熟悉其内部结构和资源，AT89S51组成如图2.1所示。

由图2.1可以看出，AT89S51内部具有如下功能部件。

(1)一个8位微处理器(CPU)。

(2)数据存储器(128 B RAM)和特殊功能寄存器(Special Function Register，SFR)(21个SFR)。

(3)内部程序存储器(4 KB Flash ROM)。

(4)2个16位的定时/计数器，用以对外部事件进行计数，也可作为定时器。

(5)4个8位可编程的输入/输出(I/O)并行端口，每个端口既可输入，也可输出。

(6)一个UART串行端口，用于数据的串行通信。

(7)中断控制系统有5个中断源，2个优先级。

(8)内部时钟电路。

AT89S51单片机具备一个完整的计算机所具有的基本组成部分，即CPU、存储器(ROM和RAM)、I/O接口、定时/计数器、串行口等。由此可知，单片机是一个功能很强的8位处理器。

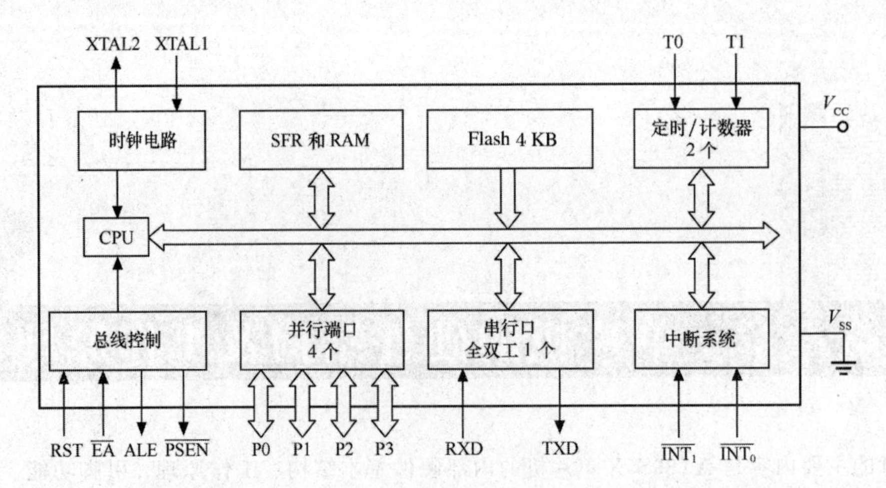

图 2.1　AT89S51 组成

AT89S5X 内部逻辑结构图如图 2.2 所示。

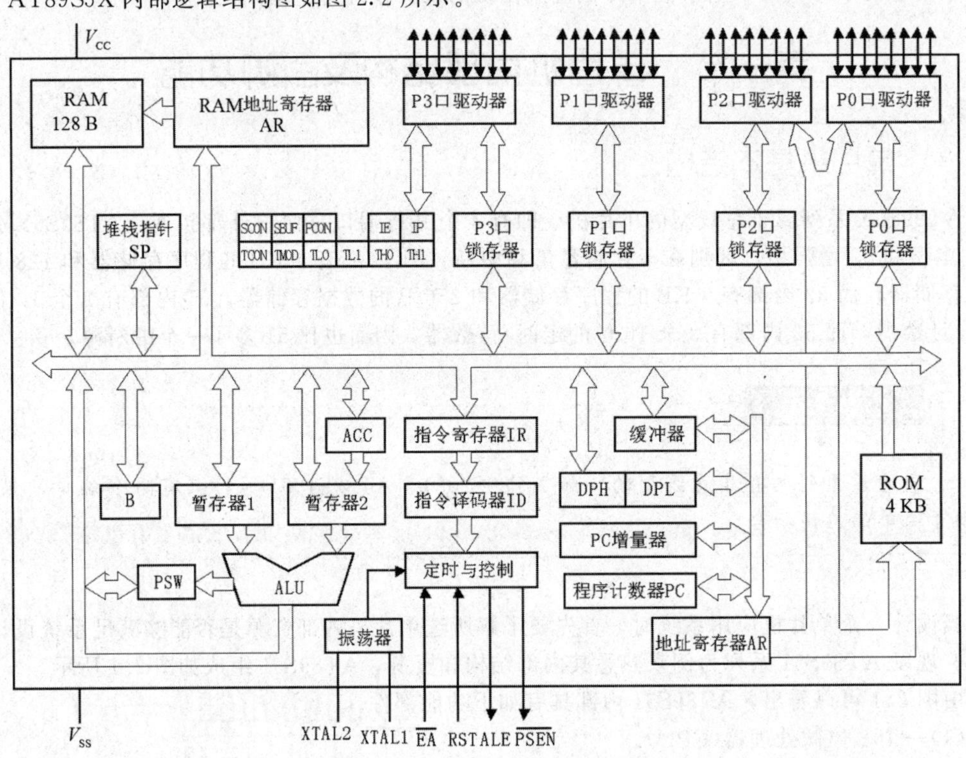

图 2.2　AT89S5X 内部逻辑结构图

AT89S5X 单片机的 CPU 是一个 8 位的高性能中央处理器，由逻辑运算器和控制器组成。结合图 2.2，简单熟悉一下单片机 CPU 的工作原理，便于整体掌握单片机的应用和工作过程。

（一）运算器

运算器由 8 位算术逻辑运算单元（Arithmetic Logic Unit，ALU）、8 位累加器 ACC（Accumulator）、8 位寄存器 B、程序状态寄存器（Program Status Word，PSW）、8 位暂存寄存器 TMP1 和 TMP2 等组成。

(1)算术逻辑运算单元 ALU。

ALU 主要进行算术逻辑运算操作，如 8 位数据的算术加、减、乘、除，逻辑与、或、异

或、求补、取反及循环移位等操作。

(2)累加器 ACC(简称累加器 A)。

在算术运算和逻辑运算时，常在累加器 A 中存放一个参加操作的数，经暂存器 2 作为 ALU 的一个输入，与另一个进入暂存器 1 的数进行运算，运算结果又送回 ACC。它是 CPU 中最繁忙的寄存器。

(3)寄存器 B。

寄存器 B 为 8 位寄存器，主要用于乘、除运算存放操作数和运算后的一部分结果，也可作为通用寄存器。

(4)程序状态寄存器 PSW。

PSW 相当于一般微处理器的标志寄存器，为 8 位寄存器，用于表示当前指令执行后的信息状态。PSW 是一个特殊存储器，其中的每一位具有特定的作用，是不可以随意使用的。这些特征和状态可以作为控制程序转移的条件，供程序判断和查询，决定程序的走向，重点掌握。PSW 的定义格式见表 2.1。

表 2.1　PSW 的定义格式

D7	D6	D5	D4	D3	D2	D1	D0
PSW.7	PSW.6	PSW.5	PSW.4	PSW.3	PSW.2	PSW.1	PSW.0
CY	AC	F0	RS1	RS0	OV	X	P

表 2.1 中各项含义如下。

①CY 为进位/借位标志，位累加器。在运算时有进、借位时，CY=1；否则，CY=0。

②AC 为辅助进/借位标志，用于十进制调整。当 D3 向 D4 有进、借位时，AC=1；否则，AC=0。

③F0 为用户定义标志位，用于软件置位/清零。

④RS1、RS0 为寄存器区选择控制位，工作寄存器组选择控制表见表 2.2。

表 2.2　工作寄存器组选择控制表

RS1	RS0	选择工作寄存器组
0	0	0 组(00H～07H)
0	1	1 组(08H～0FH)
1	0	2 组(10H～17H)
1	1	3 组(18H～1FH)

⑤OV 为溢出标志。当运算结果超出 −128～+127 的范围时，OV=1；否则，OV=0。OV 有时不能简单判断出来，可以利用公式 OV=D7 ⊕ D6，即 D6 和 D7 两位进位的异或关系。

⑥X 为保留位。

⑦P 为奇偶标志。每条指令执行完后，根据累加器 A 中 1 的个数来决定。当有奇数个 1 时，P=1；否则，P=0。

(二)控制器

控制器主要由程序计数器((Program Counter，PC)、指令寄存器(Instruction Register，IR)、指令译码器(Instruction Decoder，ID)、堆栈指针(Steck Pointer，SP)、数据指针(Data Pointer，DPTR)、时钟发生器及定时控制逻辑等组成。

(1)程序计数器 PC。

程序计数器也称为程序指针，用于存放下一条将要执行的指令所在程序存储器的地址，是一个 16 位专用寄存器。每取完一个字节后，PC 的地址自动加 1，为取下一个字节做准备。当在执行子程序调用、中断子程序和转移指令时不再加 1，而是由指令或中断响应给 PC 置新的地址。

小贴士

单片机开机或复位时，初值为 0000H，保证单片机启动运行从 0000H 地址开始工作。改变 PC 中的内容就改变了程序执行的顺序。

(2)指令寄存器 IR 及指令译码器 ID。

CPU 从 PC 指定的程序存储器地址中取出来的指令，经指令寄存器 IR 送到指令译码器 ID，然后由 ID 对指令进行译码，并产生执行该指令所需的一定序列的控制信号以执行该操作，因此，单片机的工作过程即分为取指令、译码和执行三个阶段。

(3)堆栈指针 SP。

AT89S5X 单片机的堆栈区设在片内 RAM 中，因此通常情况下堆栈空间最大为 128 B。堆栈在单片机中有重要的作用，用来保存断点地址和现场，SP 的初值为 07H，对堆栈的操作包括压栈(Push)和出栈(Pop)两种，并且遵循先进后出(First In Last Out，FILO)或后进先出的原则。进栈时，堆栈指针先加 1，然后保存要保护的数据；出栈时，先弹出数据，然后堆栈指针再减 1。断点是自动保存的。

(4)数据指针 DPTR。

16 位数据地址指针 DPTR 由低位字式子寄存器(Data Pointer Low，DPL)(低 8 位)和高位字节寄存器(Data Pointer High，DPH)(高 8 位)两个 8 位寄存器组成，字节地址分别为 82H/83H，用来存放 16 位地址值，以便对外部 RAM 进行读写操作。它们既可整体赋值，也可分开赋值。

(5)时钟发生器及定时控制逻辑。

由单片机内的振荡器外接石英晶体和微调电容可产生振荡信号，时钟发生器是此信号的二分频触发器，由此向芯片提供一个 2 节拍的时钟信号，该时钟信号即 CPU 的基本时序信号，是单片机工作的基本节拍，整个单片机系统就是在这样一个基本节拍的控制下协调地工作。

二、AT89S5X 单片机的引脚功能

AT89S5X 单片机的封装主要有两种：一种是双列直插式塑料封装，即 DIP40 封装，如图 2.3(a)所示；另一种是表贴式 QFP44 封装，如图 2.3(b)所示。下面以 DIP40 封装为例说明引脚功能，QFP44 引脚封装功能与其相同，只是引脚号不同。

(一)主电源引脚 V_{CC} 和 GND

(1)V_{CC}(40 脚)。

V_{CC}为电源端，接+5 V。

(2)GND(20 脚)。

GND 为接电源地线。

(二)外接晶振引脚 XTAL1 和 XTAL2

(1)XTAL1(19 脚)。

XTAL1 为接外部晶振的一个引脚。当单片机采用外部时钟信号时，此脚应接地。

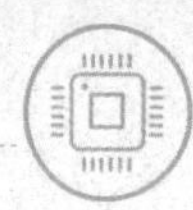

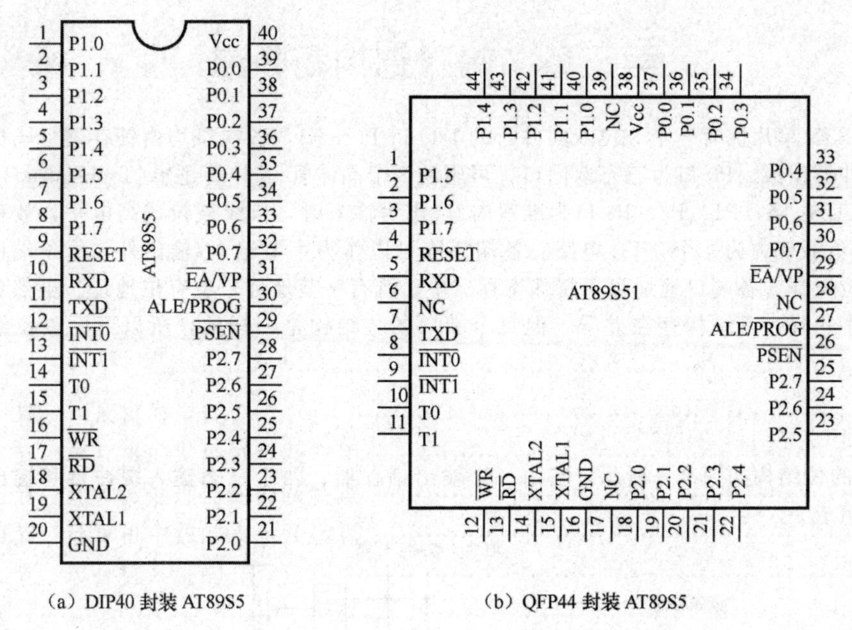

（a）DIP40 封装 AT89S5　　（b）QFP44 封装 AT89S5

图 2.3　AT89S5X 单片机引脚配置图

(2)XTAL2(18 脚)。

XTAL2 为接外部晶振的另一个引脚。当单片机采用外部时钟信号时，外部信号由此引脚接入。

（三）控制或复位引脚

(1)RST/VPD(9 脚)。

当输入的复位信号持续两个机器周期以上高电平时，单片机复位。当使用单片机时，以上引脚必须使用。

(2) ALE/ $\overline{\text{PROG}}$ (30 脚)。

ALE/ $\overline{\text{PROG}}$ 为地址锁存控制端。在系统扩展时，ALE 用于把 P0 口输出的低 8 位地址送入锁存器锁存起来，以实现低位地址和数据的分时传送。此外，由于 ALE 是以六分之一晶振频率的固定频率输出，因此可以作为时钟或外部定时脉冲使用，还可作为输入编程脉冲 EPROM。

(3) $\overline{\text{PSEN}}$ (29 脚)。

$\overline{\text{PSEN}}$ 为外部程序存储器的读取信号端。在读外部 ROM 时 $\overline{\text{PSEN}}$ 有效(低电平)，以实现外部 ROM 单元的读操作。

(4) $\overline{\text{EA}}$ /VP(31 脚)。

$\overline{\text{EA}}$ /VP 为访问程序存储器控制信号端。当 $\overline{\text{EA}}$ ＝1(即高电平)时，访问内部程序存储器，当 PC 值超过内 ROM 范围(0FFFH)时，自动转执行外部程序存储器的程序；当 $\overline{\text{EA}}$ ＝0(即低电平)时，只访问外部程序存储器。实际应用时 EA 和电源 V_{CC} 相连接，即首先使用片内的程序存储器。

（四）输入/输出引脚

P0～P3 为 4 个并行 I/O 口，每个端口有 8 个引脚，共占用 32 引脚。

第二节 端口结构和特点

AT89S5X 单片机有 4 个 8 位双向并行的 I/O 口 P0～P3，各端口均由锁存器、输出驱动器和输入缓冲器组成。P0 口为三态双向口，可驱动 8 个晶体管-晶体管逻辑(Transistor Transistor Logic，TTL)电路；P1、P2、P3 口为准双向口(作为输入时，口线被拉成高电平，故称为准双向口)，其负载能力为 4 个 TTL 电路。各端口除可以作为字节输入/输出外，每条端口线也可独立用于位操作。各端口地址存于特殊寄存器中，既有字节地址，也有位地址。虽然各端口的作用功能不一样，且结构存在差异，但每个端口的位结构是一样的，所以下面以位结构进行说明。

一、P0 口的结构和特点

P0 口的位结构如图 2.4 所示，它由一个输出锁存器、两个三态输入缓冲器和输出驱动及控制电路组成。

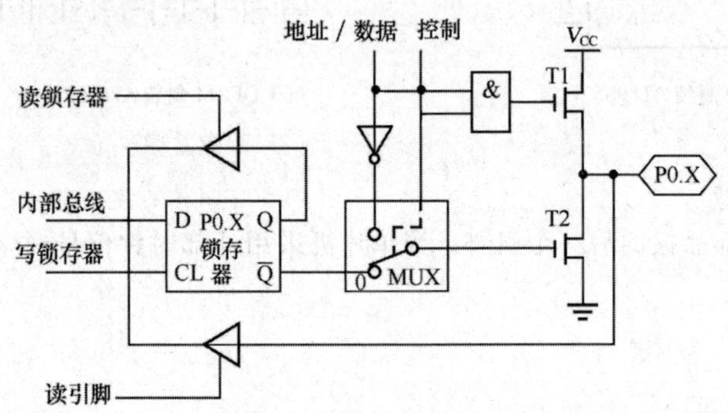

图 2.4 P0 口的位结构

(1)P0 口作为 I/O 口。

当 P0 口作为输出口时，内部控制端发 0 电平使“与”门输出为 0，场效应管 T1 截止，此时多路开关 MUX(Multiplexer)与锁存器的 $\overline{Q}$ 端接通。输出数据时，内部数据加在锁存器 D 端，当 CL 端的写脉冲出现后，与内部总线相连的 D 端数据取反后出现在 $\overline{Q}$ 端，经场效应管 T2 反向出现在 P0 的引脚上。由于输出驱动为漏极开路式，因此需要外接上拉电阻，阻值一般为 4.7～10 kΩ。

当 P0 口作为输入口时，端口中的两个缓冲器用于读操作。当执行一般的端口输入指令时，读脉冲将图中下方的三态输入缓冲器打开，端口上的数据经缓冲器送至内部总线。图 2.4 中上方的缓冲器并不直接读端口引脚上的数据，而是读锁存器 Q 端的数据，Q 端与引脚上的数据是一致的。这样设计的目的是适应所谓的“读-修改-写”类操作指令。

当作为一般 I/O 口时，P0 口也是一个准双向口，即在输入数据时，应先向端口锁存器写 1，即使 $\overline{Q}$ 为 0，使两个场效应管都截止，引脚处于悬浮状态，作为高阻抗输入。

(2)P0 口作为地址/数据总线。

当 P0 口作为输出地址/数据总线时，控制端信号为高电平 1，此时多路开关 MUX 将 CPU 内部地址/数据经反向器输出端与场效应管 T2 接通，同时“与”门开锁。输出的地址或数据信号通过“与”门驱动上拉场效应管 T1，又通过反向器驱动下拉场效应管 T2。这种结构大大增加了负载驱动能力。

当 P0 口作为输入数据口时，在“读引脚”信号有效时打开下面的输入缓冲器使数据进入内部总线。

因此，在单片机扩展应用时，P0 口作为低 8 位地址总线和数据总线。单片机扩展总线结

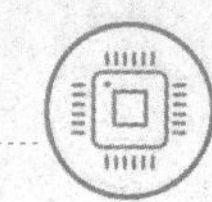

构图如图 2.5 所示。

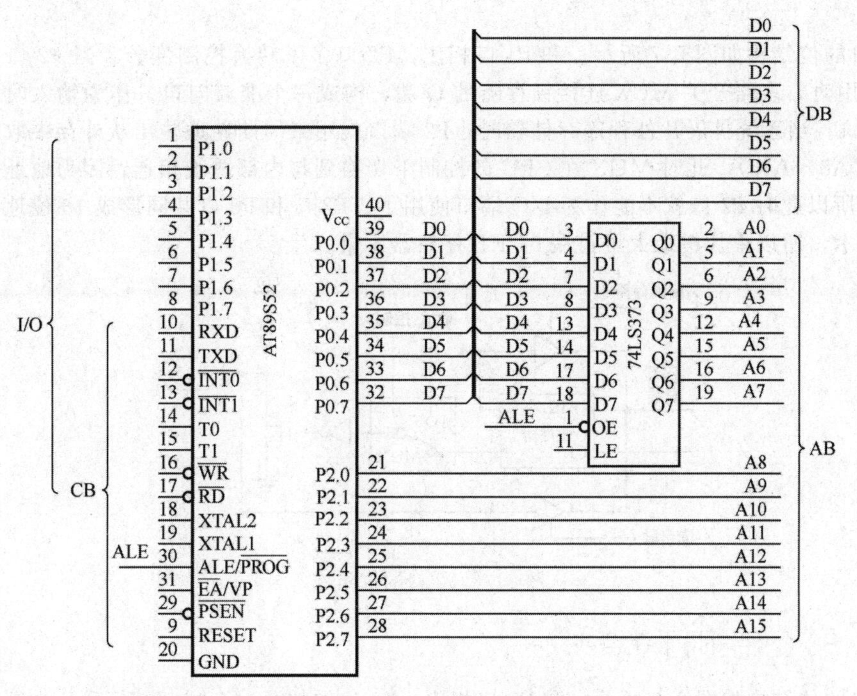

图 2.5　单片机扩展总线结构图

二、P1 口的结构和特点

P1 口是通用 I/O 准双向静态端口，输出的信息有锁存。图 2.6 所示为 P1 口的位结构。可见，P1 端口与 P0 端口的主要区别在于，P1 端口用内部上拉电阻代替了场效应管 T1，且输出信号仅来自内部总线。若输出时 D 端的数据为 1，则 T 截止输出为 1；若 D 端数据为 0，则 T 导通，引脚输出为低电平。当 P1 口作为输入使用时，必须向锁存器写 1，使场效应管截止，才可以作为输入使用。

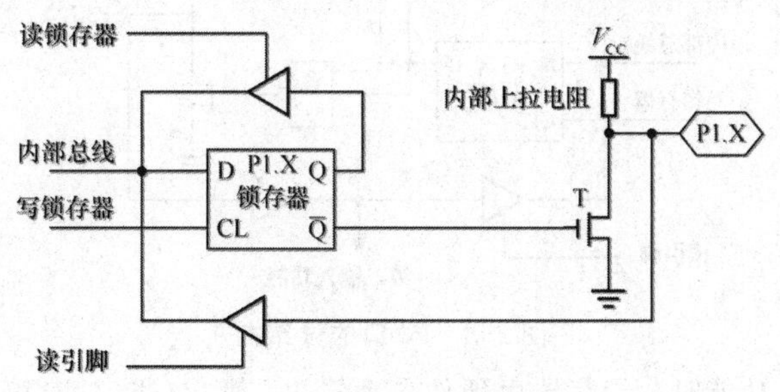

图 2.6　P1 口的位结构

小贴士

P1 端口是单片机中唯一仅有单功能的 I/O 端口，输出信号锁存在端口上，故又称为通用静态端口。

三、P2 口的结构和特点

P2 口的位结构如图 2.7 所示。和 P1 口相比，P2 口多了转换控制部分。当 P2 口作为通用 I/O 口使用时，多路开关 MUX 连接锁存器的 Q 端，构成一个准双向口。作为输入时也需要先把端口置 1。当系统扩展片外程序存储器时，P2 端口就用来周期性地输出从外存中取指令的高 8 位地址（A8～A15），此时 MUX 在 CPU 的控制下切换到与内部总线相连。因为地址信号是不间断的，所以此时 P2 口就不能作为 I/O 端口使用了。P2 口和 P0 口共同形成 16 位地址线，如图 2.5 所示，所以单片机最大可扩展 64 KB 存储器容量。

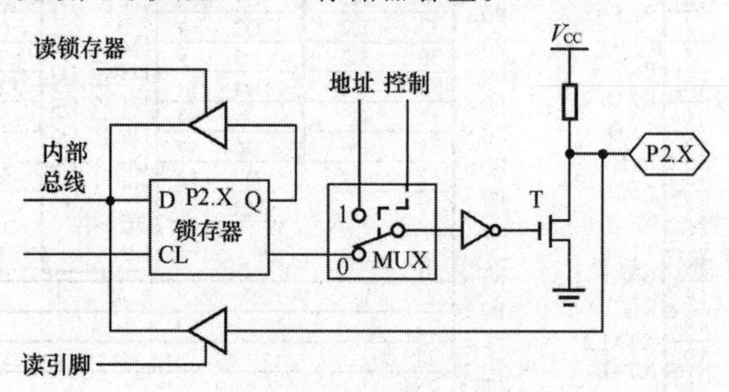

图 2.7　P2 口的位结构

四、P3 口结构和特点

P3 口的位结构如图 2.8 所示。和 P1 口相比，P3 口增加了一个"与非"门和一个缓冲器，使其各端口线有两种功能选择。当 P3 口处于第一功能时，第二输出功能线为 1，此时输出与 P1 口相同，内部总线信号经锁存器和场效应管输出。当作为输入时，"读引脚"信号有效，下面的三态缓冲器打开（增加的一个为常开），数据通过缓冲器送到 CPU 内部总线。此时，也需要先把端口置 1。

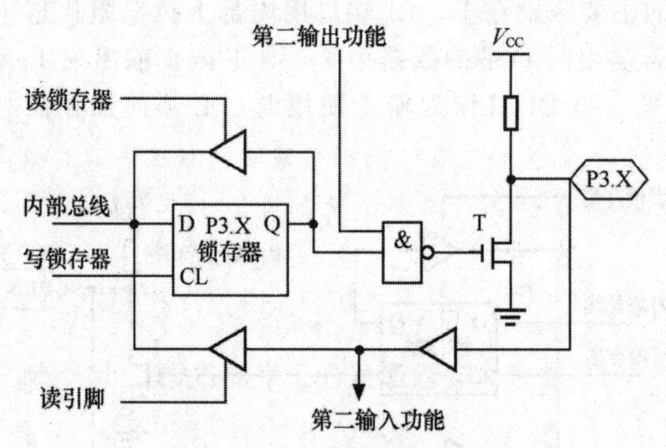

图 2.8　P3 口的位结构

当 P3 口处于第二功能时，锁存器由硬件自动置 1，使"与非门"对第二功能信号畅通。此时，"读引脚"信号无效，左下的三态缓冲器不通，引脚上的第二输入功能信号经右下的缓冲器送入第二功能输入端。P3 口的第二功能表见表 2.3。

表 2.3　P3 口的第二功能表

位　线	引　脚	第二功能
P3.0	10	RXD(串行输入口)
P3.1	11	TXD(串行输出口)

续表

位　　线	引　　脚	第二功能
P3.2	12	INT0(外部中断 0)
P3.3	13	INT1(外部中断 1)
P3.4	14	T0(定时器 0 的计数输入)
P3.5	15	T1(定时器 1 的计数输入)
P3.6	16	WR(外部数据存储器写脉冲)
P3.7	17	RD(外部数据存储器读脉冲)

五、端口驱动能力

与 P1、P2 和 P3 口相比，P0 口的驱动能力较大，每位可驱动 8 个低功耗肖特基 TTL (Low -power Sdhottky TTL，LSTTL)输入，而 P1、P2 和 P3 口的每一位的驱动能力只有 P0 口的一半。

小贴士

当 P0 口某位为高电平时，可提供 400 μA 的电流；当 P0 口某位为低电平(0.45 V)时，可提供 3.2 mA 的灌电流。如低电平允许提高，灌电流可相应加大。因此，任何一个口要想获得较大的驱动能力，只能用低电平输出。

例如，使用单片机的并行口 P1～P3 直接驱动发光二极管(图 2.9)。由于 P1～P3 内部有 30 kΩ左右的上拉电阻，如高电平输出，因此强行从 P1、P2 和 P3 口输出的电流 I_d 会造成单片机端口的损坏，如图 2.9(a)所示；如端口引脚为低电平，能使电流 I_d 从单片机外部流入内部，则将大大增加流过的电流值，如图 2.9(b)所示。因此，当 P1～P3 口驱动 LED 发光二极管时，应该采用低电平驱动。

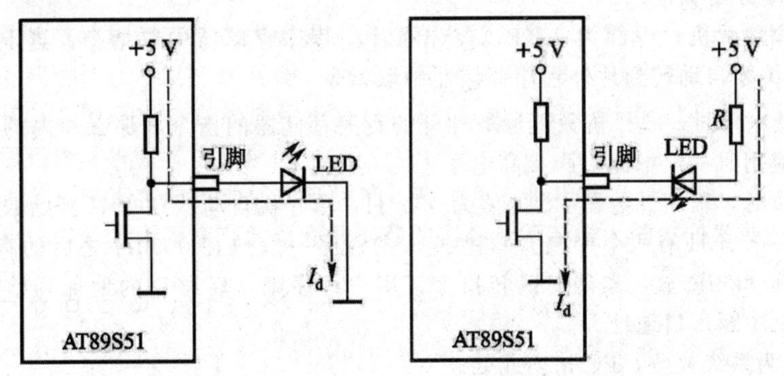

(a)不恰当的连接：高电平驱动　　(b)恰当的连接：低电平驱动

图 2.9　发光二极管与 AT89S51 并行口的直接连接

第三节　存储器结构

AT89S5X 系列单片机的存储器的结构特点之一是将程序存储器和数据存储器分开(哈佛结构)，并有各自的访问指令。其在物理结构上有四个存储空间：片内数据存储器、片外数据存储器、片内程序存储器和片外程序存储器。其中，片内数据存储器用 8 位地址，51 系列有

128 B，52 系列有 256 B；片外为 64 KB 的数据存储器用 16 位地址；程序存储器片内和片外统一进行编址，共 64 KB。当然，对那些无片内程序存储器的类型来说，64KB 的程序存储器空间就全部在片外。AT89S51 存储器结构如图 2.10 所示，下面分别介绍各自的结构特点。

一、程序存储器

程序存储器的作用是保存指令代码和表格常数，包括片内和片外程序存储器两个部分，如图 2.10(c)所示。它以 16 位的程序计数器 PC 为地址指针，故寻址空间为 64 KB。

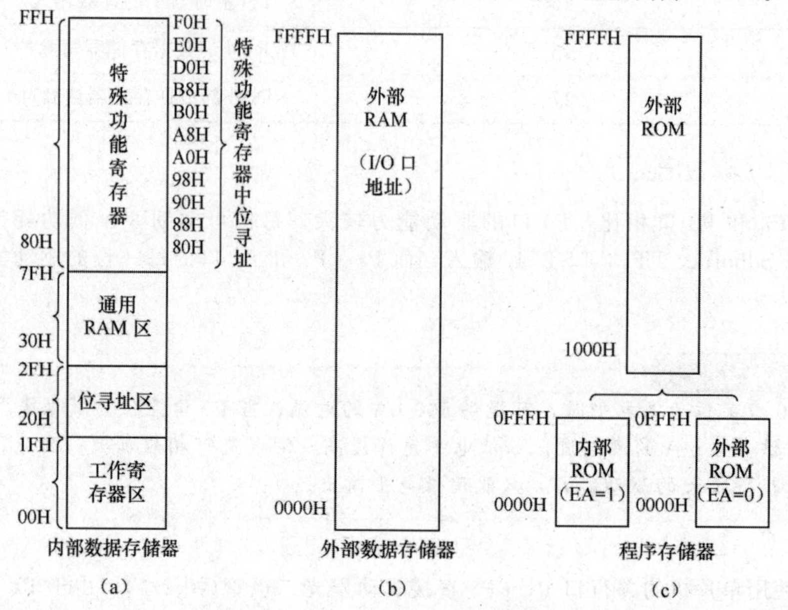

图 2.10　AT89S51 存储器结构

当 $\overline{EA}$ 引脚接高电平时，对于基本型单片机，内部为 4 KB，首先在片内程序存储器中取指令，当 PC 的内容超过 FFFH 时，系统会自动转到片外程序存储器中取指令，外部程序存储器的地址从 1000H 开始编址。

对于增强型单片机，内部为 8 KB，首先在片内程序存储器中取指令，当 PC 的内容超过 1FFFH 时，系统才自动转到片外程序存储器中取指令。

当 $\overline{EA}$ 为低电平时，单片机只能读取片外的程序存储器的指令，那么片内的程序存储器就浪费了，所以应用时一定把此引脚接高电平。

单片机复位后，程序计数器 PC 的值为 0000H，单片机自动从 0000H 开始取指令执行，但要注意 0003H～002BH 有六个中断入口地址，主程序一般放在 0030H 之后的存储器单元中。因此，一般都在 0000H 放一条绝对跳转指令，用户程序则从转移后的地址开始执行。以下是系统复位和六个中断入口地址。

(1)0000H 为系统复位，PC 指向此处。

(2)0003H 为外部中断 0 入口。

(3)000BH 为 T0 溢出中断入口。

(4)0013H 为外中断 1 入口。

(5)001BH 为 T1 溢出中断入口。

(6)0023H 为串口中断入口。

(7)002BH 为 T2 溢出中断入口(52 系列特有)。

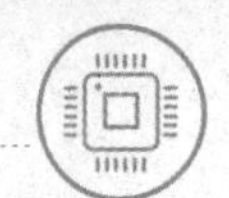

小贴士

从地址关系上可以看出，每两个中断入口地址之间只有8个字节，所以主程序执行时，如果开放了CPU中断，且某一中断满足条件被允许响应时，就会暂时停止执行主程序，自动找到对应的入口地址，转去执行对应的中断子程序。通常在该中断入口地址中放一条转移指令，从而使该中断发生时，系统能够跳转到该中断在程序存储器高端的中断服务子程序。只有在中断服务子程序的指令长度少于8个字节时，才可以把中断服务子程序放到相应的入口地址开始的几个单元中。

二、数据存储器

数据存储器的作用是用来保存程序运行的中间结果。片内数据存储器的8位地址共可寻址256个字节单元，51系列单片机将其分为两个区：00H～7FH的128个单元为片内RAM区，可以读、写数据；80H～FFH的128个单元为特殊寄存器，其结构如图2.10(a)所示。

在片内数据存储器的128个字节单元中，前32个单元(地址为00H～1FH)为通用工作寄存器区，共分为4组(寄存器0组、1组、2组和3组)，每组8个工作寄存器由R0～R7组成，共占32个单元。当前，CPU选用哪一组由程序状态字PSW中的RS1和RS0这两位的组合决定，前面已详细介绍。CPU在复位时自动选中0组工作寄存器组。

20H～2FH的16个单元为位寻址区，每个单元8位，共128位，其位地址范围为00H～7FH。位寻址区的每一位都可以当作软件触发器，由程序直接进行位处理。程序中通常把各种程序状态标志、位控变量设在位寻址区。同样，位寻址区的RAM单元也可以作为一般的数据存储器按字节单元使用。内部数据存储器中的位地址见表2.4。

表2.4　内部数据存储器中的位地址

字节地址	位地址							
	D7	D6	D5	D4	D3	D2	D1	D0
2FH	7FH	7EH	7DH	7CH	7BH	7AH	79H	78H
2EH	77H	76H	75H	74H	73H	72H	71H	70H
2DH	6FH	6EH	6DH	6CH	6BH	6AH	69H	68H
2CH	67H	66H	65H	64H	63H	62H	61H	60H
2BH	5FH	5EH	5DH	5CH	5BH	5AH	59H	58H
2AH	57H	56H	55H	54H	53H	52H	51H	50H
29H	4FH	4EH	4DH	4CH	4BH	4AH	49H	48H
28H	47H	46H	45H	44H	43H	42H	41H	40H
27H	3FH	3EH	3DH	3CH	3BH	3AH	39H	38H
26H	37H	36H	35H	34H	33H	32H	31H	30H
25H	2FH	2EH	2DH	2CH	2BH	2AH	29H	28H
24H	27H	26H	25H	24H	23H	22H	21H	20H
23H	1FH	1EH	1DH	1CH	1BH	1AH	19H	18H
22H	17H	16H	15H	14H	13H	12H	11H	10H
21H	0FH	0EH	0DH	0CH	0BH	0AH	09H	08H
20H	07H	06H	05H	04H	03H	02H	01H	00H

从 30H 到 7FH 的 80 个单元是通用区，该区可以灵活应用，没有什么特殊要求，常常把堆栈区设置在该区域。需要注意的是，设置堆栈指针 SP 时要预留足够的空间，且不能超出该空间，一般是设置在该区的高端地址区。

AT89S5X 单片机共有 22 个专用寄存器，有 21 个是可寻址的(PC 指针寄存器不可寻址)，不同的 51 芯片根据需要增加了相应的专用寄存器，详情请查看相关厂家的数据手册。这些可寻址寄存器的符号、地址及名称见表 2.5。

表 2.5 可寻址寄存器的符号、地址及名称

寄存器符号	寄存器地址	寄存器名称
* ACC	0E0H	累加器
* B	0F0H	寄存器 B
* PSW	0D0H	程序状态字
SP	81H	堆栈指针
DPL	82H	数据指针低 8 位
DPH	83H	数据指针高 8 位
* IE	0A8H	中断允许控制寄存器
* IP	0B8H	中断优先控制寄存器
* P0	80H	I/O 口 0
* P1	90H	I/O 口 1
* P2	0A0H	I/O 口 2
* P3	0B0H	I/O 口 3
PCON	87H	电源控制及波特率选择寄存器
* SCON	98H	串行口控制寄存器
SBUF	99H	串行数据缓冲寄存器
* TCON	88H	定时器控制寄存器
TMOD	89H	定时器方式选择寄存器
TL0	8AH	定时器 0 低 8 位
TL1	8BH	定时器 1 低 8 位
TH0	8CH	定时器 0 高 8 位
TH1	8DH	定时器 1 高 8 位
WDTRST	0A6H	看门狗寄存器(AT89S51/52 特有)

在 21 个可寻址的专用寄存器中，有 11 个寄存器是可以位寻址的，即表 2.5 中在寄存器符号前打星号(*)的寄存器。专用寄存器中可寻址位共有 83 个，其中许多位还有其专用名称，寻址时既可使用位地址，也可以使用位名称。专用寄存器的可寻址位加上位寻址区的 128 个通用位，构成了位处理器的整个数据位存储空间。专用寄存器位地址/位名称表见表 2.6。

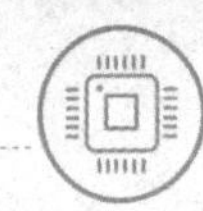

表 2.6　专用寄存器位地址/位名称表

寄存器符号	位地址/位名称							
B	0F7H	0F6H	0F5H	0F4H	0F3H	0F2H	0F1H	0F0H
A	0E7H	0E6H	0E5H	0E4H	0E3H	0E2H	0E1H	0E0H
PSW	0D7H	0D6H	0D5H	0D4H	0D3H	0D2H	0D1H	0D0H
	CY	AC	F0	RS1	RS0	OV	—	P
IP	0BFH	0BEH	0BDH	0BCH	0BBH	0BAH	0B9H	0B8H
	—	—	—	PS	PT1	PX1	PT0	PX0
P3	0B7H	0B6H	0B5H	0B4H	0B3H	0B2H	0B1H	0B0H
	P3.7	P3.6	P3.5	P3.4	P3.3	P3.2	P3.1	P3.0
IE	0AFH	0AEH	0ADH	0ACH	0ABH	0AAH	0A9H	0A8H
	EA	—	—	ES	ET1	EX1	ET0	EX0
P2	0A7H	0A6H	0A5H	0A4H	0A3H	0A2H	0A1H	0A0H
	P2.7	P2.6	P2.5	P2.4	P2.3	P2.2	P2.1	P2.0
SCON	0BFH	0BEH	0BDH	0BCH	0BBH	0BAH	0B9H	0B8H
	SM0	SM1	SM2	REN	TB8	RB8	TI	RI
P1	97H	96H	95H	94H	93H	92H	91H	90H
	P1.7	P1.6	P1.5	P1.4	P1.3	P1.2	P1.1	P1.0
TCON	8FH	8EH	8DH	8CH	8BH	8AH	89H	88H
	TF1	TR1	TF0	TR0	IE1	IT1	IE0	IT0
P0	87H	86H	85H	84H	83H	82H	81H	80H
	P0.7	P0.6	P0.5	P0.4	P0.3	P0.2	P0.1	P0.0

小贴士

凡是可位寻址的 SFR，字节地址末位只能是 0H 或 8H。另外，若读/写未定义单元，将得到一个不确定的随机数。访问特殊寄存器 SFR 只能采用直接寻址方式。

第四节　晶振电路及复位电路

一、晶振电路

单片机指令按严格的时间顺序完成取指令、译码和执行工作，由晶振电路产生的脉冲和对应指令规定的功能结合形成特定的时序逻辑控制信号，保证程序有条不紊地运行。它就像计算机系统中的主频电路一样重要，没有晶振电路，单片机就不能正常运行。

（一）时钟产生的方式

时钟产生的方式通常有两种：内部振荡方式和外部振荡方式。

(1)内部振荡方式。

AT89S5X 单片机片内有一个用于构成振荡器的高增益反相放大器，引脚 XTAL1 和 XTAL2 分别是此放大器的输入端和输出端。把放大器与作为反馈元件的晶体振荡器或陶瓷谐振器连接，就构成了内部自激振荡器并产生振荡时钟脉冲，内部振荡方式如图 2.11 所示。

小贴士

电容 C_1 和 C_2 的典型值为 30 pF，晶体的振荡频率范围为 1.2～12 MHz。晶体振荡频率越高，则系统的时钟频率也越高，单片机运算速度也就快；反过来，运行速度快，对存储器的速度要求就高，对印刷电路板的工艺要求也高。在通常应用情况下，使用振荡频率为 6 MHz、12 MHz或 11.059 2 MHz 的石英晶体。

(2)外部振荡方式。

外部振荡方式就是把外部已有的时钟信号直接连接到 XTAL1 端引入单片机内，XTAL2 端悬空不用，外部振荡方式如图 2.12 所示。

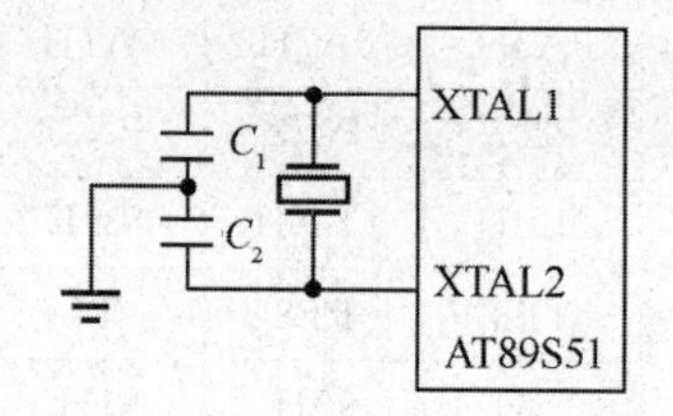

图 2.11　内部振荡方式

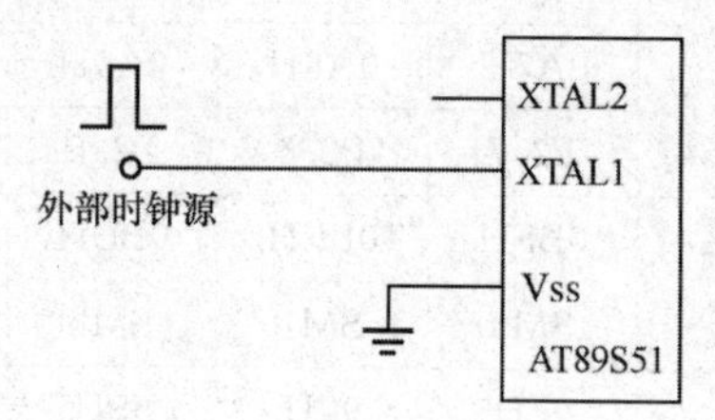

图 2.12　外部振荡方式

(二)时钟信号

晶振电路产生的振荡脉冲并不能直接使用，而是经分频后才为系统所用，单片机时钟信号如图 2.13 所示。由图 2.13 可知，晶振电路产生的振荡脉冲，经过触发器进行二分频之后才能作为单片机的时钟脉冲信号。在二分频的基础上再三分频产生 ALE 信号(这就是在前面介绍 ALE 所说的“ALE 是以晶振六分之一的固定频率输出的正脉冲”)，在二分频的基础上再六分频得到机器周期信号。

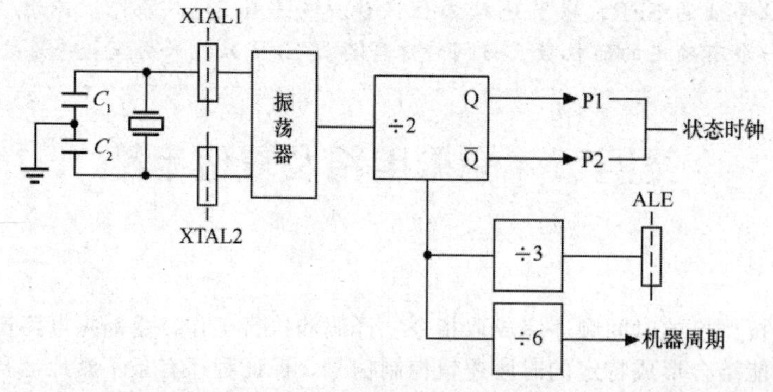

图 2.13　单片机时钟信号

(1)振荡周期。

振荡周期为单片机提供时钟信号的振荡源的周期。

(2)时钟周期。

时钟周期是振荡源信号经二分频后形成的时钟脉冲信号的周期、因此时钟周期是振荡周期

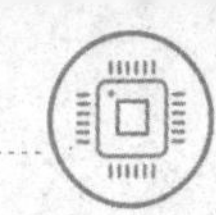

的两倍。时钟周期(又称状态周期、S周期)被分成两个节拍，即P1节拍和P2节拍。在每个时钟的前半周期，P1信号有效，这时CPU通常完成算术逻辑操作；在每个时钟的后半周期，P2信号有效，内部寄存器与寄存器之间的数据传输一般在此状态发生。

(3)机器周期。

通常将完成一个基本操作所需的时间称为机器周期。一个机器周期由6个状态(12个振荡脉冲)组成，即6个时钟周期，是单片机完成一个基本操作所用的时间，如读、写操作等。

(4)指令周期。

指令周期是指CPU执行一条指令所需要的时间。一个指令周期通常含有1～4个机器周期。在单片机中，除了乘、除两条指令需4个机器周期外，其余都为单周期或双周期指令。

振荡周期、时钟周期、机器周期和指令周期之间的相互关系如图2.14所示。

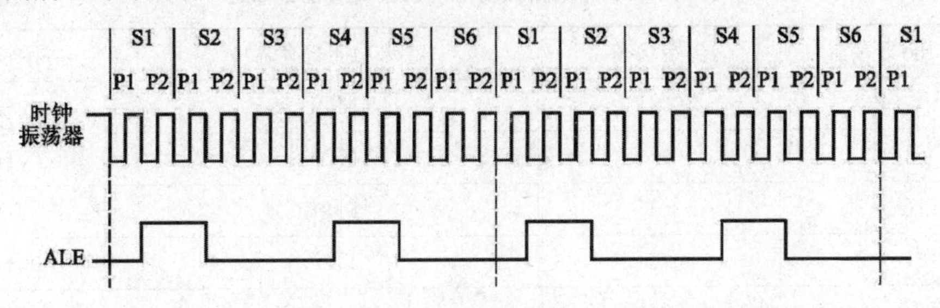

图2.14　各周期之间的相互关系

若MCS-51单片机外接晶振为12 MHz，则单片机4个周期的具体值为

振荡周期＝1/12 MHz＝1/12 μs＝0.083 3 μs

时钟周期＝1/6 μs＝0.167 μs

机器周期＝1 μs

指令周期＝1 μs～4 μs

二、复位电路

复位是使单片机或系统中的某些部件处于某种确定的初始状态。单片机的工作就是从复位开始的。

(一)复位电路

当RST引脚出现2个机器周期以上的高电平时，单片机复位。复位信号为低电平时，单片机开始工作。

复位操作分为上电自动复位和按键手动复位两种方式。

上电自动复位是通过外部复位电路的电容充电来实现的，其电路如图2.15(a)所示。只要电源V_{CC}的上升时间不超过1 ms，就可以实现自动上电复位，即接通电源就完成了系统的复位、初始化。

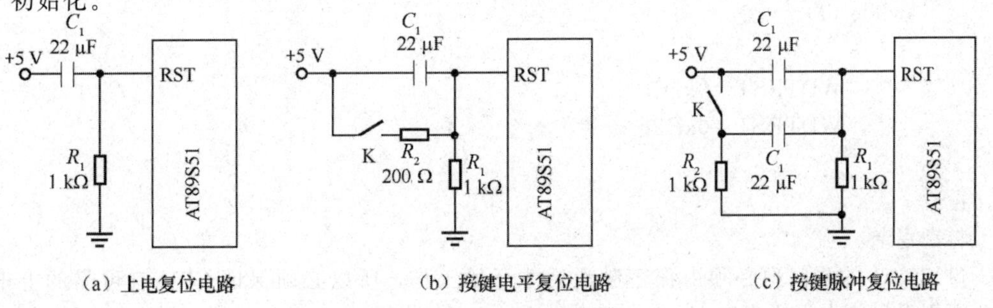

图2.15　单片机复位电路

按键手动复位又分为按键电平复位和按键脉冲复位，按键电平复位是将复位端经电阻与V_{CC}电源接通而实现的，按键脉冲复位是利用RC微分电路产生正脉冲来达到复位目的，它们兼具上电复位功能。图2.15中的复位电路的阻容参数适用于6 MHz晶振，能保证复位信号高电平持续时间大于2个机器周期。

（二）复位状态

复位后，程序计数器PC为0000H，所以程序从0000H地址单元开始运行。P0～P3输出高电平，SP寄存器为07H，其他寄存器全部清0，不影响RAM状态。单片机复位后特殊功能寄存器的状态见表2.7。

表2.7 单片机复位后特殊功能寄存器的状态

特殊功能寄存器	初始状态	特殊功能寄存器	初始状态
A	00H	TMOD	00H
B	00H	TCON	00H
PSW	00H	TH0	00H
SP	07H	TL0	00H
DPL	00H	TH1	00H
DPH	00H	TL1	00H
P0～P3	FFH	SBUF	XXXXXXXXB
IP	XXX00000B	SCON	00H
IE	0XX0000B	PCON	0XXXXXXXB

（三）AT89S5X内部看门狗

Atmel 89S51系列的89S51与89C51功能相同，指令兼容，HEX程序无须任何转换就可以直接使用。89S51只比89C51增加了一个看门狗功能，其他功能可以参见89S51的资料。

看门狗的具体使用方法如下：在程序初始化中向看门狗寄存器（WDTRST地址是0A6H）中先写入01EH，再写入0E1H，即可激活看门狗。

在C语言中要增加一个声明语句。

在AT89X51.h声明文件中增加一行sfr WDTRST=0xA6；

```
main()
{
    WDTRST=0x1E;
    WDTRST=0xE1; //初始化看门狗
    while (1)
    {
        WDTRST=0x1E;
        WDTRST=0xE1; //喂狗指令
    }
}
```

特别提示：

（1）89S51的看门狗必须由程序激活后才开始工作，所以必须保证CPU有可靠的上电复位，否则看门狗也无法工作。

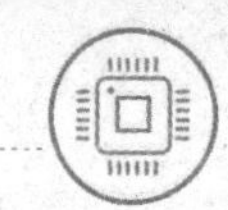

(2)看门狗使用的是 CPU 的晶振，在晶振停振的时候看门狗也无效。

(3)89S51 只有 14 位计数器。在 16 383 个机器周期内必须至少喂狗一次，而且这个时间是固定的，无法更改。当晶振为 12 MHz 时，每 16 ms 需喂狗一次。

以上程序已调试通过，还可利用定时器把看门狗的喂狗时间延长几秒至几分钟。

第五节　应用实例

此例的目的是熟悉单片机端口的应用，初步了解使用 C 语言的程序结构。

(一)功能要求

利用单片机的 4 个并行端口 P0、P1、P2 和 P3 控制 32 个发光二极管依次轮流点亮，周而复始。

(二)系统硬件电路设计

采用发光二极管负极接单片机端口引脚，4 个端口用 4 个 1 kΩ 的排阻作为二极管的限流电阻，保证二极管的可靠工作，单片机端口应用原理图如图 2.16 所示。

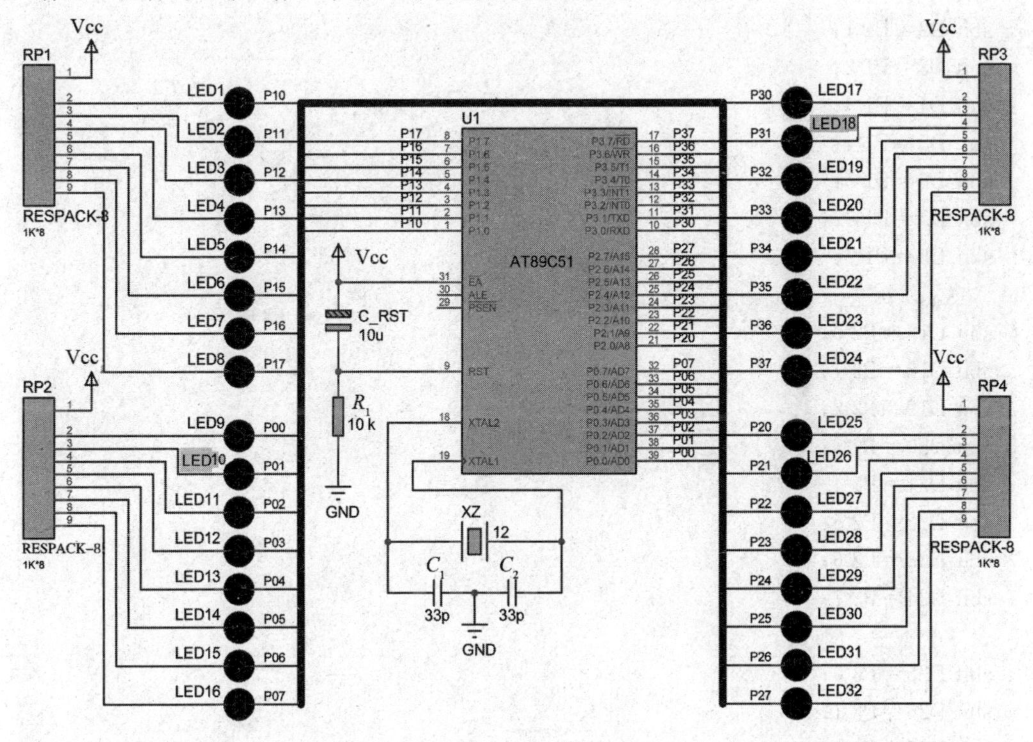

图 2.16　单片机端口应用原理图

(三)系统程序设计

根据图 2.16 电路图，直接采用位定义，给对应引脚赋值低电平点亮发光二极管，然后延时，依次重复，无限循环。

控制源程序如下：

```
/ ****************************************************************** /
/ * P0～P3 口 32 位 LED 闪动实验                                     * /
/ * 目标器件：AT89S51                                                * /
```

```
/*晶振：12 MHz                                                        */
/*编译环境：Keil 7.06                                                 */
/*********************************************************************/

#include<reg51.h>

sbit D9=P0^0;
sbit D10=P0^1;
sbit D11=P0^2;
sbit D12=P0^3;
sbit D13=P0^4;
sbit D14=P0^5;
sbit D15=P0^6;
sbit D16=P0^7;
sbit D1=P1^0;
sbit D2=P1^1;
sbit D3=P1^2;
sbit D4=P1^3;
sbit D5=P1^4;
sbit D6=P1^5;
sbit D7=P1^6;
sbit D8=P1^7;

sbit D17=P2^0;
sbit D18=P2^1;
sbit D19=P2^2;
sbit D20=P2^3;
sbit D21=P2^4;
sbit D22=P2^5;
sbit D23=P2^6;
sbit D24=P2^7;

sbit D25=P3^0;
sbit D26=P3^1;
sbit D27=P3^2;
sbit D28=P3^3;
sbit D29=P3^4;
sbit D30=P3^5;
sbit D31=P3^6;
sbit D32=P3^7;

void Delay()
{
unsigned char i, j;
```

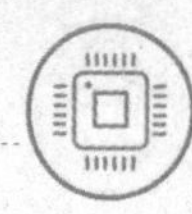

```
for (i=0; i<255; i++)
    for(j=0; j<255; j++);
}

void main()
{
while(1)
{
//P1 口循环亮
        D32=1; D1=0; //D32 灭 D1 亮
        Delay();
        D1=1; D2=0; //D1 灭 D2 亮
        Delay();
        D2=1; D3=0; //D2 灭 D3 亮
        Delay();
        D3=1; D4=0; //D3 灭 D4 亮
        Delay();
        D4=1; D5=0; //D4 灭 D5 亮
        Delay();
        D5=1; D6=0; //D5 灭 D6 亮
        Delay();
        D6=1; D7=0; //D6 灭 D7 亮
        Delay();
        D7=1; D8=0; //D7 灭 D8 亮
        Delay();
//P0 口循环亮
        D8=1; D9=0; //D8 灭 D9 亮
        Delay();
        D9=1; D10=0; //D9 灭 D10 亮
        Delay();
        D10=1; D11=0; //D10 灭 D11 亮
        Delay();
        D11=1; D12=0; //D11 灭 D12 亮
        Delay();
        D12=1; D13=0; //D12 灭 D13 亮
        Delay();
        D13=1; D14=0; //D13 灭 D14 亮
        Delay();
        D14=1; D15=0; //D14 灭 D15 亮
        Delay();
        D15=1; D16=0; //D15 灭 D16 亮
        Delay();
//P3 口循环亮
        D16=1; D17=0; //D16 灭 D17 亮
```

```
        Delay();
        D17=1; D18=0; //D17 灭 D18 亮
        Delay();
        D18=1; D19=0; //D18 灭 D19 亮
        Delay();
        D19=1; D20=0; //D19 灭 D20 亮
        Delay();
        D20=1; D21=0; //D20 灭 D21 亮
        Delay();
        D21=1; D22=0; //D21 灭 D22 亮
        Delay();
        D22=1; D23=0; //D22 灭 D23 亮
        Delay();
        D23=1; D24=0; //D23 灭 D24 亮
        Delay();
//P2 口循环亮
        D24=1; D25=0; //D24 灭 D25 亮
        Delay();
        D25=1; D26=0; //D25 灭 D26 亮
        Delay();
        D26=1; D27=0; //D26 灭 D27 亮
        Delay();
        D27=1; D28=0; //D27 灭 D28 亮
        Delay();
        D28=1; D29=0; //D28 灭 D29 亮
        Delay();
        D29=1; D30=0; //D29 灭 D30 亮
        Delay();
        D30=1; D31=0; //D30 灭 D31 亮
        Delay();
        D31=1; D32=0; //D31 灭 D32 亮
        Delay();
}
}
```

习　题

1. AT89S5X 单片机内部有哪些资源？
2. 单片机内部结构分几部分？有何特点？
3. 单片机的 PSW 寄存器各位标志的意义是什么？
4. ALE、$\overline{\text{PSEN}}$ 和 $\overline{\text{EA}}$ 的作用是什么？
5. P0～P3 口在结构上有何不同？在使用上有何特点？

第三章　单片机C51基础及编程

本章针对C51语言的基本语法、存储器类型、函数等编程要素进行介绍。

第一节　C51语言的基本语法

C语言是一种特别适合于开发计算机操作系统的高级语言，德国Keil公司在C语言的基础上针对51单片机的特点专门开发出了针对单片机的编程语言，简称C51。它是一种结构化程序设计语言，可以生成非常紧凑的代码。与汇编语言相比，C51具有以下几个优势。

(1)用C51编写的程序可读性强。

(2)在不了解单片机指令系统而仅熟悉8051单片机存储器结构时就可以开发单片机程序。

(3)寄存器分配和不同存储器寻址及数据类型等细节可由编译器管理。

(4)程序可分为多个不同函数，使程序设计结构化。

(5)函数库丰富，数据处理能力很强。

(6)程序编写及调试时间大大缩短，开发效率远高于汇编语言。

(7)C51语言具有模块化编程技术，已编写好的通用程序模块容易植入新程序，进一步提高了程序的开发效率。

一、标识符和关键字

标识符是用来标识源程序中某个对象名字的，这些对象可以是函数、变量、常量、数组、数据类型、存储方式、语句等。一个标识符由字符串、数字和下划线等组成，第一个字符必须是字母或下划线。C51语言对大小写敏感，如“a”和“A”是两个完全不同的标识符。在命名标识符时，标识符应当简洁明了、含义清晰、便于理解，可以用具备一定含义的英文单词或者缩写，也可以用汉语拼音。

关键字是一类具有固定名称和特定含义的特殊标识符，又称为保留字，在编写源程序时一般不允许另作他用。对于标识符的命名不要与关键字相同。C51中除了有ANSI C标准的32个关键字外，还扩展了相关的关键字。C51编译器的扩展关键字见表3.1。

表3.1　C51编译器的扩展关键字

关键字	用途	说明
_at_	地址定位	为变量进行存储器绝对空间地址定位
alien	函数特性声明	用以声明与PL/M51兼容的函数

续表 3.1

关键字	用途	说明
bdata	存储器类型声明	可位寻址的 8051 内部数据存储器
bit	位变量声明	声明一个位变量或位类型的函数
code	存储器类型声明	8051 程序存储器空间
compact	存储器模式	指定使用 8051 外部分页寻址数据存储器空间
data	存储器类型声明	直接寻址的 8051 内部数据存储器
idata	存储器类型声明	间接寻址的 8051 内部数据存储器
interrupt	中断函数声明	定义一个中断服务函数
large	存储器模式	指定使用 8051 外部数据存储器空间
pdata	存储器类型声明	分页寻址的 8051 外部数据存储器
_ priority _	多任务优先级声明	规定 RTX51 或 RTX51 Tiny 的任务优先级
reentrant	再入函数声明	定义一个再入函数
sbit	位变量声明	声明一个可位寻址变量
sfr	特殊功能寄存器声明	声明一个 8 位的特殊功能寄存器
sfr16	特殊功能寄存器声明	声明一个 16 位的特殊功能寄存器
small	存储器模式	指定使用 8051 内部数据存储器空间

二、数据类型

C 语言的基本数据类型有 char、int、short、long、float 和 double。对于 C51 编译器来说，short 类型与 int 类型相同，double 类型与 float 类型相同。除此之外，为了更有效地支持 MCS－51系列单片机的结构，C51 还增加了一些特殊的数据类型，包括 bit、sbit、sfr 和 sfr16。C51 编译器能够识别的数据类型见表 3.2。

表 3.2 C51 编译器能够识别的数据类型

数据类型	长度/bit	长度/B	值域范围
unsigned char	8	1	0～255
signed char	8	1	－128～＋127
unsigned int	16	2	0～65 536
signed int	16	2	－32 768～32 767
unsigned long	32	4	0～4 294 967 295
signed long	32	4	－2 147 483 648～2 147 483 647
float	32	4	±1.175 494 E－38～±3.402 823 E＋38
*		1～3	对象的地址
bit	1		0 或 1
sfr	8	1	0～255
sfr16	16	2	0～65 536
sbit	1		0 或 1

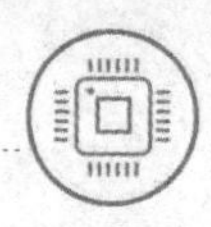

(1)bit位类型。

bit是C51编译器的一种扩充数据类型，利用它可以定义一个位标量，但不能定义位指针，也不能定义位数组。它的值是一个二进制位，不是0就是1，类似一些高级语言中Boolean类型中的True和Fasle。

(2)sfr特殊功能寄存器。

sfr也是一种扩充数据类型，占用1个字节的内存单元，取值范围为0～255。利用它可以访问MCS-51单片机内部的所有特殊功能寄存器，如用sfr P1＝0x90这个语句定义单片机P1口在片内的寄存器。

(3)sfr16 16位特殊功能寄存器。

sfr16占用2个字节的内存单元，取值范围为0～65 535，利用它可以定义8051单片机内部的16位特殊功能寄存器。

(4)sbit可寻址位。

sbit是C51编译器的一种扩充数据类型，利用它可以定义MCS-51单片机内部RAM中的可寻址位或特殊功能寄存器的可寻址位。

例如，采用如下语句：

sfr P0＝80H；

sbit FLAG1＝P0^1；

可以将单片机P0口地址定义为80H，将P0.0位定义为FLAG。

总之，bit、sbit、sfr和sfr16为MCS-51单片机和C51与C251编译器所特有，它们不是ANSI C的一部分，也不能用指针对它们进行存取。表3.2中所列的其他数据类型和C语言用法完全相同，在此不进行详细介绍。

在C语言程序的表达式或变量赋值运算中，有时会出现运算对象的数据不一致的情况，C语言允许任何标准数据类型之间的隐式转换。隐式转换按以下优先级自动进行：

bit→char→int→long→float

signed→unsigned

其中，箭头方向仅表示数据类型级别的高低，转换时由低向高进行，而不是数据转换时的顺序。例如，将一个bit(位类型)变量赋给一个int(整型变量)时，不需要先将bit型变量转换成char型之后再转换成int型，而是将bit型变量直接转换成int型并完成赋值运算。除了能对数据类型进行自动的隐式转换之外，还可以采用强制类型转换符“()”对数据类型进行显式转换。

三、变量的存储种类和存储类型

在C51编译器中对变量进行定义的格式如下：

[存储种类]数据类型[存储器种类]变量名表；

其中，“存储种类”和“存储器类型”是可选项。

(一)存储种类

变量的存储种类有四种：自动(auto)、外部(extern)、静态(static)和寄存器(register)。定义一个变量时，如果省略存储种类选项，则该变量将为自动(auto)变量。

(1)auto。

auto是自动变量存储种类说明符，它的作用范围在定义它的函数体或复合语句内部，在定义它的函数体或复合语句被执行时，C51才为该变量分配内存空间；当函数体或复合语句执行结束时，自动变量所占用的内存空间被释放，这些内存空间又可以被其他的函数体或复合语句使用。单片机访问片内RAM的速度最快，通常将函数体或复合语句中使用频繁的变量放在片内RAM中，且定义为自动变量，可有效地利用片内有限的RAM资源。

(2)extern。

extern是外部变量存储种类说明符，在一个函数体内，要使用一个已在该函数体外或别的程序模块文件中定义过的外部变量时，该变量要用extern说明。外部变量被定义后，即分配了固定的内存空间，在程序的整个执行时间内都是有效的。通常将多个函数或模块共享的变量定义为外部变量。外部变量是全局变量，在程序执行期间一直占有固定的内存空间。当片内RAM资源紧张时，不建议将外部变量放在片内RAM。

(3)static。

static是静态变量存储种类说明符。静态变量又分为局部静态变量和全局静态变量。

局部静态变量是在两次函数调用之间仍能保持其值的局部变量。有些程序要求在多次调用之间仍能保持变量的值，使用全局变量有时会带来意外的副作用，这时可采用局部静态变量。局部静态变量在静态存储区内分配存储单元，在程序整个运行期间都不释放。其在编译时赋初值，即只赋初值一次。局部静态变量要占用较多的内存空间，因此建议不要过多使用局部静态变量。

全局静态变量是一种作用范围受限制的外部变量。全局变量只在定义它的程序文件中才可以使用，其他文件不能改变其内容。C语言允许多模块程序设计，即全局静态变量只能在定义它的程序文件所产生的模块中使用。

小贴士

全局静态变量也占用固定的内存空间，但不能作为其他模块的外部变量，这一点和单纯的全局变量不同。

(4)register。

register是寄存器变量存储种类说明符，访问寄存器的速度最快，通常将使用频率最高的那些变量定义为寄存器变量。C51编译器能自动识别程序中使用频率最高的变量，并自动将其作为寄存器变量，用户无须专门声明。

(二)存储器种类

定义一个变量时，除了需要说明其数据类型之外，C51编译器还允许说明变量的存储类型。C51编译器完全支持8051系列单片机的硬件结构和存储器组织，对每个变量可以准确地赋予其存储器类型，使之能够在单片机系统内准确定位。C51编译器所能识别的存储器类型见表3.3。

表3.3 C51编译器所能识别的存储器类型

存储类型	长度/B	值域范围	与存储空间的对应关系
data	1	0～255	直接寻址的片内数据存储器(128 B)，访问速度最快
bdata	1	0～255	可位寻址的片内RAM(20H～2FH，共16 B)，允许位与字节混合访问
idata	1	0～255	间接访问的片内RAM(256 B)，允许访问全部片内地址
pdata	1	0～255	分页寻址的片外RAM(256 B)，用MOVX@Ri指令访问
xdata	2	0～65 535	片外RAM(64 KB)，用MOVX@DPTR指令访问
code	2	0～65 535	ROM(64 KB)，用MOVX@A+DPTR指令访问

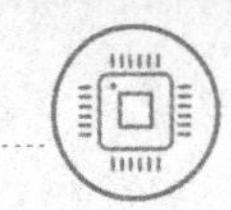

下面对 MCS－51 单片机各存储区类型的特点加以说明。

(1) data 区。

data 区的寻址是最快的，所以应该把使用频率高的变量放在 data 区。但由于空间有限，因此必须注意使用 data 区。data 区除了包含程序变量外，还包含了堆栈和寄存器组 data 区。

(2) bdata 区。

当在 bdata 区(即位寻址区)定义变量时，这个变量就可以进行位寻址，并且声明位变量。这对状态寄存器来说十分有用，因为它可以单独使用变量的每一位，而不一定要用位变量名引用位变量。编译器不允许在 bdata 区中定义 float 和 double 类型的变量，如果想对浮点数的每位寻址，可以通过包含 float 和 long 的联合类型实现。

(3) idata 区。

idata 区也可以存放使用比较烦琐的变量，使用寄存器作为指针进行寻址。在寄存器中设置 8 位地址进行间接寻址，与外部存储器寻址相比，它的指令执行周期和代码长度都比较短。

(4) pdata 和 xdata 区。

在 pdata 和 xdata 区，声明变量和在其他区的语法是一样的，但 pdata 区只有 256 B，而 xdata 区可达65 536 B。对 pdata 和 xdata 区的操作是相似的，对 pdata 区寻址比对 xdata 区寻址要快，因为对 pdata 区寻址只需要装入 8 位地址，而对 xdata 区寻址需要装入 16 位地址，所以尽量把外部数据存储在 pdata 区中。对 pdata 区和 xdata 区寻址要使用 MOVX 指令，需要 2 个处理周期。

(5) code 区。

code 区即 MCS－51 的程序代码区，代码区的数据是不可改变的，所以 MCS－51 的代码区不可重写。一般代码区中可存放数据表、跳转向量和状态表，对 code 区的访问时间和对 xdata 区的访问时间是一样的。代码区中的对象在编译时需要初始化，否则就得不到想要的值。

(三) 存储模式

定义变量时如果省略“存储器类型”选项，则按编译时使用的存储器模式 Small、Compact 或 Large 来规定默认存储器类型，确定变量的存储器空间，函数中不能采用的寄存器传递的参数变量和过程变量也保存在默认的存储器空间。C51 编译器的三种存储器模式(默认的存储器类型)对变量的影响如下。

(1) Small。

变量被定义在 8051 单片机的片内数据存储器中，对这种变量的访问速度最快。另外，所有的对象，包括堆栈，都必须位于片内数据存储器中，而堆栈的长度是很重要的，实际栈长度取决于不同函数的嵌套深度。

(2) Compact。

变量被定义在分页寻址的片外数据存储器中，每一页片外数据存储器的长度为 256 B。这时，对变量的访问是通过寄存器间接寻址(MOVX@Ri)进行的，堆栈位于 8051 单片机片内数据存储器中。采用这种编译模式时，变量的高 8 位地址由 P2 口确定。采用这种模式的同时，必须适当改变启动配置文件 STARTUP. A51 中的参数：PDATASTART 和 PDATALEN。用 BL51 进行连接时，还必须采用连接控制命令 PDATA 来对 P2 口地址进行定位，这样才能确保 P2 口为所需要的高 8 位地址。

(3) Large。

变量被定义在片外数据存储器中(最大可达 64 KB)，使用数据指针 DPTR 来间接访问变量。这种访问数据的方法效率不高，尤其是对于两个以上字节的变量，用这种方法相当影响程序的代码长度。

小贴士

变量的存储种类与存储器类型是完全无关的。例如：

static unsigned char data x； //在片内数据存储器中定义静态无符号字符型变量 x

int y； //定义自动整型变量 y，它的存储器类型由编译器模式确定

四、运算符和表达式

运算符就是完成某种特定运算的符号，按其表达式与运算符的关系可分为单目运算符、双目运算符和三目运算符。单目就是指需要有一个运算对象，双目就要求有两个运算对象，三目则要三个运算对象。表达式是由运算符及运算对象所组成的具有特定含义的式子。C语言一个表达式语句以“;”结束。C语言的运算符可以分为以下几类。

（一）赋值运算符

赋值运算符用于赋值运算，分为简单赋值(＝)、复合算术赋值(＋＝、－＝、*＝、/＝和％＝)和复合位运算赋值(&＝、|＝、^＝、>>＝和<<＝)三类共十一种。赋值语句的格式如下：

变量＝表达式；

赋值语句先计算出“＝”右边的表达式的值，将得到的值赋给左边的变量，而且右边的表达式可以是一个赋值表达式。需要注意“＝＝”与“＝”两个符号的区别。

（二）算术运算符

算术运算符用于各数值运算，包括加(＋)、减(－)、乘(*)、除(/)、求余(或称模运算,％)、自增(＋＋)、自减(－－)共七种。其中，只有取正值和取负值运算符是单目运算符，其他都是双目运算符。算术表达式的形式如下：

运算对象1　算术运算符　运算对象2

运算对象可以是常数、变量、函数、数组、结构等。

（三）关系运算符

关系运算符用于比较运算，包括大于(>)、小于(<)、等于(＝＝)、大于等于(>＝)、小于等于(<＝)和不等于(!＝)六种。

关系运算符连接两个关系表达式，使用关系运算符的运算结果只有0和1两种，也就是逻辑的真与假。当满足指定条件时结果为1，不满足时结果为0。格式如下：

表达式1　关系运算符　表达式2

（四）逻辑运算符

逻辑运算符用于逻辑运算，包括与(&&)、或(||)和非(!)三种。用逻辑运算符组成逻辑表达式格式如下：

条件式1　逻辑运算符　条件式2

当条件式1和条件式2满足逻辑运算符所代表的逻辑关系时，逻辑运算的结果为真(值为1)；如果不为真，逻辑运算的结果为假(值为0)。

（五）位操作运算符

位操作运算符将参与运算的量按二进制的位进行运算，包括位与(&)、位或(|)、位非

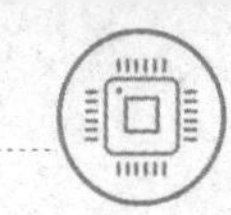

(~)、位异或(^)、左移(<<)和右移(>>)六种。位运算符的表达形式如下：

变量1 位运算符 变量2

位运算符也有优先级，从高到低依次是按"~"(位非)→"<<"(左移)→">>"(右移)→"&"(位与)→"^"(位异或)→"|"(位或)。

(六)指针运算符

指针运算符用于取内容(*)和取地址(&)两种运算。取内容和取地址运算的一般形式分别为：

变量=*指针变量

指针变量=& 目标变量

取内容运算是将指针变量所指向的目标变量的值赋给左边的变量，取地址运算是将目标变量的地址赋给左边的变量。

(七)条件运算符

条件运算符是一个三目运算符，用于条件求值(?:)。条件表达式的一般形式如下：

逻辑表达式 ? 表达式1：表达式2

其功能是先计算逻辑表达式的值，当值为真(非0值)时，将表达式1作为整个条件表达式的值；当逻辑表达式的值为假(0值)时，将表达式2的值作为整个条件表达式的值。

(八)逗号运算符

逗号运算符用于把若干表达式组合成一个表达式(,)。程序运行时，对于逗号表达式的处理是从左至右依次算出各个表达式的值，而整个表达式的值是最右边表达式的值。

小贴士

在许多情况下，使用逗号表达式的目的是为了分别得到各个表达式的值，而并不一定要得到和使用整个逗号表达式的值。函数中的参数也是用逗号隔开的。

(九)求字节数运算符

求字节数运算符用于计算数据类型所占的字节数(sizeof)。一般使用形式如下：

sizeof(表达式)或sizeof(数据类型)

sizeof是一种特殊的运算符，它不是一个函数，字节数的计算是在程序编译的时候就完成了，而不是在程序执行的过程中才计算出来的。

(十)特殊运算符

特殊运算符有括号()、下标[]、成员(->,.)等几种。

第二节 中断服务程序

C51编译器支持在源程序中直接编写8051单片机的中断服务函数程序，降低了采用汇编语言编写中断服务程序的烦琐程度。C51编译器对函数的定义进行了扩展，增加了一个扩展关键字interrupt，它是函数定义的一个选项，加上这个选项即可将一个函数定义成中断服务函数。中断服务函数的一般形式如下：

函数类型 函数名(形式参数表)[interrupt *n*][using *n*]

关键字 interrupt 后面的 n 是中断号，n 的取值范围为 0～31。编译器 $8n+3$ 处产生中断向量，具体的中断号 n 和中断向量取决于 MCS－51 系列单片机芯片型号，常用中断号、中断源与中断向量见表 3.4。

表 3.4　常用中断号、中断源与中断向量

中断号 n	中断源	中断向量 $8n+3$
0	外部中断 0	0003H
1	定时/计数器 0	000BH
2	外部中断 1	0013H
3	定时/计数器 1	001BH
4	串行口	0023H

MCS－51 系列单片机在片内 RAM 中使用 4 个不同的工作寄存器组，每个工作寄存器组中包含 8 个工作寄存器(R0～R7)。C51 编译器扩展了一个关键字 using，专门用来选择不同的工作寄存器组。using 后面 n 的范围是 0～3 的常整数，如果不用该选项，则由编译器自动选择一个寄存器组作为绝对寄存器组访问。

小贴士

关键字 interrupt 也不允许用于外部函数，它对中断函数目标代码的影响如下：在进入中断函数时，特殊功能寄存器 ACC、B、DPH、DPL 及 PSW 将被保存入栈；如果不使用关键字 using 切换工作寄存器组，中断函数将所用到的全部工作寄存器都入栈保存；函数退出之前将所有的寄存器内容出栈恢复；中断函数由汇编指令 RETI 结束。

设置外部中断 1 的中断服务函数程序的例子如下：

```
#include<reg51.h>
sbit P=P0^1;
void main()
{
    IT1=1;                    //对外部中断 1 采用下降沿触发方式
    EX1=1;                    //开启外部中断 1 的中断允许控制位
    EA=1;
    while(1);
}

    void int1()interrupt 2    //外部中断 1 的中断服务程序
{
    P=! P;                    //产生中断后对 P0.1 进行取反
}
```

第三节　C51 的库函数

C51 使用了丰富的库函数，使用库函数使程序代码简单、结构清晰、易于调试和维护。

(一)本征函数和非本征函数

C51 提供的本征函数在编译时直接将固定的代码插入当前行，而不是用 ACALL 和

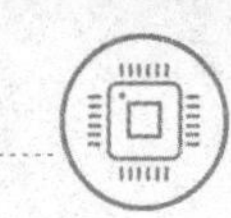

LCALL语句实现，这样大大提高了函数访问的效率；而非本征函数则必须由ACALL及LCALL调用。C51的本征库函数只有9个，数目虽少，但非常有用。现罗列如下：

(1) _crol_，_cror_：将char型变量循环向左(右)移动指定位数后返回。

(2) _irol_，_iror_：将int型变量循环向左(右)移动指定位数后返回。

(3) _lrol_，_lror_：将long型变量循环向左(右)移动指定位数后返回。

(4) _nop_：相当于插入汇编指令NOP。

(5) _testbit_：相当于JBC测试该位变量并跳转同时清除。

(6) _chkfloat_：测试并返回源点数状态。

使用上述函数时，源程序开头必须包含#include<intrins. h>一行。

(二)几类重要的库函数

(1)reg51. h中包含了所有MCS-51的SFR及其位定义，reg52. h中包含了所有80C52的SFR及其位定义，一般系统都必须包括reg51. h或reg52. h。

(2)absacc. h为绝对地址文件，该文件中实际只定义了几个宏，以确定各存储空间的绝对地址。

(3)stdlib. h中定义了动态内存分配函数。

(4)string. h中定义了缓冲器处理函数，其中包括复制、比较、移动等函数，如memccpy、memchr、memcmp、memcpy、memmove及memset。

(5)stdlio. h中定义了输入/输出流函数，流函数通过串口或用户定义的I/O口读写数据，默认为MCS-51串口。如果要修改，如改为LCD显示，修改lib目录中的getkey. c及putchar. c源文件，然后在库中替换它们即可。

第四节　C51程序设计与应用技巧

C51编译器能产生高度优化的代码，通过一些编程上的技巧可以帮助编译器产生更好的代码。

(一)合理地选择数据和变量的类型

提高代码效率的最基本方法就是减少变量的长度。在char、int和long int三种类型的变量中，char型最短，long int最长，能使用长度短的类型变量尽量使用短类型的变量。由于MCS-51单片机不支持符号运算，因此还要考虑变量是否会出现负数。如果程序中不出现负数，就可以把变量声明成无符号类型。虽然C51编译器支持float类型的数据运算，但是如果浮点运算过程被中断，则必须确保中断程序中不会使用浮点指针运算。

(二)为变量分配内部存储区

由于访问内部存储器比访问外部存储器速度要快很多，因此应该把经常使用的变量放在内部RAM中。考虑到存储速度，一般按以下的顺序使用存储器，即data，idata，pdata，xdata，同时要留出足够的堆栈空间。

(三)选择存储器的模式

Small、Compact和Large存储模式的选择影响代码的大小和执行速度。使用SMALL模式进行编译产生的代码最少，运行速度最快。在Small模式下，在没有指定变量存储器类型的情况下，所有的变量都将定位在单片机的片内RAM中。

(四)使用运算量小的表达式

在功能相同的前提下，使用运算量小的表达式。例如，求余运算可改为位的与运算。如a=a%8改成a=a&7；平方运算可以改为乘法运算，因为单片机内部有硬件乘法器；用左移或右移来替代乘以2或除以2的运算；使用自加、自减指令和复合赋值表达式(如a-=1及a+=1等)能够生成高质量的程序代码，编译器通常能够生成相应的inc和dec之类的指令。而使用a=a+1或a=a-1之类的指令，编译器则会产生2~3个字节的指令。

(五)循环变量控制

对于一些不需要在循环中运算的任务，可以把它们放在循环外面，例如表达式、函数的调用，指针运算，数组访问等；延时函数采用自减形式比采用自加形式生成的代码少1~3个字节；循环do…while比while编译后产生的代码长度要短。

(六)尽量使用查表方式

浮点数的乘除及开发以及一些数学模型的插补运算，应尽量使用查表的方式，并且将数据表置于程序存储区。

小贴士

如果直接生成所需的表比较困难，可尽量在启动时先计算，然后在数据存储器中生成所需的表，以备程序运行时查询，减少程序执行过程中重复计算的工作量。

第五节　实例：洗衣机控制器的设计

(一)功能要求

全自动洗衣设计方案的实现方案框图，即系统组成框图如图3.1所示。其系统组成主要有：电源、单片机最小系统、开关检测电路、控制按键输入电路、蜂鸣器、LED指示电路、继电器和电机驱动电路。

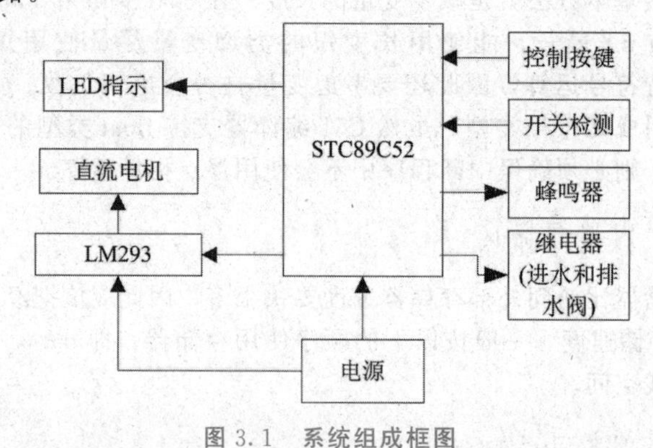

图3.1　系统组成框图

利用51单片机模拟全自动智能洗衣机。

(1)按键功能要求。

①通过“K1”键步进改变“标准、经济、单独、排水”四种方式，执行相应程序，对应指示灯亮。

②通过“K2”键步进改变“强洗、弱洗”两种方式，执行相应程序，对应指示灯亮。

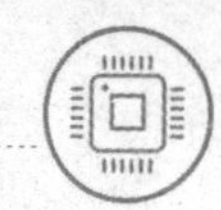

③通过"K3"键控制洗衣机的运行、暂停和解除报替功能。

(2)检测开关功能要求。

①当水位开关置于接地时，表示水位符合要求。

②当盖开关置于接地时，表示盖子处于打开状态，洗衣机要暂停并脱水。

(3)方式选择功能要求。

一般洗衣机的步骤为洗涤→漂洗→脱水，当处于某种状态时，对应的指示灯以0.7 s周期闪烁，如当洗衣机在洗涤过程中，洗涤指示灯闪烁。可以通过方式选择设定具体的运行过程。

①标准方式：进水→洗涤→排水→进水→漂洗→排水→进水→漂洗→排水→脱水。

②经济方式：进水→洗涤→排水→进水→漂洗→排水→脱水。

③单独方式：进水→洗涤。

④排水方式：排水→脱水。

⑤强洗即电机转速快，弱洗电机转速慢。

(4)各步骤时间要求。

进水时间为4 s，洗涤时间为6 s，排水时间为2 s，脱水时间为2 s，漂洗时间为2 s。

(5)整机功能要求。

①开机默认状态为标准方式、强洗。

②在洗涤和漂洗过程中，电机正转1次，反转1次，连续运行。

③在进水和脱水过程中，相应的指示灯亮，继电器吸合，蜂鸣器间歇性响。

④当在执行某个步骤时，只有"K3"键有效，按下暂停，再按恢复运行。

(二)系统硬件电路设计

电机驱动电路原理图如图3.2所示。

(1)电机驱动模块电路设计。

电机驱动采用L293D电机驱动芯片，单片机P25、P24与L293的IN1、IN2分别对应相连，ENA直接接V_{CC}，后面所加4个二极管D_3～D_6起续流作用。

(2)电源模块电路设计。

电机驱动芯片的电源V_{CC}和V_S之间通过0 Ω的电阻R_{20}进行隔离后，对LD293进行供电。

(3)开关检测电路设计。

开关检测电路由S_1和S_2进行模拟。其中S_1模拟水位，S_2模拟盖子。

(4)控制按键。

如图3.2所示，"K3"键接到单片机的外部中断0，通过中断实现运行、暂停及继续运行的控制功能。当"K3"第一次按下时(num2＝1)正常运行，当K3第二次按下时(num2＝2)暂停运行。

(5)进水阀和排水阀控制继电器。

电机驱动电路原理图如图3.2所示，单片机的P23用来控制排水阀继电器，P22用来控制进水阀继电器。P23和P22输出为0时对应的阀打开，输出为1时对应的阀关闭。

(三)系统程序设计

程序流程图如图3.3所示。

(四)调试及性能分析

本系统的输入信号和输出信号是通过开关、按键、继电器、蜂鸣器和发光二极管来模拟的，实际应用有出入，在仿真调试时要和实际运行情况相对应起来。控制电路板实物照片如图3.4所示。

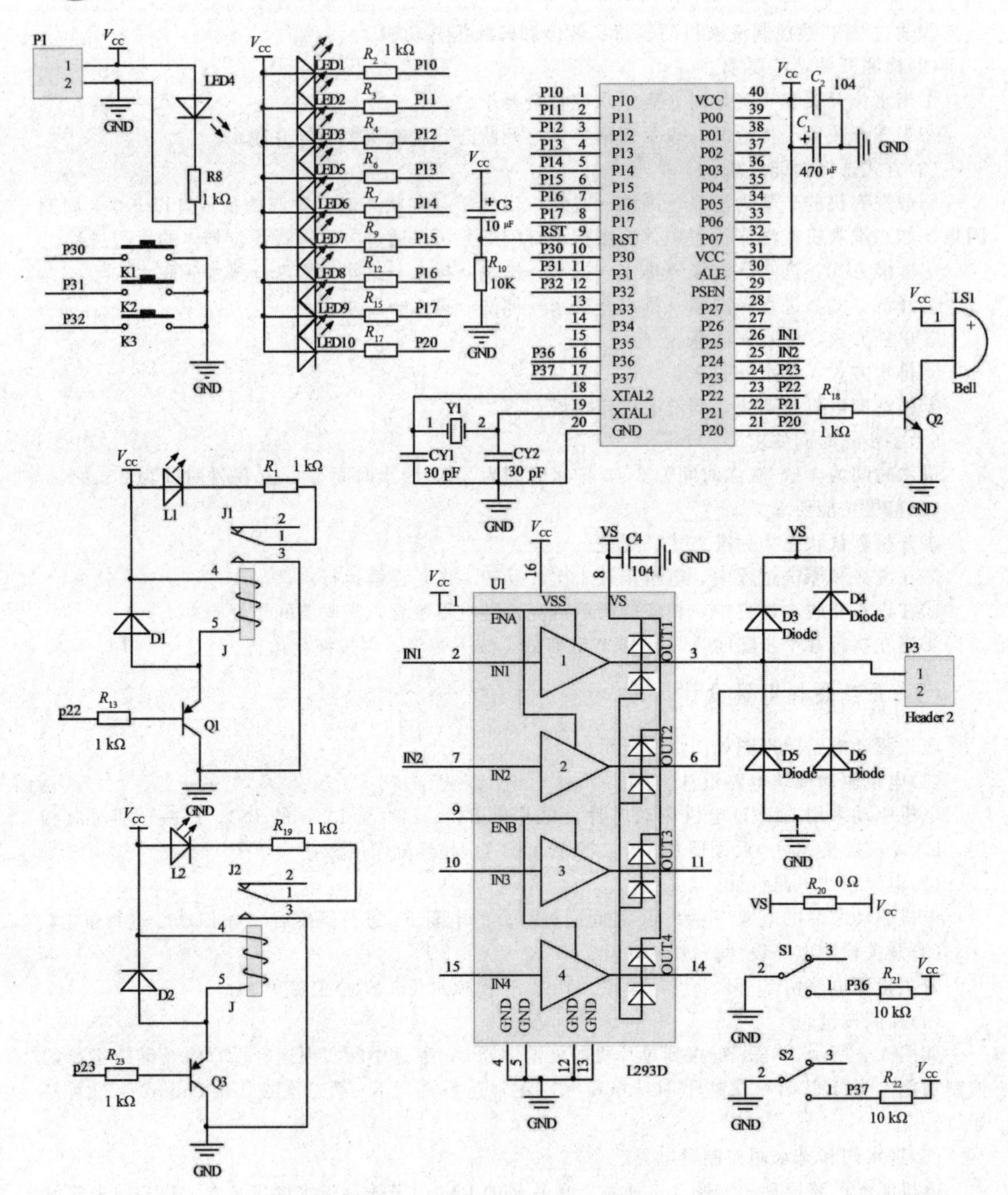

图 3.2　电机驱动电路原理图

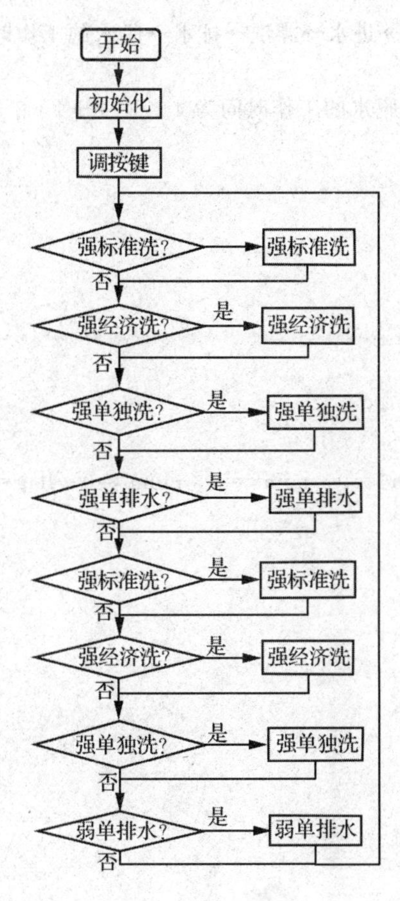

图 3.3　程序流程图

图 3.4　控制电路板实物照片

(1)元件清单。

元件清单见表 3.5。

表 3.5　元件清单

元件名称和型号	数量	元件名称和型号	数量
10 kΩ 电阻	2	104 瓷片电容	2
1 kΩ 电阻	15	470 μF 电容	1
IN4007 二极管	6	船型开关	2
发光二极管	14	DIP16 插座	1
继电器	2	DIP40 插座	1
按键	4	30 pF 电解电容	2
L293 芯片	1	12 MHz 晶振	1
10 μF 电解电容	1	电机	1
蜂鸣器	1	继电器	2
9012 三极管	3		

(2)设计制作要点。

在设计制作中注意如下事项。

①进水时间为 4 s，洗涤时间为 6 s，排水时间为 2 s，脱水时间为 2 s，漂洗时间为 2 s，分别书写函数，然后进行调用。

②标准方式：进水→洗涤→排水→进水→漂洗→排水→进水→漂洗→排水→脱水的工作时间为4+6+2+4+2+2+4+2+2+2=30(s)。

经济方式：进水→洗涤→排水→进水→漂洗→排水→脱水的工作时间为4+6+2+4+2+2+2=22(s)。

单独方式：进水→洗涤的工作时间为4+6=10(s)。

排水方式：排水→脱水的工作时间为2+2=4(s)。

（五）控制源程序清单

C源程序如下：

```
#include<reg52.h>
#define uchar unsigned char
#define uint unsigned int
uchar num=0, num1=0, num2=0, num3=0, num4=0, num5=0, num6=0, flag=0, flag1=0, flag2=1, flag3=0, flag4=0, flag5=0;
sbit ledbiaozhun=P1^0; //LED指示灯
sbit ledjingji=P1^1;
sbit leddandu=P1^2;
sbit ledpaishui=P1^3;
sbit ledqiangxi=P1^4;
sbit ledruoxi=P1^5;
sbit ledxidi=P1^6;
sbit ledpiaoxi=P1^7;
sbit ledtuoshui=P2^0;

sbit sshuiwei=P3^6; //水位开关
sbit sgai=P3^7; //盖开关
sbit paishui=P2^3; //排水阀控制
sbit jinshui=P2^2; //进水阀控制
sbit beep=P2^1; //蜂鸣器

sbit U2=P2^4;
sbit U3=P2^5;
sbit k1=P3^0; //步进改变"标准、经济、单独、排水"四种方式
sbit k2=P3^1; //强洗、弱洗
sbit k3=P3^2; //运行、暂停和解除报警功能
void delayms(uint xms)//延时
{
	uint i, j;
	for (i=xms; i>0; i--)
		for(j=110; j>0; j--);
}

void BEEP()//蜂鸣器
{
	beep=0;
```

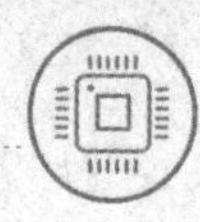

```
        delayms(200);
        beep=1;
        delayms(200);
    }

void key()//控制按键
{
if(k1==0)//"标准、经济、单独、排水"按下
{
    delayms(10); //延时消抖
    if(k1==0)//再判
    {
        BEEP(); //蜂鸣器提示
        num++; //"K1"键按下次数加 1
        if(num ==4)
                num=0; //等于 4,按下次数清 0
        while(! k1); //等待按键释放
    }
}

if(k2==0)//强弱选择
{
    delayms(10);    //延时消抖
    if(k2==0)  //再判
    {
        BEEP(); //蜂鸣器提示
        num1++; //按下次数加 1
        if(num1==2)
                num1=0; //等于 2,按下次数清 0
        while(! k2); //等待按键释放
    }
}
}

void qiang()  //强
{
    if(flag4==0)  //电机正转
    {
        U2=0;
        U3=1;
    }

    if(flag4==1)  //电机反转
    {
        U2=1;
```

```
        U3=0；
    }
}
void ruo()//弱
{
    if(flag5==0)//电机正转
    {
        U2=0；
        U3=1；
    }
    if(flag5==1)//电机反转
    {
        U2=1；
        U3=0；
    }
}

void qbiaozhun()//强标准
{
    /********洗涤*********/
        ledbiaozhun=0；//标准洗 LED 亮
        ledqiangxi=0；//强洗 LED 亮
        ledtuoshui=0；//脱水 LED 亮
        ledpiaoxi=0；   //漂洗 LED 亮
        ledxidi=0；     //洗涤 LED 亮
        jinshui=1；   //进水亮
        while(sshuiwei)；//水位监测
        jinshui=0；//进水亮
        flag1=1；
        TR0=1；      //启动定时器 T0
        while(flag==0)
        {
            if(flag==0&&num2==1)
            {
                TR0=1；
                flag1=1；
                qiang()；
            }
            if(flag==0&&num2==2)
            {
                TR0=0；//关闭定时器 T0
                U2=1；   //电机停止
                U3=1；
            }
        }；
```

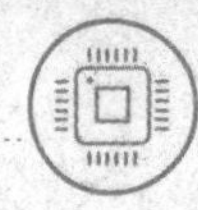

```
//漂洗
U2=1;
U3=1;
TR0=0;
flag1=0;
paishui=0; //排水
ledbiaozhun=0;
ledtuoshui=0;
ledpiaoxi=0;
ledxidi=1;
while(! sshuiwei);
delayms(3000);
paishui=1; //关闭排水
jinshui=0; //打开进水
while(sshuiwei);
jinshui=1; //关闭进水
flag1=2;
TR0=1;
num3=0;
num4=0;
while(flag==1)
{
    if(flag==1&&num2==1)//强漂洗
    {
        TR0=1;
        flag1=2;
        qiang();
    }
    if(flag==1&&num2==2)//暂停强漂洗
    {
        TR0=0;
        U2=1;
        U3=1;
    }
};
//漂洗
U2=1;
U3=1;
TR0=0;
flag1=0;
paishui=0;
ledbiaozhun=0;
ledtuoshui=0;
ledpiaoxi=0;
while(! sshuiwei);
```

```
delayms(3000);
paishui=1;
jinshui=1;
while(sshuiwei);
jinshui=0;
flag1=2;
TR0=1;
num3=0;
num4=0;
while(flag==2)

{
    if(flag==2&&num2==1)
    {
        TR0=1;
        flag1=2;
        qiang();
    }
    if(flag==2&&num2==2)
    {
        TR0=0;
        U2=1;
        U3=1;
    }
}
//脱水
U2=1;
U3=1;
TR0=0;
flag1=0;
paishui=0;
ledbiaozhun=0;
ledtuoshui=0;
ledpiaoxi=1;
while(sgai||! sshuiwei);
delayms(3000);
flag1=3;
TR0=1;
num3=0;
num4=0;
while(flag==3)
{
    if(flag==3&&num2==1)
    {
        TR0=1;
```

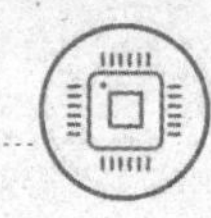

```
            U2=0;
            U3=1;
            flag1=3;
            }
            if(flag==3&&num2==2)
            {
                TR0=0;
                U2=1;
                U3=1;
            }
        };
        ledtuoshui=1;
        U2=1;
        U3=1;
        flag1=0;
        flag3=1;
        while(flag2)//报警
        {
            beep=0;
            delayms(100);
            beep=1;
            delayms(100);
        };
        beep=1;
        while(1);
}

void qjingji()//强经济
{
/********洗涤*********/
    ledjingji=0;
    ledqiangxi=0;
    ledtuoshui=0;
    ledpiaoxi=0;
    ledxidi=0;
    jinshui=1;
    while(sshuiwei);
    jinshui=0;
    flag1=1;
    TR0=1;
    while(flag==0)
    {
        if(flag==0&&num2==1)
        {
            TR0=1;
```

```
            flag1=1;
            qiang();
        }
        if(flag==0&&num2==2)
        {
            TR0=0;
            U2=1;
            U3=1;
        }
    };

//漂洗
TR0=0;
U2=1;
U3=1;
flag1=0;
paishui=0;
ledjingji=0;
ledtuoshui=0;
ledpiaoxi=0;
ledxidi=1;
while(! sshuiwei);
delayms(3000);
paishui=1;
jinshui=0;
while(sshuiwei);
jinshui=1;
flag1=2;
TR0=1;
num3=0;
num4=0;
while(flag==1)
{
    if(flag==1&&num2==1)
    {
        TR0=1;
        flag1=2;
        qiang();
    }
    if(flag==1&&num2==2)
    {
        TR0=0;
        U2=1;
        U3=1;
    }
```

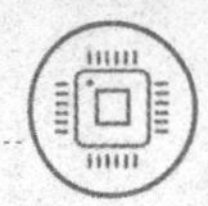

```
};
//脱水
TR0=0;
U2=1;
U3=1;
flag1=0;
paishui=0;
ledjingji=0;
ledtuoshui=0;
ledpiaoxi=1;
while(sgai||! sshuiwei);
delayms(3000);
flag1=3;
TR0=1;
num3=0;
num4=0;
while(flag==2)
{
    if(flag==2&&num2==1)
    {
        TR0=1;
        U2=0;
        U3=1;
        flag1=3;
    }
    if(flag==2&&num2==2)
    {
        TR0=0;
        U2=1;
        U3=1;
    }
};
ledtuoshui=1;
U2=1;
U3=1;
flag1=0;
flag3=1;
while(flag2)//报警
{
    beep=0;
    delayms(100);
    beep=1;
    delayms(100);
};
      beep=1;
```

```
    while(1);
}

void qdandu()//强单独
{
    ledqiangxi=0;
    ledxidi=0;
    leddandu=0;
    jinshui=1;
    while(sshuiwei);
    jinshui=0;
    flag1=1;
    TR0=1;
    while(flag==0)
    {
        if(flag==0&&num2==1)
        {
            TR0=1;
            flag1=1;
            qiang();
        }
        if(flag==0&&num2==2)
        {
            TR0=0;
            U2=1;
            U3=1;
        }
    };
    flag1=0;
    U2=1;
    U3=1;
    while(1);
}

void rbiaozhun()//弱标准
{
    /* * * * * * * 洗涤 * * * * * * * * */
        ledbiaozhun=0;
        ledruoxi=0;
        ledtuoshui=0;
        ledpiaoxi=0;
        ledxidi=0;
        jinshui=1;
        while(sshuiwei);
        jinshui=0;
```

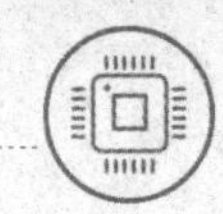

```
        flag1=1;
        TR0=1;
        while(flag==0)
        {
            if(flag==0&&num2==1)
            {
                TR0=1;
                flag1=1;
                ruo();
            }
            if(flag==0&&num2==2)
            {
                TR0=0;
                U2=1;
                U3=1;
            }
    };
    //漂洗
    U2=1;
    U3=1;
    TR0=0;
    flag1=0;
    paishui=0;
    ledbiaozhun=0;
    ledtuoshui=0;
    ledpiaoxi=0;
    ledxidi=1;
    while(! sshuiwei);
    delayms(3000);
    paishui=1;
    jinshui=0;
    while(sshuiwei);
    jinshui=1;
    flag1=2;
    TR0=1;
    num3=0;
    num4=0;
    while(flag==1)
    {
        if(flag==1&&num2==1)
        {
            TR0=1;
            flag1=2;
            ruo();
        }
```

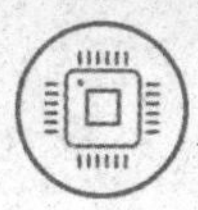


```
    if(flag==1&&num2==2)
    {
        TR0=0;
        U2=1;
        U3=1;
    }
};
//漂洗
U2=1;
U3=1;
TR0=0;
flag1=0;
paishui=0;
ledbiaozhun=0;
ledtuoshui=0;
ledpiaoxi=0;
while(! sshuiwei);
delayms(3000);
paishui=1;
jinshui=0;
while(sshuiwei);
jinshui=1;
flag1=2;
TR0=1;
num3=0;
num4=0;

while(flag==2)
{
    if(flag==2&&num2==1)
    {
        TR0=1;
        flag1=2;
        ruo();
    }
    if(flag==2&&num2==2)
    {
        TR0=0;
        U2=1;
        U3=1;
    }
    }
    //脱水
    U2=1;
    U3=1;
```

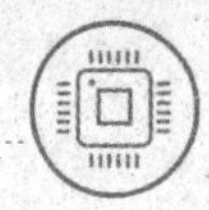

```
TR0=0;
flag1=0;
paishui=0;
ledbiaozhun=0;
ledtuoshui=0;
ledpiaoxi=1;
while(sgai||!sshuiwei);
delayms(3000);
flag1=3;
TR0=1;
num3=0;
num4=0;
while(flag==3)
{
    if(flag==3&&num2==1)
    {
        TR0=1;
        U2=0;
        U3=1;
        flag1=3;
    }
    if(flag==3&&num2==2)
    {
        TR0=0;
        U2=1;
        U3=1;
    }
};
ledtuoshui=1;
U2=1;
U3=1;
flag1=0;
flag3=1;
while(flag2)//报警
{
    beep=0;
    delayms(100);
    beep=1;
    delayms(100);
};
      beep=1;
      while(1);
}

void rjingji()//弱经济
```

```
{
    /*******洗涤********/
        ledjingji=0;
        ledruoxi=0;
        ledtuoshui=0;
        ledpiaoxi=0;
        ledxidi=0;
        jinshui=1;
        while(sshuiwei);
        jinshui=0; //打开进水阀，进水
        flag1=1;
        TR0=1;
        while(flag==0)
        {
            if(flag==0&&num2==1)//弱经济洗
            {
                TR0=1;
                flag1=1;
                ruo();
            }
            if(flag==0&&num2==2)//弱经济洗暂停
            {
                TR0=0;
                U2=1;
                U3=1;
            }
    };

    //漂洗
    TR0=0;
    U2=1;
    U3=1;
    flag1=0;
    paishui=0; //排水阀打开
    ledjingji=0;
    ledtuoshui=0;
    ledpiaoxi=0;
    ledxidi=1;
    while(! sshuiwei);
    delayms(3000);
    paishui=1; //排水阀关闭
    jinshui=0; //进水阀打开
    while(sshuiwei);
    jinshui=1; //进水阀关闭
    flag1=2;
```

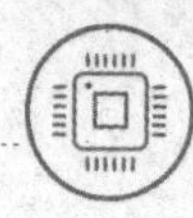

```
    TR0＝1；
    num3＝0；
    num4＝0；
    while(flag＝＝1)
    {
        if(flag＝＝1&&num2＝＝1)//漂洗
        {
            TR0＝1；
            flag1＝2；
            ruo()；
        }
        if(flag＝＝1&&num2＝＝2)//漂洗暂停
        {
            TR0＝0；
            U2＝1；
            U3＝1；
        }
};
//脱水
TR0＝0；
U2＝1；
U3＝1；
flag1＝0；
paishui＝0； //排水阀打开
ledjingji＝0；
ledtuoshui＝0；
ledpiaoxi＝1；
while(sgai||! sshuiwei)；
delayms(3000)；
flag1＝3；
TR0＝1；
num3＝0；
num4＝0；
while(flag＝＝2)
{
    if(flag＝＝2&&num2＝＝1)
    {
        TR0＝1；
        U2＝0；
        U3＝1；
        flag1＝3；
    }
    if(flag＝＝2&&num2＝＝2)
    {
        TR0＝0；
```

```
            U2=1;
            U3=1;
        }
    };
    ledtuoshui=1;
    U2=1;
    U3=1;
    flag1=0;
    flag3=1;
    while(flag2)//报警
    {
        beep=0;
        delayms(100);
        beep=1;
        delayms(100);
    };
    beep=1;
    while(1);
}

void rdandu()//弱单独
{
    ledruoxi=0;
    ledxidi=0;
    leddandu=0;
    jinshui=1; //关闭进水阀
    while(sshuiwei);
    jinshui=0;    //打开进水阀，进水
    flag1=1;
    TR0=1;        //启动定时器 T0
    while(flag==0)
    {
        if  (flag==0&&num2==1)   //弱单独洗
            {
            TR0=1;
            flag1=1;
            ruo();
            }
            if(flag==0&&num2==2)//弱单独洗暂停
            {
                TR0=0;
                U2=1;
                U3=1;
            }
        };
```

```
        flag1=0;
        U2=1;
        U3=1;
        while(1);
}

void dpaishui()//排水/脱水
{
    ledpaishui=0;
    ledtuoshui=0;
    paishui=0;    //排水阀打开
    while(! sshuiwei | | sgai);
    delayms(3000);
    flag1=3;
    TR0=1;
    num3=0;
    num4=0;
    while(flag==0)
    {
        if(flag==0&&num2==1)//脱水
        {
            TR0=1;
            flag1=3;
            U2=0;
            U3=1;
        }
        if(flag==0&&num2==2)//暂停脱水
        {
            TR0=0;
            U2=1;
            U3=1;
        }
    };
    U2=1;
    U3=1;
    flag1=0;
    ledtuoshui=1;
    paishui=1; //排水阀关闭
    while(1);
}

void main()
{
    uchar a=0, b=0, c=0;
    TMOD=0x01;          //T0 工作于方式 1
```

```
TH0=(65536-50000)/256; //定时时间 50 ms
TL0=(65536-50000)%256;
EA=1;   //开总中断
ET0=1;    //开 T0 中断
TR0=0;    //关闭 T0
EX0=1;    //开外部中断 0
IT0=1;    //外部中断 0 边沿触发方式
U2=1;   //电机停转
U3=1;
beep=1;    //关闭蜂鸣器
while(1)
{
    key();    //键扫描
    if(num1==0&&num==0)
    {
        ledruoxi=1;    //关闭弱洗 LED
        ledpaishui=1; //关闭排水 LED
        ledqiangxi=0; //强洗 LED 亮
        ledbiaozhun=0; //强标准 LED 亮
        if(num2==1)
        {
            qbiaozhun(); //强标准洗
        }
        if(num2>1)//"K3"键按下次数为 2，暂停洗涤
        {
            beep=0;      //蜂鸣器报警
        }
    }
    if(num1==0&&num==1)
    {
        ledruoxi=1;
        ledbiaozhun=1;
        ledqiangxi=0;
        ledjingji=0;
        if(num2==1)
        {
            qjingji(); //强经济洗
        }
    }
    if(num1==0&&num==2)
    {
        ledruoxi=1;
        ledjingji=1;
        ledqiangxi=0;
        leddandu=0;
```

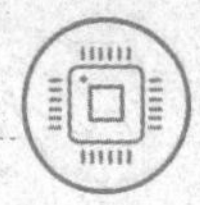

```
        if(num2==1)
        {
            qdandu(); //强单独洗
        }
    }
    if(num1==0&&num==3)
    {
        ledruoxi=1;
        leddandu=1;
        ledqiangxi=0;
        ledpaishui=0;
        if(num2==1)
        {
            dpaishui(); //单排水
        }
    }
    if(num1==1&&num==0)
    {
        ledqiangxi=1;
        ledpaishui=1;
        ledruoxi=0;
        ledbiaozhun=0;
        if(num2==1)
        {
            rbiaozhun(); //弱标准洗
        }
    }
    if(num1==1&&num==1)
    {
        ledqiangxi=1;
        ledbiaozhun=1;
        ledruoxi=0;
        ledjingji=0;
        if(num2==1)
        {
            rjingji(); //弱经济洗
        }
    }
    if(num1==1&&num==2)
    {
        ledqiangxi=1;
        ledjingji=1;
        ledruoxi=0;
        leddandu=0;
        if(num2==1)
```

```
            {
                rdandu()； //弱单独洗
            }
        }
        if(num1==1&&num==3)
        {
            ledqiangxi=1；
            leddandu=1；
            ledruoxi=0；
            ledpaishui=0；
            if(num2==1)//"K3"键按下
            {
                dpaishui()； //单排水
            }
        }
    }
}

void T0-time()interrupt 1  //定时
{
    TH0=(65536-50000)/256； //重赋初值
    TL0=(65536-50000)%256；
    num3++；      //定时计数加1
    if(num3==20)//1秒时间到
    {
        num3=0； //计数清0
        if(flag 1==1)
            ledxidi=~ledxidi；   //洗涤指示取反
        if(flag 1==2)
            ledpiaoxi=~ledpiaoxi； //漂洗指示取反
        if(flag 1==3)
            ledtuoshui=~ledtuoshui； //脱水指示取反
        num4++；
        num5++；
        num6++；
        if(num4==15)//洗涤定时，15 s到
        {
            num4=0； //清0
            flag++； //
        }
        if(num5==5)//强洗周期，5 s到
        {
            num5=0；
            flag4++；         //强洗标志加1
            if(flag 4==2)
```

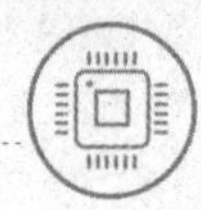

```
                flag4=0;
        }
        if(num6==3)//弱洗周期，3 s到
        {
            num6=0;
            flag5++;        //弱洗标志加1
            if(flag 5==2)
                flag5=0;
        }
    }
}

void int0()interrupt 0   //外部中断0
{
    num2++;     //"K3"键按下计数加1，num2为1运行，num2为2暂停
    if(num 2==3)
        num2=1;
    if(flag 3==1)
        flag2=0;
}
```

习　题

1. C语言和汇编语言编程相比有哪些优势？
2. 在C51中有几种关系运算符？举例说明。
3. 在C51程序设计中为何尽量采用无符号的字节变量或位变量？
4. 为了加快程序的运行速度，C51中频繁操作的变量应定义在哪个存储区？
5. 为何在C51中要避免使用float浮点型变量？
6. 如何定义C51的中断函数？
7. 采用软件延时，C51延时函数时间怎么计算？

第四章　单片机键盘及显示器接口技术

在单片机的应用领域中，无论是在智能仪器仪表和工业控制还是在家用电器等消费类电子应用领域，都需要进行人机交互，即单片机和人之间进行信息的交换。人为的控制命令和控制信息要通过输入设备送给单片机，单片机处理的结果和工作状态通过输出设备显示指示出来。最常见的输入设备和输出设备就是键盘和显示器。

第一节　键盘接口技术

键盘是微机应用系统中使用最广泛的一种数据输入设备。在设计键盘接口时，要着重解决以下几个问题。

(1)开关状态的可靠输入：可设计硬件去抖动电路或设计去抖动软件。

(2)键盘状态的监测方法：中断方式还是查询方式。

(3)键盘编码方法。

(4)键盘控制程序的编写。

下面对常用的键盘电路进行介绍。

独立式按键电路如图 4.1 所示，图 4.1(a)是采用中断扫描的方式判断按键的状态，图 4.1(b)是通过查询的方式来判断按键的状态。当操作键时，其一对触点闭合或断开，引起 A 点，即 P1 端口对应引脚电压的变化，因此通过对 A 点端口电压的判断来判断按键的通断状态。

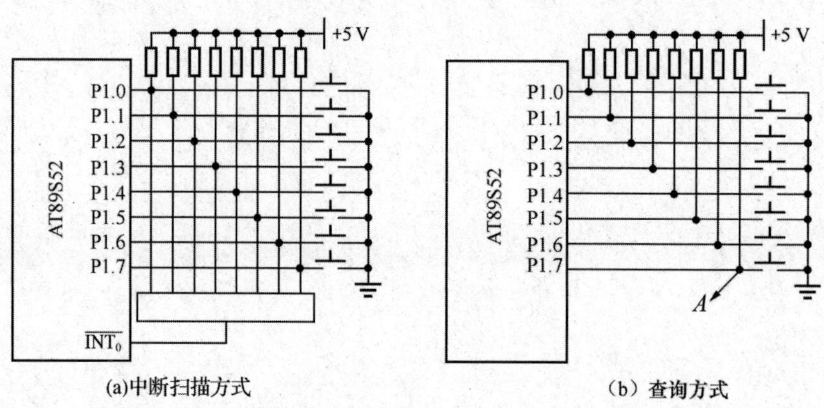

图 4.1　独立式按键电路

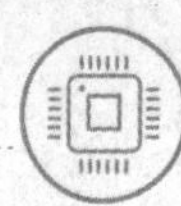

小贴士

对于中断扫描方式，当键盘上有键闭合时产生中断请求，CPU响应中断并在中断服务程序中判断键盘上闭合键的键号，并进行相应的处理；而对于查询方式，CPU通过按一定顺序查询对应端口的状态来判断按键所在的位置。

对于任何按键来说，由于机械触点的弹性作用，因此触点在闭合和断开瞬间的电接触情况不稳定，会造成电压信号的抖动现象，如图4.2(a)所示，按键的抖动时间一般为5～10 ms。这种现象会使单片机对于一次键操作进行多次处理，因此必须设法消除键接通或断开时的抖动现象。常用的去抖动方法有硬件和软件两种。

(1)硬件消除抖动。

主要使用双稳态电路，如图4.2(b)所示，也就是由双四输入的与非门构成的施密特触发器电路。硬件去抖动需要增加额外的硬件开销，如在有必要的情况下可以使用其他专用的去抖动电路。

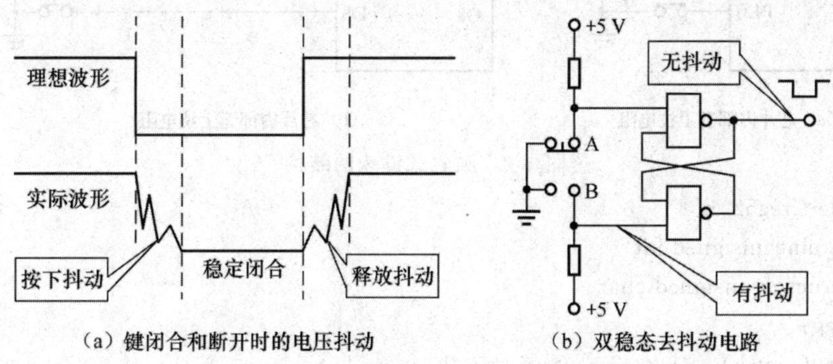

图4.2　按键的抖动和消除电路

(2)软件去抖动。

采用软件去抖动的方法是在单片机检测到有键按下时，先执行一个10～20 ms的延时程序，然后再次检查该键电平是否仍保持闭合状态。如保持闭合状态，则确认为有键按下，否则就判断为抖动，这样就能消除键的抖动影响。

小贴士

软件去抖动简单方便，不需要增加额外的硬件开销，因此在能够使用软件去抖动的场合尽量使用软件去抖动。

一、独立式键盘接口技术

(一)独立式键盘的硬件结构

独立式键盘的结构如图4.3所示，这是最简单的键盘结构形式，每个按键的电路是独立的，都有单独一条I/O口线对应一个按键的通断状态。如图4.3(a)所示，由于P1口内部有等效上拉电阻，因此外部上拉电阻可以省略。若使用其他端口或外接接口芯片时，芯片内部无上拉电阻，则需要外部添加上拉电阻，图4.3(b)所示为芯片内部无上拉电阻的接口。独立式键盘配置灵活、软件结构简单，但每个按键必须占用一根口线，因此适用于按键数量不多的场合。

独立式键盘的软件可以采用随机扫描、定时扫描和中断扫描三种方式。

（二）独立式键盘的软件结构

以下是对应图 4.3(a)以查询方式处理的 C51 程序清单。程序调用 key _ scan 按键处理函数，采用软件去抖动，调用延时函数 delay 延时 20 ms 去抖动。主程序中使用 switch…case 开关语句实现对不同按键键值的处理程序。图 4.1(a)所示为外部中断扫描方式的硬件电路，可自行编写对应的中断扫描程序。

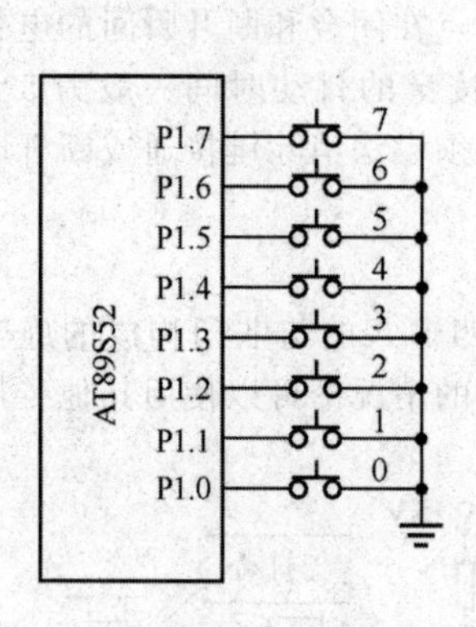

(a) 芯片内部有上拉电阻

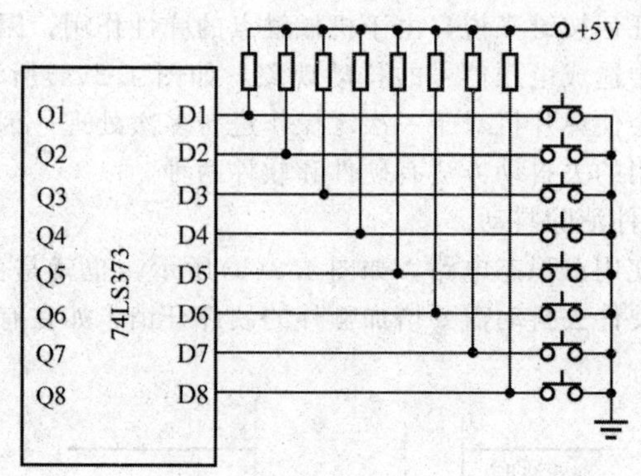

(b) 芯片内部无上拉电阻

图 4.3　独立式键盘的结构

```
#include<reg52.h>
#define uint unsigned int
#define uchar unsigned char
uchar flag;
void delay(uint k)//延时 1 ms 的延时函数
{
    uint data i, j;
    for(i=0; i<k; i--)
    for(j=0; j<123; j++);
}
uchar key _ scan(void)//按键处理函数
{
    uchar temp;
    temp=P1;
    return temp;
}
void main()//主函数
{
    for(;;)
    {
      P1=0xff; //P1 输入端口，内部锁存器置 1。
      if(P1! =0xff)//判断有无按键按下
      {
          delay(20); //延时 20ms 再次判断，避开抖动干扰。
          P1=0xff; //再次置 P1 口为输入口，以备下次读取。
          if(P1=0xff)flag=key _ scan(); //若有按键按下，调用 key _ scan 函数。
```

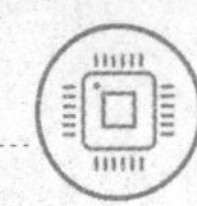

```
        }
        else flag=0;
        swith(flag)
        {
            case 0xfb: ……break; //此处为对应不同键值的处理程序。
            case 0xf7: ……break;
            case 0xef: ……break;
            case 0xdf: ……break;
            default: ……break;
        }
    }
}
```

二、矩阵式键盘接口技术

(一)矩阵式键盘的硬件结构

矩阵式键盘又称为行列式键盘，用若干 I/O 口线作为行线和列线，在每个行列交点设置按键组成，矩阵式键盘如图 4.4 所示。

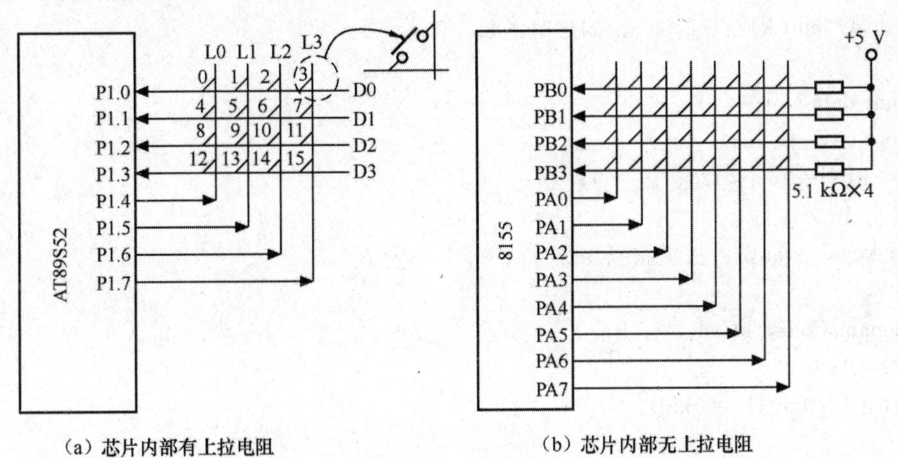

(a) 芯片内部有上拉电阻　　(b) 芯片内部无上拉电阻

图 4.4　矩阵式键盘

当端口线数量为 8 时，可以将 4 根端口线定义为行线，另外 4 根端口线定义为列线，形成 4×4键盘，可以配置 16 个按键，如图 4.4(a)所示，图 4.4(b)所示为 4×8 键盘。

(二)矩阵式键盘的工作原理

矩阵式键盘的行线通过电阻接+5 V(芯片内部集成有上拉电阻时，则外部上拉电阻可省略，如图 4.4(a)所示，当键盘上没有按键按下时，所有的行线与列线是断开的，行线均为高电平。

当键盘上某一按键闭合时，该按键所对应的行线与列线短接，此时该行线的电平将由被短接的列线电平所决定。因此，可以通过以下方法完成是否有键按下及按下的是哪一个键的判断。

键盘中有无按键按下由列线作为输出端口，送出扫描字、行线作为输入端口读入行线状态来判断，其方法是：将列线的所有 I/O 线均置成低电平，然后将行线电平状态读入累加器 A 中进行判断。如果有键按下，总会有一根行线电平被拉至低电平，从而使行输入不全为 1(即高电平)。

当键盘有键按下时，要逐行或逐列扫描，以判断是哪一个键按下。通常扫描方式有两种：扫描法和反转法。无论哪一种扫描方式，键盘扫描程序都应当完成以下功能：判断键是否被按下、按键去抖动处理以及确定按键的位置和执行键处理程序。下面分别介绍两种方法的程序设计和键值处理。

(1)扫描法程序设计。

扫描法依次给列线送低电平，然后查所有行线状态。如果全为 1，则所按下的键不在此列；如果不全为 1，则所按下的键必在此列，而且是在与 0 电平线相交的交点上的那个键。

对于图 4.4(a)所示的接口电路，扫描法 C51 示例程序如下：

```
#include<reg52.h>
#include<intrins.h>
#define uchar unsigned char
#define uint unsigned int
uchar code keycodetable[]=
{
    0x11，0x12，0x14，0x18，0x21，0x22，0x24，0x28，
    0x41，0x42，0x44，0x48，0x81，0x82，0x84，0x88
}；//矩阵键盘按键特征码表
void delay(uint k)//延时 1 ms 的延时函数
{
    uint data i，j；
    for (i=0；i<k；i--)
        for(j=0；j<123；j++)；
}
uchar keys_scan()//按键扫描函数
{
    uchar sCode，kCode，i，k；
    P1=0xf0；
    if((P1&0xf0)!=0xf0)
    {
        delay(20)；
        if((P1&0xf0)!=0xf0)
        {
            sCode=0xfe；
            for(k=0；k<4；k++)//列线四列逐列送 0，判断按键的位置
            {
                P1=scode；
                if((P1&0xf0)!=0xf0)
                {
                kcode=~P1；
                for(i=0；i<16；i++)
                    if(kcode==keycodetable[i])return i；
                }
                else scode=_crol_(scode，1)；
```

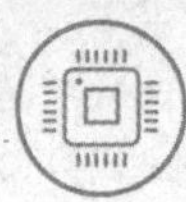

```
            }
        }
    }
    return-1;
}
void main()
{
    uchar keyno=-1;
    while(1)
    {
        keyno=keys_scan();
        if(keyno! =-1)
        {
            ……//对应的不同键值的按键处理程序
        }
    }
}
```

(2)线反转法程序设计。

反转法是指先把列线置成低电平，行线置成输入状态，读行线；再把行线置成低电平，列线置成输入状态，读列线。有键按下时，由两次所读状态即可确定所按键的位置。

对于图 4.5 所示的接口的电路，由于行线和列线都要分别作为输入端口使用，因此在行线、列线都添加了上拉电阻。反转法 C51 示例程序如下。

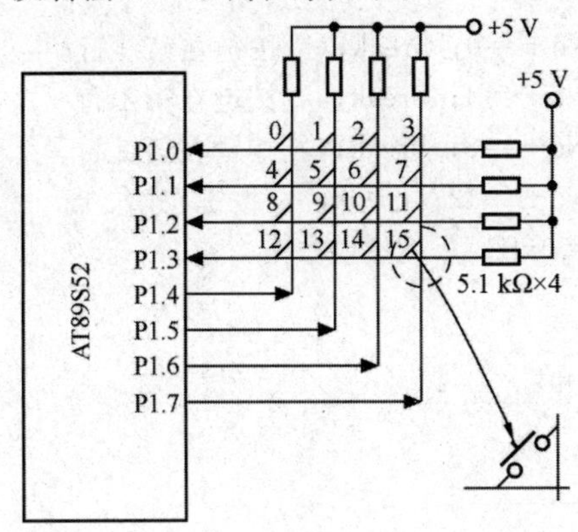

图 4.5　反转法举例

```
#include<reg52.h>
#define INT8Uunsigned char
#define INT16Uunsigned int
//上次按键和当前按键序号，该矩阵中序号范围为 0~15，0xFF 表示无按键
INT8U pre_keyNo=0xff，keyNo=0xff;
//延时函数
void delay_ms(INT16U x)
{
    INT8U t; while(x--)for(t=0; t<120; t++);
}
//键盘矩阵扫描子程序
```

```
void Keys_Scan()
{
    //高四位置0，放入四行，扫描四列
    P1=0xf0，delay_ms(1)；
    if(P1==0xf0){keyNo=0xff；return;}//无按键时提前返回
    //按键后00001111将变成0000xxxx，4个x中1个为0，3个仍为1
    //下面判断按键发生于0~3列中的哪一列
    switch(P1)
    {
        case 0xe0：keyNo=0；break；//按键在第0列
        case 0xd0：keyNo=1；break；//按键在第1列
        case 0xb0：keyNo=2；break；//按键在第2列
        case 0x70：keyNo=3；break；//按键在第3列
        default：  keyNo=0xff；return；//无键按下，提前返回
    }
    //低四位置0，放入四列扫描四行
    P1=0x0f；delay_ms(1)；
    //按键后11110000将变为xxxx0000，4个x中1个为0，3个仍为1
    //下面判断按键发生于0~3行中的哪一行
    //对0~3行分别附加的起始值为：0，4，8，12
    switch(P1)
    {
        case 0x0e：keyNo+=0；break；//按键在第0行
        case 0x0d：keyNo+=4；break；//按键在第1行
        case 0x0b：keyNo+=8；break；//按键在第2行
        case 0x07：keyNo+=12；break；//按键在第3行
        default：keyNo=0xff；//无按键按下
    }
}
//————————————————————
//主程序
//————————————————————
void main()
{
    while(1)
    {
        Keys_Scan()；//扫描键盘获取键值
        //无按键时延时10 ms，然后继续扫描按键
        if(keyNo==0xff){delay_ms(10)；continue;}
        ……//此处可添加对应的按键处理程序
        //未释放时等待
        while(Keys_Scan()，keyNo!=0xff)；
    }
}
```

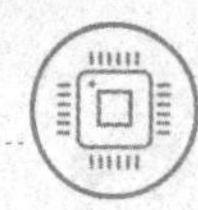

(3)键值处理。

键值处理是根据按键所在的位置，给每一个按键一个固定的键值。键值是程序处理的依据，是各键所在行号和列号的组合码。图 4.4(a)所示接口电路中的键“12”所在行号为 3，所在列号为 0，键值可以表示为“30H”(也可以表示为“03H”，表示方法并不是唯一的，要根据具体按键的数量及接口电路而定)。根据键值中的行号和列号信息就可以计算出键号，例如：

键号＝所在行号×键盘列数＋所在列号

即 3×4＋0＝12。

第二节　LED 显示技术

LED(Light Emitting Diode)是发光二极管的缩写。在单片机系统中，常用 LED 数码管显示器来显示系统的工作状态、运行结果等信息。LED 数码管显示器通常简称 LED 数码管，它是单片机系统中人机对话的一种重要输出设备。下面介绍 7 段 LED 数码管显示器和 8×8 点阵 LED 显示器的应用。

一、7 段 LED 显示器

(一)LED 显示器的结构与原理

LED 显示块是由发光二极管显示字段的显示器件，在单片机系统中通常使用的是 7 段 LED 显示块。这种显示块分为共阴极与共阳极两种，LED 显示块如图 4.6 所示。共阴极的 LED 的发光二极管阴极公共端应接地，如图 4.6(a)所示，当某个发光二极管的阳极为高电平时，发光二极管点亮；共阳极的 LED 的发光二极管阳极并接，如图 4.6(b)所示。

小贴士

通常的 7 段 LED 显示块中有 8 个发光二极管，故也称为 8 段显示块。其中 7 个发光二极管构成七笔字形“8”，一个发光二极管构成小数点。

7 段显示块与单片机的接口非常简单，只要将一个 8 位并行输出口与显示块的发光二极管引脚相连即可。8 位并行输出口输出不同的字节数据即可获得不同的数字或字符，7 段 LED 的段选码见表 4.1。通常将控制发光二极管的 8 位字节数据称为段选码，共阳极与共阴极的段选码互为补码。

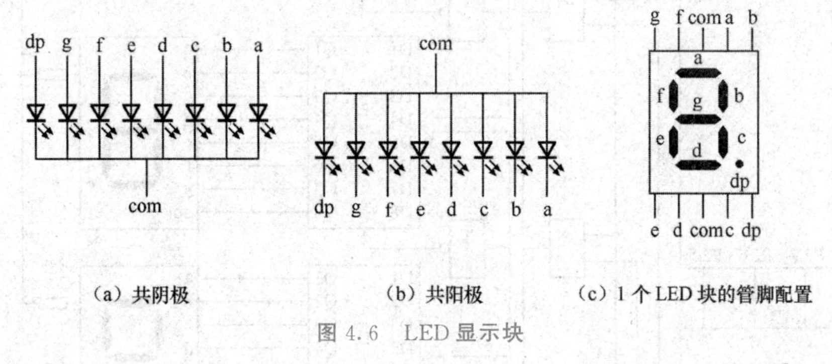

图 4.6　LED 显示块

表 4.1　7 段 LED 的段选码

显示字符	共阴极段选码	共阳极段选码	显示字符	共阴极段选码	共阳极段选码
0	3FH	C0H	B	7CH	83H
1	06H	F9H	C	39H	C6H
2	5BH	A4H	D	5EH	A1H
3	4FH	B0H	E	79H	86H
4	66H	99H	F	71H	84H
5	6DH	92H	P	73H	82H
6	7DH	82H	U	3EH	C1H
7	07H	F8H	r	31H	CEH
8	7FH	80H	y	6EH	91H
9	6FH	90H	8	FFH	00H
A	77H	88H	“灭”	00H	FFH

(二)LED 显示器的显示方式

根据位选线与段选线连接方法的不同，LED 显示器分为静态显示和动态显示两种方式。段选线控制字符选择，位选线控制显示位的亮、暗。

(1)LED 静态显示方式。

LED 显示器工作在静态显示方式下时，共阴极点或共阳极点连接在一起接地或＋5 V；每位 LED 显示块的段选线(a～dp)与一个 8 位并行口相连。静态显示有并行输出和串行输出两种方式。图 4.7 所示为并行输出的静态显示电路，表示了一个 3 位静态 LED 显示器电路。该电路每一位 LED 显示器可独立显示，只要在该位的段选线上保持段选码电平，该位就能保持相应的显示字符。由于每一位由一个 8 位输出口控制段选码，故在同一时间内每一位新字符可以各不相同。

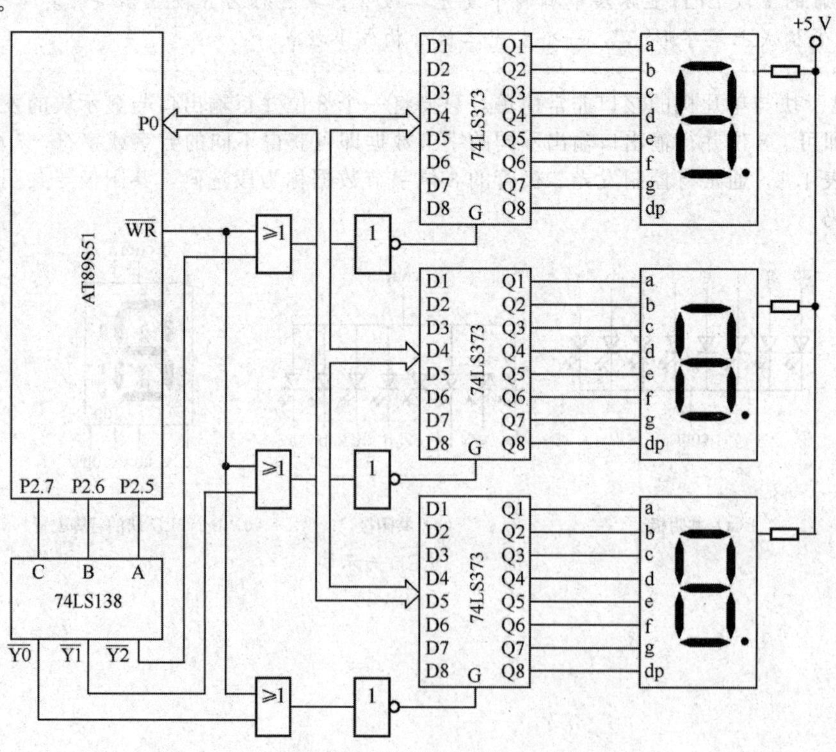

图 4.7　并行输出的静态显示电路

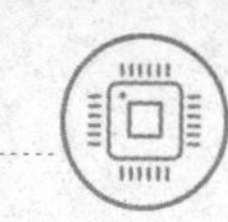

采用串行输出可以大大节省单片机的内部资源。图 4.8 所示为串行输出的静态显示电路。串并转换器采用 74LS164，低电平时允许通过 8 mA 电流，无须添加其他驱动电路。TXD 为移位时钟输出，RXD 为移位数据输出，P1.0 作为显示器允许控制输出线，每次串行输出 16 位(两个字节)的段码数据。

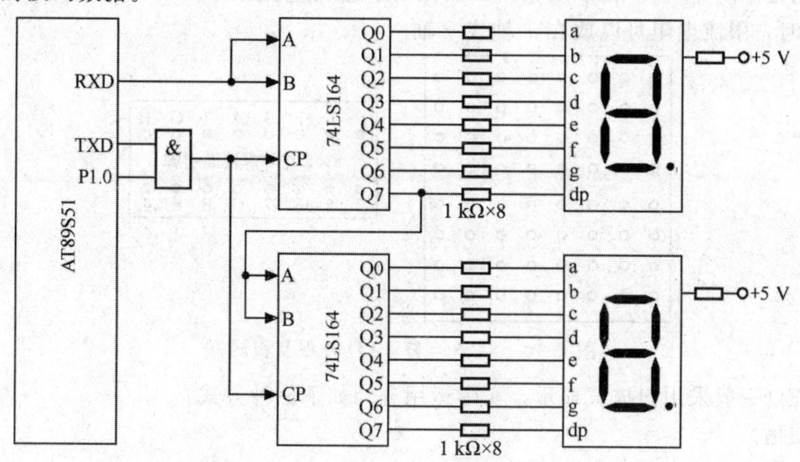

图 4.8　串行输出的静态显示电路

(2)LED 动态显示方式。

在多位 LED 显示时，为了简化电路、降低成本，将所有位的段选码并联在一起，由一个 8 位 I/O 口控制，而共阴极点或共阳极点分别由相应的 I/O 口线控制。图 4.9 所示为并行输出的 6 位动态显示电路。由于各位的段选线并联，段选码的输出对各位来说都是相同的。因此，同一时刻，如果各位位选线都处于选通状态的话，6 位 LED 将显示相同的字符。若要各位 LED 能够显示出与本位相同的显示字符，就必须采用扫描显示方式，即在某一时刻，只让某一位的位选线处于选通状态，而其他各位的位选线处于关闭状态，同时段选线上输出相应位要显示字符的字形码。这样同一时刻，6 位 LED 中只有选通的那一位显示出字符，而其他 5 位则是熄灭的。同样，在下一时刻，只让第二位的位选线处于选通状态，而其他各位的位选线处于关闭状态，同时在段选线上输出相应位将要显示字符的字形码，则同一时刻，只有选通位显示出相应的字符，而其他各位则是熄灭的。如此循环下去，就可以使各位显示出将要显示的字符，虽然这些字符是在不同时刻出现的，而且同一时刻只有一位显示，其他各位熄灭，但由于人眼有视觉暂留现象，只要每位显示间隔足够短，则可造成多位同时亮的假象，从而达到同时显示的目的。

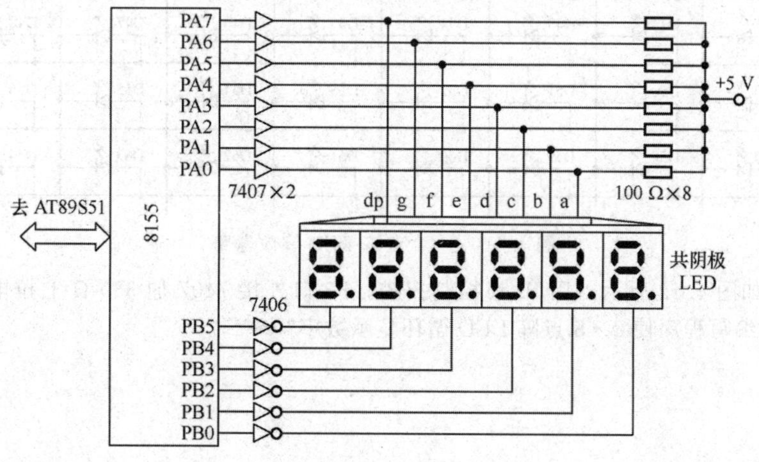

图 4.9　并行输出的 6 位动态显示电路

二、8×8点阵LED原理及应用

8×8点阵LED外观及引脚图如图4.10所示，其等效电路如图4.11所示，只要其对应的x、y轴顺向偏压，即可使LED发亮。例如，如果想使左上角的LED点亮，则Y0=1，X0=0即可。应用时，限流电阻可以放在x轴或y轴。

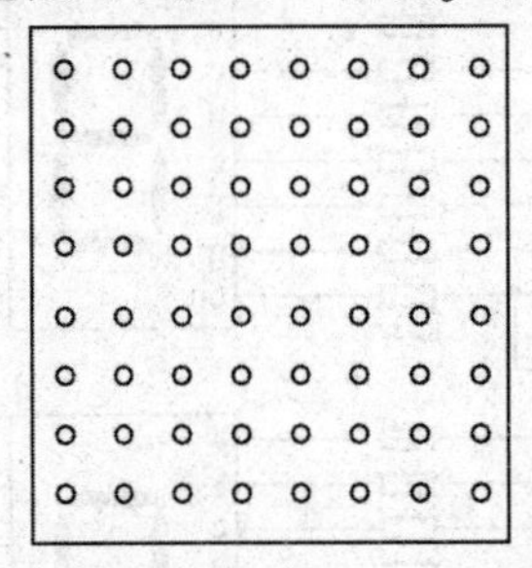

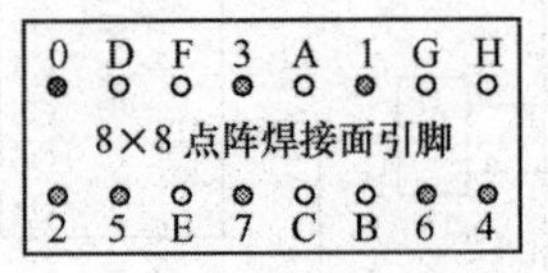

图4.10　8×8点阵LED外观及引脚图

点阵LED一般采用扫描式显示，实际运用分为如下三种方式：

(1)点扫描。

(2)行扫描。

(3)列扫描。

若使用第一种方式，其扫描频率大于16×64=1 024 (Hz)、周期小于1 ms即可；若使用第二和第三种方式，则频率大于16×8=128(Hz)、周期小于7.8 ms即可符合视觉暂留要求。此外一次驱动一列或一行(8块LED)时需外加驱动电路提高电流，否则LED亮度会不足，如图4.11所示。

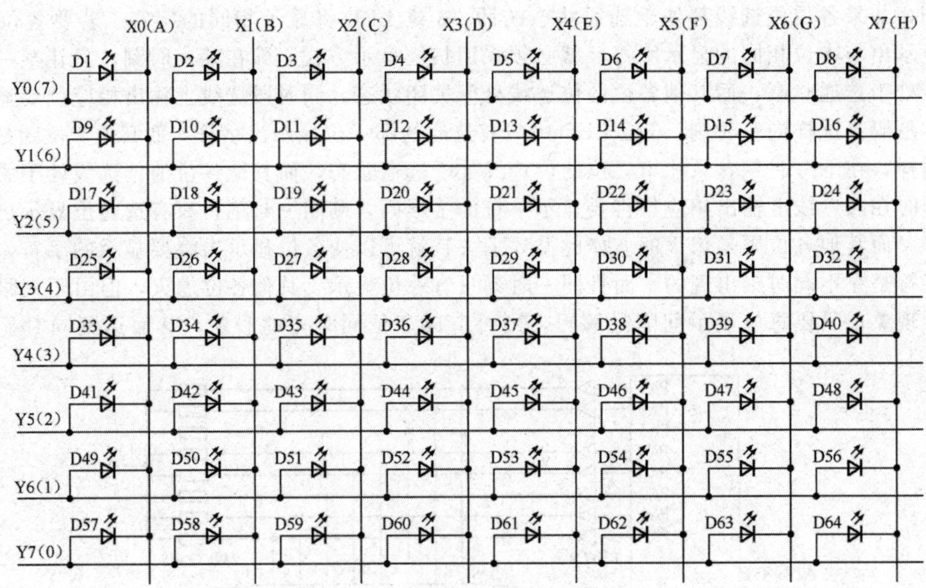

图4.11　8×8点阵LED等效电路

例4.1　如图4.12所示，用P2口控制扫描，P3口外接7407加330 Ω上拉电阻作为驱动显示输出，试编写程序使8×8点阵LED循环显示数字“0～9”。

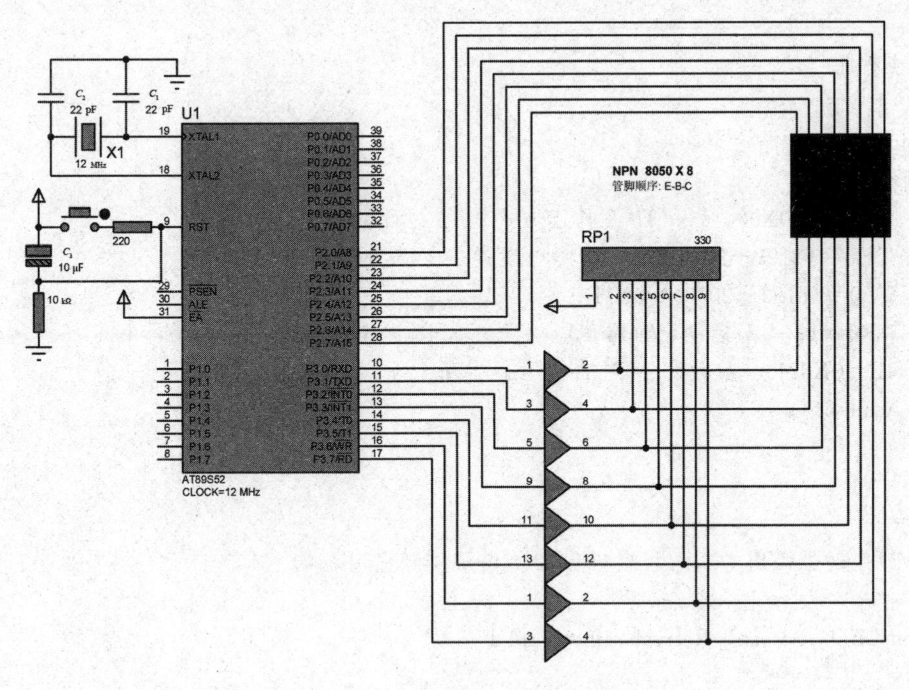

图 4.12　8×8 点阵 LED 电路原理

解：C51 参考源程序如下：

```
//————————————————
//  名称：TIMER0 控制 8×8 LED 点阵屏显示数字
//————————————————
//  说明：8×8 LED 点阵屏循环显示数字 0～9，刷新过程由 T0 定时器溢出中断完成
//————————————————
#include<reg52.h>
#include<intrins.h>
#define INT8U   unsigned char
#define INT16U   unsigned int
//————————————————
//数字点阵
//————————————————
INT8U code DotMatrix[]=
{  0x00, 0x3E, 0x41, 0x41, 0x41, 0x3E, 0x00, 0x00, //0
   0x00, 0x00, 0x00, 0x21, 0x7F, 0x01, 0x00, 0x00, //1
   0x00, 0x27, 0x45, 0x45, 0x45, 0x39, 0x00, 0x00, //2
   0x00, 0x22, 0x49, 0x49, 0x49, 0x36, 0x00, 0x00, //3
   0x00, 0x0C, 0x14, 0x24, 0x7F, 0x04, 0x00, 0x00, //4
   0x00, 0x72, 0x51, 0x51, 0x51, 0x4E, 0x00, 0x00, //5
   0x00, 0x3E, 0x49, 0x49, 0x49, 0x26, 0x00, 0x00, //6
   0x00, 0x40, 0x40, 0x40, 0x4F, 0x70, 0x00, 0x00, //7
   0x00, 0x36, 0x49, 0x49, 0x49, 0x36, 0x00, 0x00, //8
   0x00, 0x32, 0x49, 0x49, 0x49, 0x3E, 0x00, 0x00//9
};
```

```
//——————————————————
//主程序
//——————————————————
void main()
{
    TMOD=0X00;    //T0 工作于方式 0(13 位计数)
    TH0=(8192-2000)>>5;    //设置 2 ms 定时
    TL0=(8192-2000)&0X1F;
    TR0=1;    //启动定时器 T0
    IE=0X82;    //允许 T0 中断并开总中断
    while(1);
}

//——————————————————
//T0 定时器溢出中断函数控制 LED 点阵屏刷新显示
//——————————————————
void LED_Screen_Refresh()interrupt 1
{
    static INT8U i=0, Num_Idx=0, t=0;
    TH0=(8192-2000)>>5; //重置 2 ms 定时
    TL0=(8192-2000)&0X1F;
    P2=0xff; //暂时关闭行码
    P3=1<<i; //输出列码(列共阳)
    P2=~DotMatrix[Num_Idx*8+i]; //输出行码(~用于反相)
    if(++i==8)i=0; //每屏一个数字点阵由 8 字节构成
    if(++t==200)//每个数字刷新显示一段时间
    {   t=0;
        if(++Num_Idx==10)Num_Idx=0; //显示下一个数字
    }
}
```

第三节　LCD 显示技术

液晶显示器简称 LCD 显示器，它是利用液晶经过处理后能改变光线传输方向的特性实现信息显示的。

小贴士

LCD 具有体积小、质量轻、功耗低、显示内容丰富等特点。LCD 显示器通常可分为笔段型、字符型和点阵图形型。

(1)笔段型。

笔段型以长条状显示像素组成一位显示。该类型主要用于显示数字，也可用于显示西文字母或某些字符。这种段型显示通常有 6 段、7 段、8 段、14 段和 16 段等，在形状上总是围绕数字“8”的结构变化，其中 7 段显示最常用。

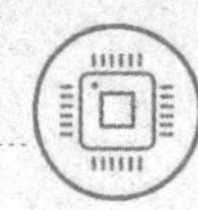

(2)字符型。

字符型液晶显示模块是专门用来显示字母、数字、符号等的点阵型液晶显示模块，由在电极图形设计上的若干个 5×8 或 5×11 点阵组成，每一个点阵显示一个字符。点阵字符位之间有一个点距的间隔，起到字符间距和行距的作用。

(3)点阵图形型。

点阵图形型在一个平板上排列多行和多列，形成矩阵形式的晶格点，点的大小可根据显示的清晰度来设计。

本节将只对应用广泛、使用比较简单的字符型液晶显示器的结构和功能及其与 MCS－51 单片机的接口电路和编程进行介绍。

一、1602 显示技术

(一)字符型液晶显示器概述

目前市面上主要有 16 字×1 行、16 字×2 行、20 字×2 行和 40 字×2 行等字符模块，这些液晶显示模块(Liquid Crystal Module，LCM)虽然显示的字数各不相同，但是都具有相同的输入/输出界面。

要使用点阵型 LCD 显示器，必须有相应的 LCD 控制器、驱动器来对 LCD 显示器进行扫描、驱动，以及一定空间的 ROM 和 RAM 来存储写入的命令和显示字符的点阵。

小贴士

目前往往将 LCD 控制器、驱动器、RAM、ROM 和 LCD 显示器连接在一起供用户使用，称为液晶显示模块，使用时只要向 LCM 送入相应的命令和数据就可以显示所需的信息。

(二)×2 字符型 LCM 特性

(1)＋5 V 电压，反视度(明暗对比度)可调整。

(2)内含振荡电路，系统内含重置电路。

(3)提供各种控制命令，如清除显示器、字符闪烁、光标闪烁、显示移位等。

(4)显示用数据 DDRAM 共有 80 个字节。

(5)字符发生器 CGROM 有 160 个 5×7 的点阵字型。

(6)字符发生器 CGRAM 可由使用者自行定义 8 个 5×7 的点阵字型。

(三)×2 字符型 LCM 引脚及功能

(1)引脚 1(V_{DD}/V_{SS})：接电源＋5(1±10%)V 或接地。

(2)引脚 2(V_{SS}/V_{DD})：接地或接电源＋5(1±10%)V。

(3)引脚 3(V_L)：液晶显示偏压信号，使用可变电阻调整，通常接地。

(4)引脚 4(RS)：寄存器选择。1，选择数据寄存器；0，选择指令寄存器。

(5)引脚 5(R/$\overline{W}$)：读/写选择。1，读；0，写。

(6)引脚 6(E)：使能操作。1，LCM 可做读/写操作；0，LCM 不能做读/写操作。

(7)引脚 7(DB0)：双向数据总线的第 0 位。

(8)引脚 8(DB1)：双向数据总线的第 1 位。

(9)引脚 9(DB2)：双向数据总线的第 2 位。

(10)引脚 10(DB3)：双向数据总线的第 3 位。

(11)引脚 11(DB4)：双向数据总线的第 4 位。

(12)引脚 12(DB5)：双向数据总线的第 5 位。

(13)引脚 13(DB6)：双向数据总线的第 6 位。

(14)引脚 14(DB7)：双向数据总线的第 7 位。

(15)引脚 15(BLA)：背光显示器电源＋5V。

(16)引脚 16(BLK)：背光显示器接地。

说明：由于生产 LCM 的厂商众多，使用时应注意电源引脚 1、2 的不同。LCM 数据读/写方式可以分为 8 位、4 位两种，若以 8 位数据进行读/写，则 DB7～DB0 都有效；若以 4 位数据进行读/写，则只用到 DB7～DB4。

(四)×2 字符型 LCM 的内部结构

LCM 的内部结构可分为三个部分：LCD 控制器、LCD 驱动器和 LCD 显示装置。LCM 的内部结构如图 4.13 所示。

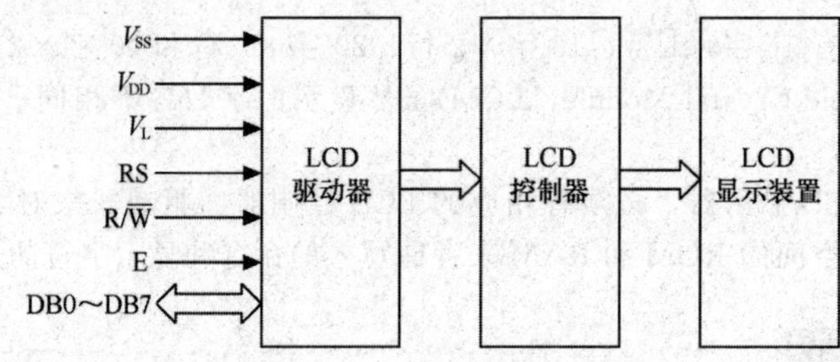

图 4.13　LCM 的内部结构

LCM 与单片机之间是利用 LCM 的控制器进行通信的。HD44780 是集驱动器与控制器于一体、专用于字符显示的液晶显示控制驱动集成电路。它是字符型液晶显示控制器的代表电路，熟知 HD44780 便可通晓字符型液晶显示控制器的工作原理。

HD44780 集成电路的特点如下：

(1)HD44780 不仅作为控制器，而且还具有驱动 4016 点阵液晶像素的能力，并且其驱动能力可通过外接驱动器扩展 360 列驱动。

(2)HD44780 的显示缓冲区及用户自定义的字符发生器 CGRAM 全部内藏于芯片。

(3)HD44780 具有适用于 M6800 系列 MCU 的接口，并且接口数据传输可为 8 位数据传输和 4 位数据传输两种方式。

(4)HD44780 具有简单而功能较强的指令集，可实现字符移动、闪烁等显示功能。

小贴士

当单片机写入指令设置了显示字符体的形式和字符行数后，驱动器液晶显示驱动占空比系数即确定下来。驱动器在时序发生器的作用下，产生帧扫描信号和扫描时序，同时把由字符代码确定的字符数据通过并/串转换电路串行输出给外部列驱动器和内部列驱动器。数据的传输顺序总是起始于显示缓冲区所对应一行显示字符的最高地址的数据。当全部一行数据到位后，锁存时钟 CL1 将数据锁存在列驱动器的锁存器内，最后传输的 40 位数据，即各显示行的前 8 个字符位总是被锁存在 HD44780 的内部列驱动器的锁存器中。CL1 同时也是行驱动器的移位脉冲，使得扫描行更新。如此循环，使得屏上呈现字符的组合。

受 HD44780 的 DDRAM 容量所限，HD44780 可控制的字符为每行 80 个字，也就是 5×80＝400 点。HD44780 内藏有 16 路行驱动器和 40 路列驱动器，所以 HD44780 本身就具有驱

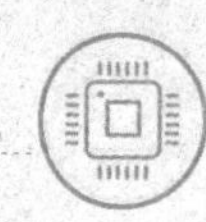

动 16×40 点阵 LCD 的能力，即单行 16 个字符或 2 行 8 个字符。如果在外部另一个 HD44100 外扩展多 40 路/列驱动，则可驱动 16×2 LCD。

（五）HD44780 工作原理

（1）数据显示用 RAM。

数据显示用 RAM(Data Display RAM，DDRAM)用于存放 LCD 显示的数据。只要将标准的 ASCII 送入 DDRAM，内部控制电路会自动将数据传送到显示器上。例如要 LCD 显示字符 A，则只需将 ASCII 代码 41H 存入 DDRAM 即可。DDRAM 有 80 B 的空间，共可显示 80 个字(每个字为 1 字节)，其存储器地址与实际显示位置的排列顺序与 LCM 的型号有关，DDRAM 地址与显示位置映射图如图 4.14 所示。

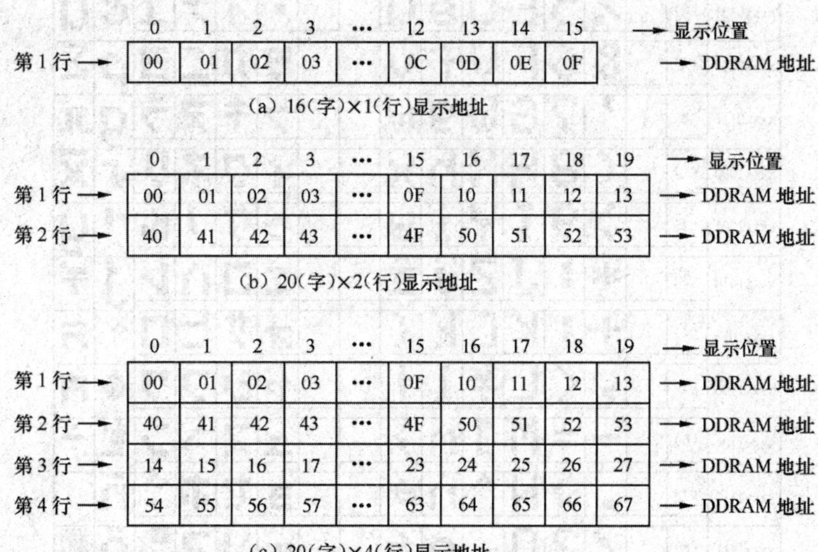

图 4.14　DDRAM 地址与显示位置映射图

图 4.14(a)所示为 16(字)×1(行)的 LCM，它的地址为 00H～0FH；图 4.14(b)所示为 20(字)×2(行)的 LCM，第 1 行的地址为 00H～13H，第 2 行的地址为 40H～53H；图 4.14(c)所示为 20(字)×4(行)的 LCM，第 1 行的地址为 00H～13H，第 2 行的地址为 40H～53H，第 3 行的地址为 14H～27H，第 4 行的地址为 54H～67H。

（2）字符产生器 ROM。

字符产生器 ROM(Character Generator ROM，CGROM)储存了 192 个 5×7 的点矩阵字型。CGROM 的字型要经过内部电路的转换才会传到显示器上，仅能读出不可写入。

小贴士

字型或字符的排列方式与标准的 ASCII 代码相同，例如字符码 31H 为 1 字符，字符码 41H 为 A 字符。如要在 LCD 中显示 A，就可将 A 的 ASCII 41H 写入 DDRAM 中，同时电路到 CGROM 中将 A 的字型点阵数据找出来并显示在 LCD 上。字符与字符码对照表见表 4.2。

表 4.2　字符与字符码对照表

Upper 4 Bit / Lower 4Bit	0000	0001	0010	0011	0100	0101	0110	0111	1000	1001	1010	1011	1100	1101	1110	1111
xxxx0000	CG RAM (1)			0	@	P	`	p				ー	タ	ミ	α	p
xxxx0001	(2)		!	1	A	Q	a	q			。	ア	チ	ム	ä	q
xxxx0010	(3)		"	2	B	R	b	r			「	イ	ツ	メ	β	θ
xxxx0011	(4)		#	3	C	S	c	s			」	ウ	テ	モ	ε	∞
xxxx0100	(5)		$	4	D	T	d	t			、	エ	ト	ヤ	μ	Ω
xxxx0101	(6)		%	5	E	U	e	u			・	オ	ナ	ユ	σ	ü
xxxx0110	(7)		&	6	F	V	f	v			ヲ	カ	ニ	ヨ	ρ	Σ
xxxx0111	(8)		'	7	G	W	g	w			ァ	キ	ヌ	ラ	g	π
xxxx1000	(1)		(	8	H	X	h	x			ィ	ク	ネ	リ	√	x̄
xxxx1001	(2)		)	9	I	Y	i	y			ゥ	ケ	ノ	ル	⁻¹	y
xxxx1010	(3)		*	:	J	Z	j	z			ェ	コ	ハ	レ	j	千
xxxx1011	(4)		+	;	K	[	k	{			ォ	サ	ヒ	ロ	ˣ	万
xxxx1100	(5)		,	<	L	¥	l	|			ャ	シ	フ	ワ	¢	円
xxxx1101	(6)		-	=	M	]	m	}			ュ	ス	ヘ	ン	₤	÷
xxxx1110	(7)		.	>	N	^	n	→			ョ	セ	ホ	゛	ñ	
xxxx1111	(8)		/	?	O	_	o	←			ッ	ソ	マ	゜	ö	█

(3)字型、字符产生器 RAM。

字型、字符产生器 RAM(Character Generator RAM，CGRAM)是供使用者储存自行设计的特殊造型码的 RAM。CGRAM 共有 512 位(64 B)，一个 5×7 点矩阵字型占用 8×8 位，所以 CGRAM 最多可存 8 个造型。

(4)指令寄存器 IR。

指令寄存器(Instruction Register，IR)负责储存 MCU 要写给 LCM 的指令码。当 MCU 要发送一个命令到 IR 时，必须控制 LCM 的 RS、$R/\overline{W}$ 及 E 这三个引脚。当 RS 及 $R/\overline{W}$ 引脚信号为 0、E 引脚信号由 1 变为 0 时，就会把在 DB0～DB7 引脚上的数据送入 IR。

(5)数据寄存器 DR。

数据寄存器(Data Register，DR)负责储存 MCU 要写到 CGRAM 或 DDRAM 的数据，或储存 MCU 要从 CGRAM 或 DDRAM 读出的数据。因此 DR 可视为一个数据缓冲区，它也是由 LCM 的 RS、$R/\overline{W}$ 及 E 这三个引脚来控制的。当 RS 及 $R/\overline{W}$ 引脚信号为 1、E 引脚步信号由 1 变为 0 时，LCM 会将 DR 内的数据由 DB0～DB7 输出，以供 MCU 读取；当 RS 引脚信号为 1、$R/\overline{W}$ 引脚信号为 0、E 引脚信号由 1 变为 0 时，就会把在 DB0～DB7 引脚上的数据存入 DR。

(6)忙碌标志信号 BF。

忙碌标志信号(Busy Flag，BF)负责告诉 MCU，LCM 内部是否正忙着处理数据。当 BF＝1 时，表示 LCM 内部正在处理数据，不能接受 MCU 送来的指令或数据。LCM 设置 BF 的原因是 MCU 处理一个指令的时间很短，只需几微秒，而 LCM 需花上 40 μs～1.64 ms 的时间，所

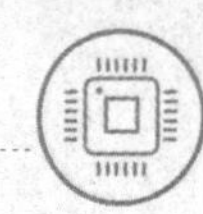

以 MCU 要写数据或指令到 LCM之前，必须先查看 BF 是否为 0。

(7)地址计数器 AC。

地址计数器(Address Counter，AC)负责计数写到 CGRAM、DDRAM 数据的地址，或从 DDRAM、CGRAM 读出数据的地址。使用地址设定指令写到 IR 后，则地址数据会经过指令解码器(Instruction Decoder)，再存入 AC。当 MCU 从 DDRAM 或 CGRAM 存取资料时，AC 依照 MCU 对 LCM 的操作自动地修改其地址计数值。

(六)LCD 控制器的指令

用 MCU 来控制 LCD 模块方法十分简单。LCD 模块其内部可以看成两组寄存器，一组为指令寄存器，一组为数据寄存器，由 RS 引脚来控制。所有对指令寄存器或数据寄存器的存取均需检查 LCD 内部的忙碌标志 BF，此标志用来告知 LCD 内部正在工作，并不允许接收任何命令。而此位的检查可以令 RS=0，通过读取 DB7 来加以判断。当 DB7 为 0 时，才可以写入指令寄存器或数据库寄存器。LCD 控制器的指令共有 11 组，下面分别介绍。

(1)清除显示器。

RS	R/ $\overline{W}$	E	DB7	DB6	DB5	DB4	DB3	DB2	DB1	DB0
0	0	1	0	0	0	0	0	0	0	1

当 RS=R/ $\overline{W}$ =0 且 E=1 时，指令代码为 01H，将 DDRAM 数据全部填入“空白”的 ASCII 代码 20H。执行此指令将清除显示器的内容，同时光标移到左上角。

(2)光标归位设定。

RS	R/ $\overline{W}$	E	DB7	DB6	DB5	DB4	DB3	DB2	DB1	DB0
0	0	1	0	0	0	0	0	0	1	*

当 RS=R/ $\overline{W}$ =0 且 E=1 时，指令代码为 02H，地址计数器被清 0，DDRAM 数据不变，光标移到左上角。“*”表示可以为 0 或 1。

(3)设定字符进入模式。

RS	R/ $\overline{W}$	E	DB7	DB6	DB5	DB4	DB3	DB2	DB1	DB0
0	0	1	0	0	0	0	0	1	I/D	S

I/D	S	工作情形
0	0	光标左移 1 格，AC 值减 1，字符全部不动
0	1	光标不动，AC 值减 1，字符全部右移 1 格
1	0	光标右移 1 格，AC 值加 1，字符全部不动
1	1	光标不动，AC 值加 1，字符全部左移 1 格

当 RS=R/ $\overline{W}$ =0 且 E=1 时，可以设定字符进入模式操作。

(4)显示器开关。

RS	R/ $\overline{W}$	E	DB7	DB6	DB5	DB4	DB3	DB2	DB1	DB0
0	0	1	0	0	0	0	1	D	C	B

当 RS=R/ $\overline{W}$ =0 且 E=1 时，可以对 LCM 显示器开关进行控制。

D：显示屏开启或关闭控制位。当 D=1 时，显示屏开启；当 D=0 时，显示屏关闭，但显示数据仍保存于 DDRAM 中。

C：光标出现控制位。当 C=1 时，光标会出现在地址计数器所指的位置；当 C=0 时，光标不出现。

B：光标闪烁控制位。当 B=1 时，光标出现后会闪烁；当 B=0 时，光标不闪烁。

(5)显示光标移位。

RS	R/ $\overline{W}$	E	DB7	DB6	DB5	DB4	DB3	DB2	DB1	DB0
0	0	1	0	0	0	1	S/C	R/L	*	*

“*”表示可以为 0 或 1。

S/C	R/L	工作情形
0	0	光标左移 1 格，AC 值减 1
0	1	光标右移一格，AC 值加 1
1	0	字符和光标同时左移 1 格
1	1	字符和光标同时右移 1 格

当 RS=R/ $\overline{W}$ =0 且 E=1 时，可以对 LCM 进行显示光标移位操作。

(6)功能设定。

RS	R/ $\overline{W}$	E	DB7	DB6	DB5	DB4	DB3	DB2	DB1	DB0
0	0	1	0	0	1	DL	N	F	*	*

当 RS=R/ $\overline{W}$ =0 且 E=1 时，可以对 LCM 进行功能设定。“*”表示可以为 0 或 1。

DL：数据长度选择位。当 DL=1 时，为 8 位(DB7～DB0)数据转移；当 DL=0 时，为 4 位数据转移。使用 DB7～DB4 位，分两次送入一个完整的字符数据。

N：显示屏为单行或双行选择。N=1 时，为双行显示；N=0 时，为单行显示。

F：大小字符显示选择。当 F=1 时，为 5×10 字型(有的产品无此功能)；当 F=0 时，为 5×7 字型。

(7)CGRAM 地址设定。

RS	R/ $\overline{W}$	E	DB7	DB6	DB5	DB4	DB3	DB2	DB1	DB0
0	0	1	0	1	A5	A4	A3	A2	A1	A0

当 RS=R/ $\overline{W}$ =0 且 E=1 时，可以设定下一个要读/写数据的 CGRAM 地址(A5～A0)，地址的高两位 DB7 和 DB6 恒为 0、1。

(8)DDRAM 地址设定。

RS	R/ $\overline{W}$	E	DB7	DB6	DB5	DB4	DB3	DB2	DB1	DB0
0	0	1	1	A6	A5	A4	A3	A2	A1	A0

当 RS=R/ $\overline{W}$ =0 且 E=1 时，可以设定下一个要读/写数据的 DDRAM 地址(A6～A0)，DB7 恒为 1。

(9)忙碌标志 DF 或 AC 地址读取。

RS	R/ $\overline{W}$	E	DB7	DB6	DB5	DB4	DB3	DB2	DB1	DB0
0	1	1	BF	A6	A5	A4	A3	A2	A1	A0

当 RS=0 且 R/ $\overline{W}$ =E=1 时，可以读取 LCM 忙碌标志。

LCD 忙碌标志 BF 用以标识 LCD 目前的工作情况：当 BF=1 时，表示正在做内部数据的处理，不接收 MCU 送来的指令或数据；当 BF=0 时，则表示已准备接收命令或数据。当程序读取此数据的内容时，DB7 表示忙碌标志，而另外 DB6～DB0 的值表示 CGRAM 或 DDRAM 中的地址。至于是指向哪一地址，则根据最后写入的地址设定指令而定。

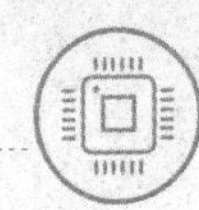

(10)写数据到 CGRAM 或 DDRAM 中。

RS	R/ $\overline{W}$	E	DB7	DB6	DB5	DB4	DB3	DB2	DB1	DB0
1	0	1	—	—	—	—	—	—		

当 RS=1，R/ $\overline{W}$ =0 且 E=1 时，可以写数据到 CGRAM 或 DDRAM 中。

先设定 CGRAM 或 DDRAM 地址，再将数据写入 DB7～DB0 中，以使 LCD 显示出字型。也可将使用者自创的图形存入 CGRAM。

(11)从 CGRAM 或 DDRAM 中读取数据。

RS	R/ $\overline{W}$	E	DB7	DB6	DB5	DB4	DB3	DB2	DB1	DB0
1	1	1	—	—	—	—	—	—	—	

当 RS=R/ $\overline{W}$ =E=1 时，可以从 CGRAM 或 DDRAM 中读取数据。

先设定 CGRAM 或 DDRAM 地址，再读取其中的数据。

例 4.2 本例中 1602 字符液晶工作于 8 位模式直接驱动显示(图 4.15)，液晶实现了四项演示功能，分别为水平滚动、带光标显示随机算术式、全码表字符显示和 CGRAM 自定义字符显示。

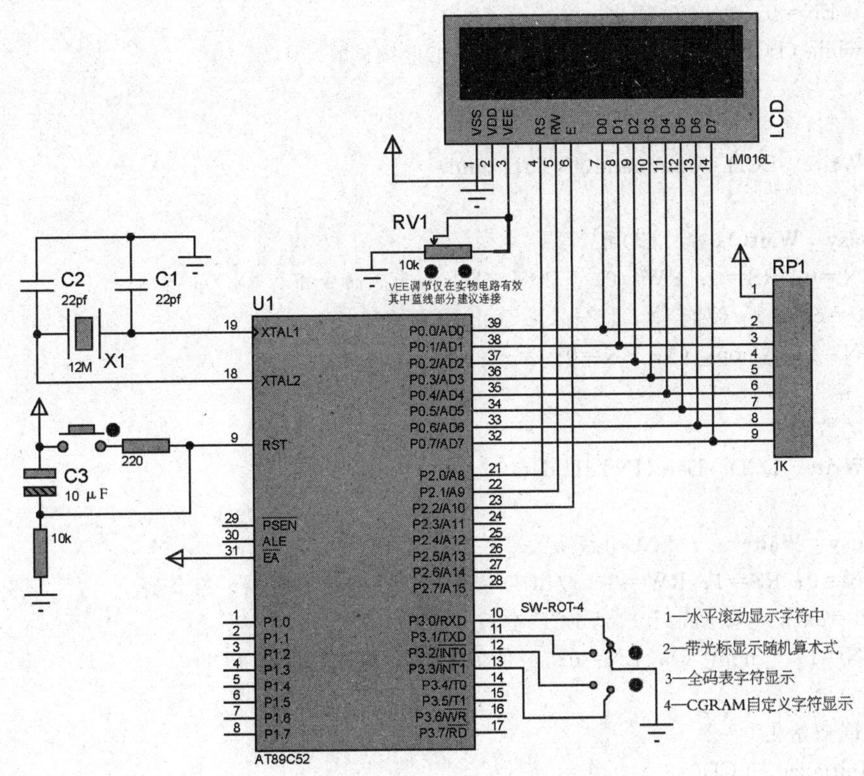

图 4.15 AT89C52 与 1602 液晶显示的连接

解：C51 参考源程序如下：

1602 液晶控制与显示程序：

```
#include<reg52.h>
#include<intrins.h>
#define INT8U  unsigned char
#define INT16U unsigned int
```

```
sbit RS=P2^0; //寄存器选择线
sbit RW=P2^1; //读/写控制线
sbit EN=P2^2; //使能控制线
//延时
void delay_ms(INT16U ms)
{
   INT8U i; while(ms--)for(i=0; i<120; i++);
}
//忙等待
void Busy_Wait()
{
   INT8U LCD_Status; //液晶状态字节变量
   do
   {  P0=0xFF; //液晶屏端口初始置高电平
      EN=0; RS=0; RW=1; //LCD禁止，选择状态寄存器，准备读
      EN=1; LCD_Status=P0; //LCD使能，从P0端口读取液晶状态字
      EN=0; //LCD禁止
   }while (LCD_Status&0x80); //液晶忙继续循环
}
//写LCD命令
void Write_LCD_Command(INT8U cmd)
{
   Busy_Wait(); //LCD忙等待
   EN=0; RS=0; RW=0; //LCD禁止，选择命令寄存器，准备写
   P0=cmd; //使能LCD，写入后禁止LCD
   EN=1; _nop_(); EN=0;
}
//发送数据
void Write_LCD_Data(INT8U dat)
{
   Busy_Wait(); //LCD忙等待
   EN=0; RS=1; RW=0; //LCD禁止，选择数据寄存器，准备写
   P0=dat; //数据字节放到LCD端口
   EN=1; _nop_(); EN=0; //使能LCD，写入后禁止LCD
}
//LCD初始化
void Initialize_LCD()
{
   Write_LCD_Command(0x38); delay_ms(1); //置功能，8位，双行，5×7
   Write_LCD_Command(0x01); delay_ms(1); //清屏
   Write_LCD_Command(0x06); delay_ms(1); //字符进入模式：屏幕不动，字符
   后移
   Write_LCD_Command(0x0C); delay_ms(1); //显示开，关光标
}
```

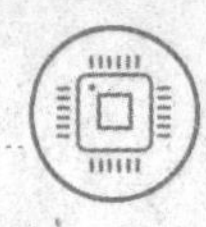

```
//在指定位置显示字符串
void LCD_ShowString(INT8U r, INT8U c, INT8U * str)
{
    INT8U i=0;
    code INT8U DDRAM[]={0x80, 0xC0}; //1602LCD两行的起始DDRAM地址
    Write_LCD_Command(DDRAM[r] | c); //设置显示起始位置
    for ( i=0; str[i]&&i<16; i++)//输出字符串
    Write_LCD_Data(str[i]);
    for (; i<16; i++)//不足一行时用空格填充
    Write_LCD_Data('');
}
```

主程序：

```
//实现了四项演示功能，分别为水平滚动、带光标显示随机算术式、全码表字符显示和
  CGRAM自定义字符显示
#include<reg52.h>
#include<string.h>
#include<stdlib.h>
#include<stdio.h>
#define INT8U   unsigned char
#define INT16U unsigned int
sbit SW1=P3^0; //水平滚动显示
sbit SW2=P3^1; //带光标显示随机算术式
sbit SW3=P3^2; //全码表字符显示
sbit SW4=P3^3; //CGRAM自定义字符显示
INT8U code msg[]=//待滚动显示的字符串(字符串最前面加了16个空格)
"                you are going to spend even more time working on the schematic?";
//——————————————
extern delay_ms(INT16U x);
extern void Initialize_LCD();
extern void Write_LCD_Data(INT8U dat);
extern void Write_LCD_Command(INT8U cmd);
extern void Busy_Wait();
extern void LCD_ShowString(INT8U, INT8U, INT8U *);
//自定义CGRAM字符及图标点阵数据(共两组，每组字符不超过8个)
INT8U code CGRAM_Dat1[][8]=//7个图标符号(高度由1~7横递增的矩形)
{  {0x00, 0x00, 0x00, 0x00, 0x00, 0x00, 0x1F, 0x00}, //1横
   {0x00, 0x00, 0x00, 0x00, 0x00, 0x1F, 0x1F, 0x00}, //2横
   {0x00, 0x00, 0x00, 0x00, 0x1F, 0x1F, 0x1F, 0x00}, //3横
   {0x00, 0x00, 0x00, 0x1F, 0x1F, 0x1F, 0x1F, 0x00}, //4横
   {0x00, 0x00, 0x1F, 0x1F, 0x1F, 0x1F, 0x1F, 0x00}, //5横
   {0x00, 0x1F, 0x1F, 0x1F, 0x1F, 0x1F, 0x1F, 0x00}, //6横
   {0x1F, 0x1F, 0x1F, 0x1F, 0x1F, 0x1F, 0x1F, 0x00}//7横
};
INT8U code CGRAM_Dat2[][8]=//5个汉字字符
```

```
{  {0x08，0x0F，0x12，0x0F，0x0A，0x1F，0x02，0x00}，//年
   {0x0F，0x09，0x0F，0x09，0x0F，0x09，0x13，0x00}，//月
   {0x0F，0x09，0x09，0x0F，0x09，0x09，0x0F，0x00}，//日
   {0x1F，0x0A，0x1F，0x0A，0x0A，0x0A，0x12，0x00}，//开
   {0x0A，0x1F，0x04，0x1F，0x04，0x0A，0x11，0x00}//关
}；
//将自定义字符点阵写入 CGRAM
void Write _ CGRAM(INT8U g[][8]，INT8U n)
{
    INT8U i，j；
    Write _ LCD _ Command(0x40)；//设置 CGRAM 地址为 0x40
    for(i=0；i<n；i++)//n 个自定义字符
    for(j=0；j<8；j++)//每个字符 8 字节点阵数据
    Write _ LCD _ Data(g[i][j])；//写入 CGRAM
}
//SW1：水平滚动显示字符串
void H _ Scroll _ Display()
{
    INT16U i；
    Write _ LCD _ Command(0x0C)；//开显示，关光标
    LCD _ ShowString(0，0，"LCD1602 DEMO － 1")；//第 0 行显示标题
    LOOP1：
    for(i=0；i<=strlen(msg)；i++)//滚动输出所有字符
    {  LCD _ ShowString(1，0，msg+i)；//msg+i 实现取字符指针递增
       delay _ ms(50)；if(SW1)return；//未置于 SW1 位置时立即返回
    }
    delay _ ms(1000)；goto LOOP1；//显示完所有字符后暂停 1 s 然后继续
}
//SW2：带光标显示随机算术式
void Cursor _ Display()
{
    INT8U i；int a，b；char disp _ buff[17]；//开显示，关光标
    Write _ LCD _ Command(0x0C)；//第 0 行显示标题
    LCD _ ShowString(0，0,"LCD1602 DEMO － 2")；//清空第 1 行(输出 16 个空格)
    LCD _ ShowString(1，0,"                ")；//开显示，开光标，光标闪烁
    Write _ LCD _ Command(0x0F)；//用 TH0 作为随机种子
    srand(TH0)；
    while(1)
    {  if(SW2)return；//未置于 SW2 位置时立即返回
       a=rand()%100；//产生不超过 100 的随机数 a、b
       b=rand()%100；
       sprintf(disp _ buff,"%2d+%2d=%2d"，a，b，a+b)；//生成算术式及运算结果字符串
       Write _ LCD _ Command(0xC0)；
       for(i=0；i<16；i++)//显示位置定位于第 1 行开始位置
```

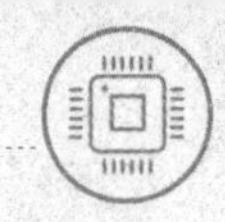

```
    {   if(disp_buff[i])Write_LCD_Data(disp_buff[i]); //循环逐个输出算术式字符
        else Write_LCD_Data(' ');
        delay_ms(100);
    }
    delay_ms(200); //显示完一个算术式后暂停 200 ms
    LCD_ShowString(1, 0,"                "); //清空该行(输出 16 个空格)
  }
}
//SW3: 全码表字符显示
void Show_All_Inter_Chars()
{
INT8U i, j=0;
Write_LCD_Command(0x0C); //开显示, 关光标
LCD_ShowString(0, 0,"LCD1602 DEMO - 3"); //第 0 行显示标题
LCD_ShowString(1, 0,"                "); //第 1 行清空(输出 16 个空格)
LOOP3:
Write_LCD_Command(0xC0); //显示位置定位于第 1 行开始位置
//从全码表显示, 范围为 0x20~0xFF, 超过 0xFF 后溢出为 0x00, 循环结束
for(i=0x20; i! =0x00; i++)
{  if(i>=0x80&&i<=0x9F)continue; //跳过空白区字符
   if((++j)%16==0)//判断是否显示满一行
   {delay_ms(500); //满一行时延时 500 ms
   LCD_ShowString(1, 0,"                "); //清空改行
   Write_LCD_Command(0xC0); //显示位置定位于第 1 行开始位置
   j=0; //显示字符计数变量清零
   }
   Write_LCD_Data(i); //在当前位置显示编码为 i 的字符
   delay_ms(20); //显示一个字符后短延时 40 ms
   if(SW3)return; //未置于 SW3 位置时立即返回
   }
   delay_ms(500); //一趟演示后延时 500 ms
   goto LOOP3; //继续全码表字符显示
}
//SW4: CGRAM 自定义字符显示
void Display_CGRAM_Chars()
{
INT8U i, j=0;
Write_LCD_Command(0x0C); //开显示, 关光标
LCD_ShowString(0, 0,"LCD1602 DEMO - 4"); //第 0 行显示标题
LOOP4:
LCD_ShowString(1, 0,"                "); //第 1 行清空(输出 16 个空格)
Write_CGRAM(CGRAM_Dat1, 7); //第 1 组自定义字符点阵写入 CGRAM
Write_LCD_Command(0xC0 | 1); //显示位置定位于第 1 行 1 列位置
for(i=6; i! =0xFF; i--)//7 线~1 线式方块逐个显示
```

```
{Write_LCD_Data(i); //在当前位置显示编码为i的字符
delay_ms(50); if(SW4)return; //未置于SW4位置时立即返回
}
for(i=0; i<=6; i++)//1线~7线式方块逐个显示
{Write_LCD_Data(i); //在当前位置显示编码为i的字符
delay_ms(50); if(SW4)return; //未置于SW4位置时立即返回
}
delay_ms(500); //第1组自定义字符演示后延时1 s
                //第2组自定义CGRAM字符演示
LCD_ShowString(1, 0,"                "); //第1行清空(输出16个空格)
Write_CGRAM(CGRAM_Dat2, 5); //第2组自定义字符点阵写入CGRAM
Write_LCD_Command(0xC0 | 4); //显示位置定位于第1行4列位置
for(i=0; i<=4; i++)//5个自定义汉字字符显示
{Write_LCD_Data(i); //在当前位置显示编码为i的字符
Write_LCD_Data(" "); //每显示一个自定义字符后加一空格
delay_ms(100); if(SW4)return; //未置位于SW4位置时立即返回
}
delay_ms(1000); //第2组自定义字符演示后延时1 s
goto LOOP4; //继续
}
//主程序
void main()
{
P3=0xFF; //P3端口置为0xFF
Initialize_LCD(); //初始化LCD
TR0=1; //启动定时器，提供随机种子
while(1)//主循环控制实现各类演示
{if (SW1==0)H_Scroll_Display();
if (SW2==0)Cursor_Display();
if (SW3==0)Show_All_Inter_Chars();
if (SW4==0)Display_CGRAM_Chars();
}
}
```

二、12864显示技术

在实际应用中，除了数字和字母等字符外还要显示汉字和图形。因为字符型LCD无法将汉字显示出来，所以要在显示汉字的场合一般要用点阵型LCD。目前常用的点阵型LCD有122×32、128×64、240×320等。下面介绍128×64点阵的液晶显示屏的基本应用，以下简写为12864。

(一)点阵型LCD概述

12864分为字符型和点阵型，两者的主要区别为：字符型LCD只能显示数字和字母符号，所需存储空间有限，所以一般都把基本字符表固化在自带的ROM里；而不带汉字库的点阵显示屏则不同，每个字符和汉字都需要用户自己取模。

12864点阵液晶显示器主要由行驱动器、列驱动器及128×64全点阵液晶显示器组成，可

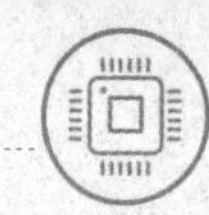

完成图形显示，也可以显示 8 列 4 行汉字。主要技术参数和性能如下：

(1)电源：V_{DD}为+5 V，模块内自带−10 V电压，用于 LCD 驱动。

(2)显示内容：128(列)×64(行)点。

(3)全屏幕点阵。

(4)7 种指令。

(5)与 CPU 接口采用 8 位数据总线并行输入/输出和 8 条控制线。

(6)占空比为 1/64。

(7)工作温度为−20～+60 ℃；存储温度为−30～+70 ℃。

12864 点阵型 LCD 的引脚功能见表 4.3。

表 4.3　12864 点阵型 LCD 的引脚功能

引脚号	引脚名称	电平	功能描述
1	V_{SS}	0 V	电源地
2	V_{DD}	+5 V	正电源
3	V_O	—	液晶显示器驱动电压
4	D/I(RS)	H/L	D/I="H"表示 DB0～DB7 为显示数据 D/I="L"表示 DB0～DB7 为显示指令数据
5	$R/\overline{W}$	H/L	当 $R/\overline{W}$="H"、E="H"，可将 DDRAM 数据读到模块 DB0～DB7；当 $R/\overline{W}$="L"时，E 信号下降沿锁存 DB0～DB7
6	E	H/L	
7	DB0	H/L	数据线
8	DB1	H/L	数据线
9	DB2	H/L	数据线
10	DB3	H/L	数据线
11	DB4	H/L	数据线
12	DB5	H/L	数据线
13	DB6	H/L	数据线
14	DB7	H/L	数据线
15	CSA	H/L	H：选择芯片(右半屏)信号
16	CSB	H/L	H：选择芯片(左半屏)信号
17	RST	H/L	复位信号，低电平有效
18	V_{EE}	−10 V	LCD 驱动负电压
19	BL+	—	LED 背光电源正
20	BL−	—	LED 背光电源地

(二)点阵型 LCD 的内部模块结构

本章介绍的液晶显示模块均使用 KS0108B 及其兼容控制驱动器，例如 HD61202 作为驱动器，同时使用 KS0107B 及其兼容驱动器(HD61203)不与 MPU 发生联系，只要提供电源就能产生驱动信号和各种同步信号，比较简单，在此不进行介绍。图 4.16 是 12864 点阵型 LCD 的内部逻辑电路图，内部有两片 KS0108B 和一片 KS0107B。

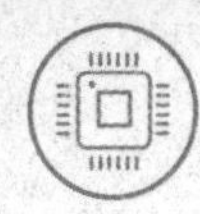

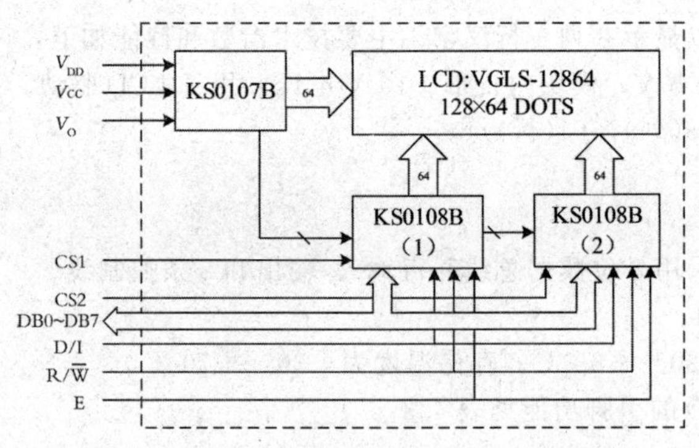

图 4.16　12864 点阵型 LCD 的内部逻辑电路图

从图 4.16 中可以看出，12864 点阵型 LCD 基本由数据线(DB0～DB7)和控制线组成，左右半屏的显示控制由 CS1、CS2 控制。12864 点阵型 LCD 屏幕显示与 DDRAM 地址映射关系见表 4.4。

表 4.4　12864 点阵型 LCD 屏幕显示与 DDRAM 地址映射关系

		Y1	Y2	Y3	Y4	…	Y61	Y62	Y63	Y64	
X=0	第 1 行	1/0	1/0	1/0	1/0	…	1/0	1/0	1/0	1/0	DB0
	第 2 行	1/0	1/0	1/0	1/0	…	1/0	1/0	1/0	1/0	DB1
	第 3 行	1/0	1/0	1/0	1/0	…	1/0	1/0	1/0	1/0	DB2
	第 4 行	1/0	1/0	1/0	1/0	…	1/0	1/0	1/0	1/0	DB3
	第 5 行	1/0	1/0	1/0	1/0	…	1/0	1/0	1/0	1/0	DB4
	第 6 行	1/0	1/0	1/0	1/0	…	1/0	1/0	1/0	1/0	DB5
	第 7 行	1/0	1/0	1/0	1/0	…	1/0	1/0	1/0	1/0	DB6
	第 8 行	1/0	1/0	1/0	1/0	…	1/0	1/0	1/0	1/0	DB7
…						…					…
X=7	第 57 行	1/0	1/0	1/0	1/0	…	1/0	1/0	1/0	1/0	DB0
	第 58 行	1/0	1/0	1/0	1/0	…	1/0	1/0	1/0	1/0	DB1
	第 59 行	1/0	1/0	1/0	1/0	…	1/0	1/0	1/0	1/0	DB2
	第 60 行	1/0	1/0	1/0	1/0	…	1/0	1/0	1/0	1/0	DB3
	第 61 行	1/0	1/0	1/0	1/0	…	1/0	1/0	1/0	1/0	DB4
	第 62 行	1/0	1/0	1/0	1/0	…	1/0	1/0	1/0	1/0	DB5
	第 63 行	1/0	1/0	1/0	1/0	…	1/0	1/0	1/0	1/0	DB6
	第 64 行	1/0	1/0	1/0	1/0	…	1/0	1/0	1/0	1/0	DB7

(1)DFF——显示控制触发器。

此触发器用于模块屏幕显示开和关的控制。DFF＝1 为开显示(DISPLAY ON)，DDRAM 的内容就显示在屏幕上；DFF＝0 为关显示(DISPLAY OFF)。

(2)XY——地址计数器。

XY 地址计数器是一个 9 位计数器，其高 3 位是 X 地址(页)计数器，低 6 位是 Y 地址计数器。XY 地址计数器实际上是作为 DDRAM 的地址指针，X 地址计数器为 DDRAM 的 X(页)指针，Y 地址计数器为 DDRAM 的 Y(列)地址指针。

X 地址计数器没有计数功能，只能用指令设置。Y 地址计数器具有循环计数功能，各显示

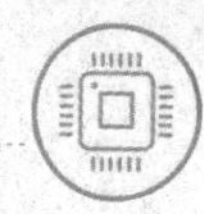

数据写入后，Y 地址自动加 1，Y 地址指针从 0 到 63，参考表 4.4 所列。

(3)DDRAM——数据显示用 RAM。

数据显示用 RAM 用来存放 LCD 显示的数据。数据为 1 表示该点显示选择，数据为 0 表示该点显示没有选择。

(4)Z——地址计数器。

Z 地址计数器是一个 6 位计数器，此计数器具备循环计数功能，用于显示行扫描同步。当一行扫描完成，此地址计数器自动加 1，指向下一行扫描数据，RST 复位后，Z 地址计数器为 0。Z 地址计数器可以用指令“DISPLAY STARTLINE”预置。因此，显示屏幕的起始行，即 DDRAM 的数据从哪一行开始显示在屏幕的第一行就由此命令控制。此模块的 DDRAM 共 64 行，屏幕可以循环滚动显示 64 行。

(三)点阵型 LCD 指令描述

点阵型 LCD 液晶显示模块(即 KS0108B 及其兼容控制驱动器)的指令系统比较简单，总共只有 7 种命令。12864 点阵型 LCD 指令表指令见表 4.5。

表 4.5　12864 点阵型 LCD 指令表

指令名称	控制信号	控制代码								
	$R/\overline{W}$	RS	DB7	DB6	DB5	DB4	DB3	DB2	DB1	DB0
显示开关	0	0	0	0	1	1	1	1	1	1/0
显示起始行设置	0	0	1	1	×	×	×	×	×	×
页设置	0	0	1	0	1	1	1	×	×	×
列地址设置	0	0	0	1	×	×	×	×	×	×
读状态	1	0	BUSY	0	ON/OFF	RST	0	0	0	0
写数据	0	1	写数据							
读数据	1	1	读数据							

各指令分别介绍如下。

(1)显示开/关指令。

$R/\overline{W}$	RS	DB7	DB6	DB5	DB4	DB3	DB2	DB1	DB0
0	0	0	0	1	1	1	1	1	1/0

当 DB0＝1 时，LCD 显示 RAM 中的内容；当 DB0＝0 时，关闭显示。

(2)显示起始行(ROW)设置指令。

$R/\overline{W}$	RS	DB7	DB6	DB5	DB4	DB3	DB2	DB1	DB0
0	0	1	1	显示起始行(0～63)					

显示起始行(ROW)设置指令设置了对应液晶显示屏最上一行的显示 RAM 的行号，有规律地改变显示起始行可以使 LCD 实现滚屏的效果。

(3)页(X 地址)设置指令。

$R/\overline{W}$	RS	DB7	DB6	DB5	DB4	DB3	DB2	DB1	DB0
0	0	1	0	1	1	1	页号(0～7)		

显示 RAM 共 64 行，分 8 页，每页 8 行。

(4)列地址(Y 地址)设置指令。

R/$\overline{W}$	RS	DB7	DB6	DB5	DB4	DB3	DB2	DB1	DB0
0	0	0	1	显示列地址(0～63)					

设置了页地址和列地址，就确定了显示 RAM 中的一个单元，这样 MPU 就可以用读/写指令读出该单元中的内容或向该单元写进一个字节数据。

(5)读状态指令。

R/$\overline{W}$	RS	DB7	DB6	DB5	DB4	DB3	DB2	DB1	DB0
1	0	BUSY	0	ON/OFF	RESET	0	0	0	0

读状态指令用来查询液晶显示模块内部控制器的状态，各参量含义如下：

①BUSY：1 为内部在工作；0 为正常状态。

②ON/OFF：1 为显示关闭；0 为显示打开。

③RESET：1 为复位状态；0 为正常状态。

在 BUSY 和 RESET 状态时，除读状态指令外，其他指令均不对液晶显示模块产生作用。

小贴士

在对液晶显示模块操作之前要查询 BUSY 状态，以确定是否可以对液晶显示模块进行操作。

(6)写数据指令。

R/$\overline{W}$	RS	DB7	DB6	DB5	DB4	DB3	DB2	DB1	DB0
0	1	写数据							

显示 RAM 共 64 行，分 8 页，每页 8 行。

(7)列地址(Y 地址)设置指令。

R/$\overline{W}$	RS	DB7	DB6	DB5	DB4	DB3	DB2	DB1	DB0
1	1	读显示数据							

读写数据指令每执行完成一次读写操作，列(Y)地址就自动增 1。进行读操作之前，需要先进行一次空操作，然后再读。

(四)点阵型 LCD 读写时序图

12864 点阵型 LCD 读写时序图如图 4.17 所示，时序参数表见表 4.6。

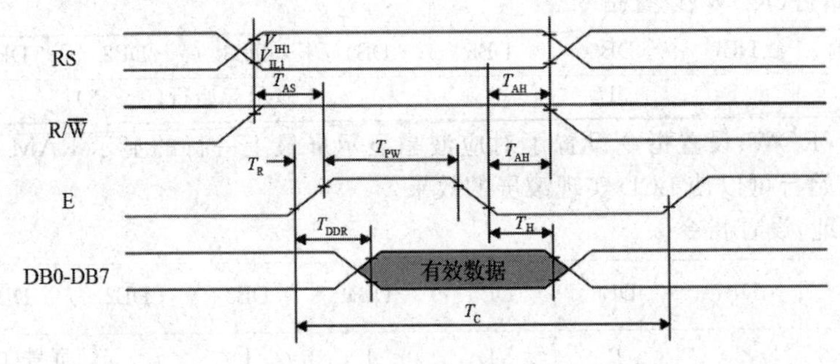

图 4.17　12864 点阵型 LCD 读写时序图

表 4.6 时序参数表

ns

名称	符号	最小值	最大值
E信号周期	T_{C}	1 000	
E高电平宽度	T_{PW}	450	
E上升时间	T_{R}		25
地址建立时间	T_{AS}	140	
地址保持时间	T_{AH}	10	
数据建立时间	T_{DSW}	200	
数据延迟时间	T_{DDR}		320
写数据保持时间	T_{H}	10	
读数据保持时间	T_{H}	20	

例 4.3 FD12864LCD(KS0108)显示驱动程序(不带字库)，LCD屏第一行根据提取的点阵显示汉字，下半部分显示的是烧写在EPROM2764中的图像。

解：C51参考源程序如下：

```
//名称：12864LCD(KS0108)显示驱动程序(不带字库)
#include<reg51.h>
#include<intrins.h>
#define INT8Uunsigned char
#define INT16Uunsigned int
#defineLCD_DB_PORTP1//液晶DB0～DB7
#define LCD_START_ROW0xC0//起始行
#define LCD_PAGE0xB8//页指令
#define LCD_COL0x40//列指令
//液晶引脚定义
sbitDI=P3^0; //数据/命令选择线
sbitRW=P3^1; //读/写控制线
sbitE=P3^2; //使能控制线
sbitCS1=P3^3; //片选1
sbitCS2=P3^4; //片选2
sbitRST=P3^5; //复位
//LCD忙等待
void LCD_Busy_Wait()
{
    do
    {
        LCD_DB_PORT=0xFF; //液晶端口置高电平
        RW=1; _nop_(); DI=0; //设置为读，选择状态寄存器
        E=1; _nop_(); E=0; //E置高电平读取，随后置为低电平
    }while (P0&0x80);
}
```

```
//向 LCD 发送命令
void LCD_Write_Command( INT8U c)
{
    LCD_Busy_Wait(); //液晶忙等待
    LCD_DB_PORT=0xFF; //液晶端口置高电平
    RW=0; _nop_(); DI=0; //设置为写，选择命令寄存器
    LCD_DB_PORT=c; //一字节命令放置到液晶端口
    E=1; _nop_(); E=0; //E 置高电平写入，随后置为低电平
}
//向 LCD 发送数据
void LCD_Write_Data(INT8U d)
{
    LCD_Busy_Wait(); //液晶屏忙等待
    LCD_DB_PORT=0xFF; //液晶端口设置高电平
    RW=0; _nop_(); DI=1; //设置为写，选择数据寄存器
    LCD_DB_PORT=d; //一字节数据放置到液晶端口
    E=1; _nop_(); E=0; //E 置高电平写入，随后置为低电平
}
//初始化 LCD
void LCD_Initialize()
{
    CS1=1; CS2=1; //左半屏片选
    LCD_Write_Command(0x3F); //显示开
    LCD_Write_Command(LCD_START_ROW); //设置起始行(无偏移，设为第 0
    行)
}
//通用显示函数
//从第 P 页第 L 列开始显示 W 个字节数据，数据在 r 所指向的缓冲
//每字节 8 位是垂直显示的，高位在下，低位在上
//每个 8×128 的矩形区域为一页
//整个 LCD 又由 64×64 的左半屏和 64×64 的右半屏构成
void Common_Show(INT8U P, INT8U L, INT8U W, INT8U *r)
{
    INT8U i;
    //显示在左半屏或左右半屏
    if(L<64)
    {   CS1=1; CS2=0;
        LCD_Write_Command(LCD_PAGE+P);
        LCD_Write_Command(LCD_COL+L);
        //全部显示在左半屏
        if(L+W<64)
        {for(i=0; i<W; i++)LCD_Write_Data(r[i]);
        }
        //如果越界则跨越左右半屏显示
```

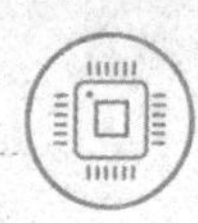

```
        else
        {  //左半屏显示
            for(i=0; i<64-L; i++)LCD_Write_Data(r[i]);
            //右半屏显示
            CS1=0; CS2=1;
            LCD_Write_Command(LCD_PAGE+P);
            LCD_Write_Command(LCD_COL);
            for(i=64-L; i<W; i++)LCD_Write_Data(r[i]);
        }
    }
    //全部显示在右半屏
    else
    {  CS1=0; CS2=1;
        LCD_Write_Command(LCD_PAGE+P);
        LCD_Write_Command(LCD_COL+L-64);
        for(i=0; i<W; i++)LCD_Write_Command(r[i]);
    }
}
//显示一个8×8点阵字符
//void Display_A_Char(INT8U P, INT8U L, INT8U *M)
//{
//Common_Show(P, L, 8, M);
//}

//显示一个16×16点阵汉字
void Display_A_WORD(INT8U P, INT8U L, INT8U *M)
{
    Common_Show(P, L, 16, M); //显示汉字上半部分
    Common_Show(P+1, L, 16, M+16); //显示汉字下半部分
}

//显示一串16×16点阵汉字
void Display_A_WORD_String(INT8U P, INT8U L, INT8U C, INT8U *M)
{
    INT8U i;
    for(i=0; i<C; i++)Display_A_WORD(P, L+i*16, M+i*32);
}
//显示图像
//说明：这里W与图像宽度相同，但H不是图像高度，图像实际高度为H×8
void Display_Image(INT8U P, INT8U L, INT8U W, INT8U H, INT8U *G)
{
    INT8U i;
    for(i=0; i<H; i++)Common_Show(P+i, L, W, G+i*W);
}
```

第四节 实例：电子密码锁

（一）功能要求

采用AT89S52单片机控制键盘输入模块、液晶显示模块、密码存储模块和继电器模块，通过LCD1602液晶显示开机密码，当密码三次输入错误时，蜂鸣器报警。密码存储模块存储每次输入密码以及存储修改密码，键盘输入模块包括复位、密码输入、密码修改、密码确认、密码确认修改以及上锁功能，所有功能均通过AT89S52主机控制实现。

根据设计要求所设计的系统原理框图如图4.18所示，密码存储电路存储输入的密码，开锁控制电路控制当密码输入正确时进行解锁，液晶显示电路显示输入的密码，矩阵键盘密码输入电路用来输入密码、修改密码、上锁控制等。

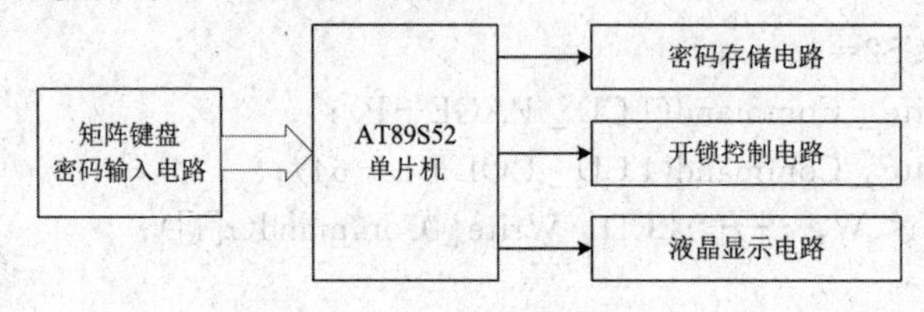

图4.18 系统原理框图

（二）系统硬件电路设计

本系统硬件设计由单片机(AT89S52)部分、4×4行列式键盘部分、液晶显示部分、密码存储部分以及外部控制五个部分所组成，其电路原理图如图4.19所示。

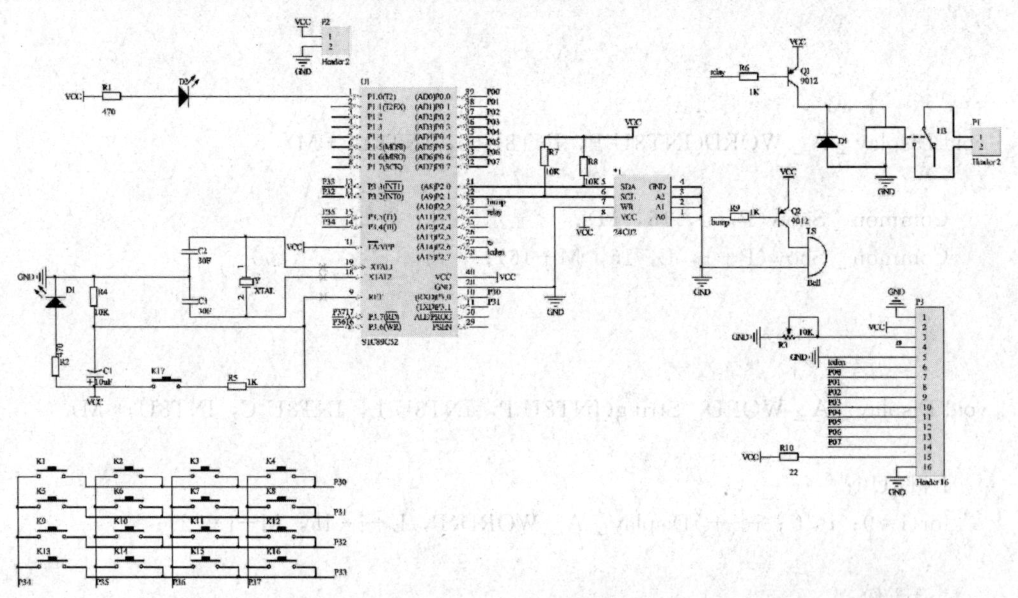

图4.19 电路原理图

单片机通过接受从键盘输入的密码，将密码存储到AT24C02密码存储器中，同时AT24C02还存储修改密码以及错误的密码，密码的存储及修改都通过其进行控制。通过给液晶显示模块上电显示从键盘输入的密码，当三次输入密码错误时，蜂鸣器发出嘀嘀声，红色发光二极管亮，报警程序启动，同时主机通过控制外部电路即继电器电路来达到控制门、锁的开关。其中，“K17”为单片机复位按键。

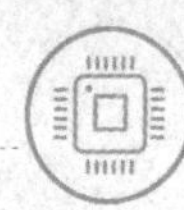

(1)键盘输入模块。

键盘输入模块的按键输入电路如图 4.20 所示，每一条水平(行线)与垂直线(列线)的交叉处不相通，而是通过一个按键来连通，利用这种行列式矩阵结构只需要 4 条行线和 4 条列线，即可组成具有 4×4 个按键的键盘。

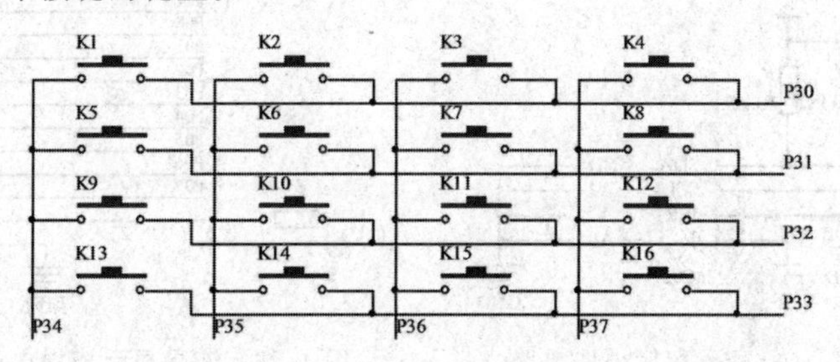

图 4.20　按键输入电路

模块中共计数字键 10 个、功能键 5 个，用 4×4 组成 0～9 数字键，10 个数字键用来输入密码，另外 6 个功能键分别是：确认键、重设密码键、上锁键、修改密码键、确认修改密码键和关断显示键。“K1”～“K10”为密码输入键，“K11”为确认密码键，“K12”为重设密码键，“K13”为上锁键，“K14”为修改密码键，“K15”为确认修改密码键，“K16”为空置键。每个按键有它的行值和列值，行值和列值的组合就是识别这个按键的编码。

小贴士

矩阵的行线和列线分别通过两并行接口和 CPU 通信。每个按键的状态同样需变成数字量“0”和“1”，开关的一端(列线)通过电阻接 V_{CC}，而接地是通过程序输出数字“0”实现的。键盘处理程序的任务是：确定有无键按下，判断哪一个键按下，键的功能是什么；消除按键在闭合或断开时的抖动。两个并行口，一个输出扫描码，使按键逐行动态接地；另一个输入按键状态，由行扫描值和回馈信号共同形成键编码而识别按键，通过软件查表，查出该键的功能。

(2)密码存储模块。

密码存储模块电路如图 4.21 所示，管脚描述如下：

①SCL 串行时钟。AT24CO2 串行时钟输入管脚用于产生器件所有数据发送或接收的时钟，这是一个输入管脚。

②SDA 串行数据/地址。AT24WC02 双向串行数据/地址管脚用于器件所有数据的发送或接收。SDA 是一个开漏输出管脚。

③A0、A1、A2 器件地址输入端。时钟线保持高电平期间，数据线电平从高到低的跳变作为 I2C 总线的起始信号。

④停止信号。时钟线保持高电平期间，数据线电平从低到高的跳变作为 I^2C 总线的停止信号。

(3)液晶显示模块。

液晶显示模块电路如图 4.22 所示，液晶显示初始密码输入状态、输入密码、修改密码和确认修改密码。

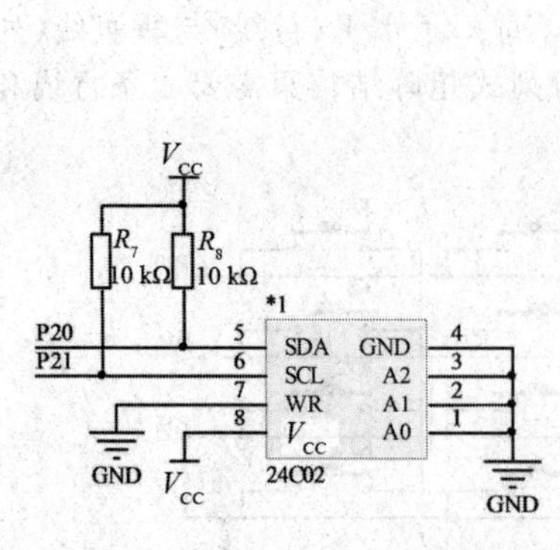

图 4.21 密码存储模块电路

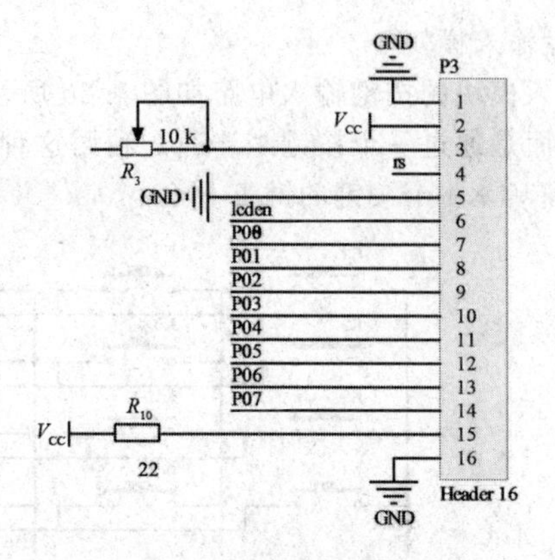

图 4.22 液晶显示模块电路

(4)外部控制模块。

外部控制模块电路如图 4.23 所示，单片机控制继电器实现开锁。

(三)系统程序设计

本系统是以 AT89S52 为核心的单片机控制方案。利用单片机灵活的编程设计、丰富的I/O端口及其控制的准确性，不但能实现基本的密码锁功能，还能添加声光提示甚至远程遥控控制功能。本系统程序设计的内容为：①密码的设定。在此程序中，密码是固定在 AT24C02 中的，密码为 8 位。②密码的输入问题。根据事先设计好的密码输入，输完后按确认键将执行相应的功能。

根据设定好的密码，采用 4×4 行列式键盘实现密码的输入功能。密码输入时液晶只显示“input password:”；当输入密码正确时液晶显示“please come in!”；若密码第一次输入不正确显示“first error!”；若密码第二次输入不正确显示“second error!”；若密码第三次输入不正确时显示“you are thieif”作为提示信息，同时红色发光二极管亮，蜂鸣器发出连续嘀嘀声报警。密码输入的过程中可随时对输入的密码进行修改。本系统程序设计由键盘输入部分、液晶显示部分、二极管提示部分和外部控制四个部分组成。系统主程序流程图如图 4.24 所示。

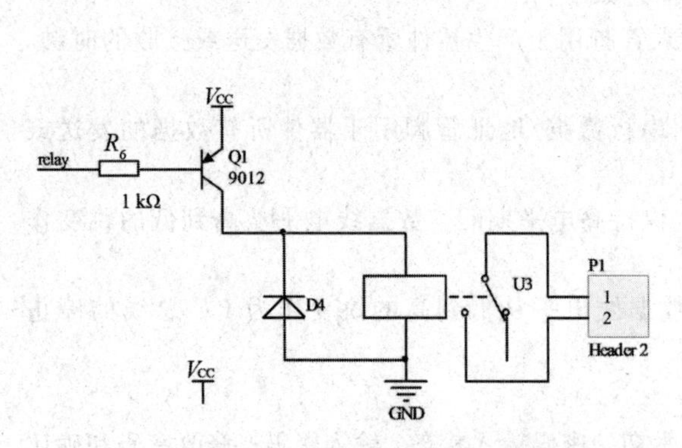

图 4.23 外部控制模块电路

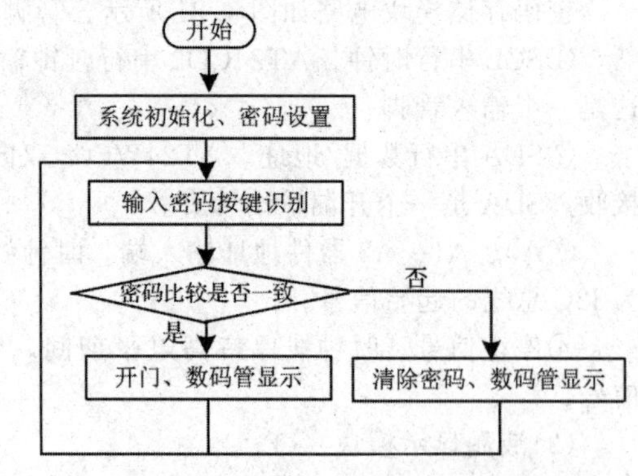

图 4.24 系统主程序流程图

(四)调试及性能分析

本系统充分利用了 AT89S52 系统单片机软、硬件资源，引入了智能化分析功能，提高了系统的可靠性和安全性。该系统主要有以下几点优点：①利用单片机去控制硬件电路，打破传统的专用硬件的形式，使电路更加灵活、更加快捷。②密码重复概率仅为十万分之一，有着很

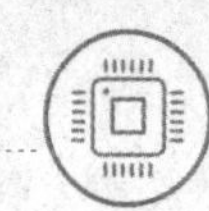

高的安全性。③电子密码锁采用单片机作为核心的控制元件，具有功能强、性能可靠、电路简单、成本低等特点。④智能密码锁成功地实现了密码的输入识别和修改、报警、信息显示等功能。另外，智能密码锁在软、硬件方面稍加改动，便可构成智能化的分布式监控网络，实现某一范围内的集中式监控管理，在金融、保险、军事重地及其他安全防范领域具有广阔的应用前景。电子密码锁凭借自身的优势，将会越来越广泛地受到社会的欢迎、接受。但是电子密码锁还具有自身的缺点：①电子锁必须完成机械动作(操作)→电子识别转换和电子控制→机械执行这一系列过程，显然是复杂一些。②故障概率相对较高，电子器件一多、一复杂化，必然增加故障概率，加上电子器件怕潮湿、怕强磁电、怕强震动，使它对使用环境也有一定要求。③绝大部分电子密码锁都增加了备用开锁手段(或称应急接口)，无疑又降低了安全性。④由于采用键盘式密码输入很可能被他人窥探、盗用，所以在设计键盘时必须防止他人窥探、盗用。尽管电子锁有以上还待解决问题，但它的大密码量和不用钥匙的优点以及众多的识别方式仍有极大的诱惑力，必将在以后的发展中被广泛应用。

（五）控制源程序清单

```
#include<reg52.h>
#define uint unsigned int
#defineuchar unsigned char
sbit l1=P1^0;
sbit bump=P2^2;
sbit relay=P2^3;
sbit lcden=P2^7;
sbit lcdrs=P2^6;
sbit sda=P2^0;
sbit scl=P2^1;
/*********** 显示内容 ***************************/
uchar code xianshi0[]="input password:";
uchar code xianshi1[]="please come in!";
uchar code xianshi2[]=" * ";
uchar code xianshi3[]="you are thief!";
uchar code xianshi4[]="new password:";
uchar code xianshi5[]="alter succeed!";
uchar code xianshi6[]="first error!";
uchar code xianshi7[]="second error!";
uchar code xianshi8[]="third error!";
uchar code xianshi9[]="alter fail!!";
uchar table[8]; //给按键输入留取存储空间
uchar table1[8]; //给密码修改留取存储空间
uchar mima[8]; //给从存储中读取密码留取存储空间
uchar num, num1, num2, num3, etimes, fanhui, kai;
bit alterflog, cpflog, suoflog; //定义各种标志位
void keyscan();    //声明键盘扫描函数
void init();
void keydeal15();
void keydeal16();    //声明初始化函数
/******************** 延时 1 ms 函数 ************** */
```

```
void shijian(uint x)
{
    uint i, j;
    for(i=x; i>0; i--)
    for(j=110; j>0; j--);
}
void writecom(uchar com) //写命令
{
    lcdrs=0;
    P0=com;
    shijian(5);
    lcden=1;
    shijian(5);
    lcden=0;
}
/********************液晶写命令数据函数*******************/
void writedate(uchar date)  //写命令
{
    lcdrs=1;
    P0=date;
    shijian(5);
    lcden=1;
    shijian(5);
    lcden=0;
}
/****************24c02读取写入数据初始化****************/
void delay()  //微秒级延时函数
{;;}
void start()  //开始信号
{
    sda=1;
    delay();
    scl=1;
    delay();
    sda=0;
    delay();
}

void stop()  //停止
{
    sda=0;
    delay();
    scl=1;
    delay();
    sda=1;
```

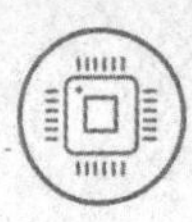

```
    delay();
}
void respons()  //应答
{
    uchar i;
    scl=1;
    delay();
    while((sda==1)&&(i<250))i++;
    scl=0;
    delay();
}
void write_byte(uchar date)  //写一位数据
{
    uchar i, temp;
    temp=date;
    for(i=0; i<8; i++)
    {
        temp=temp<<1;
        scl=0;
        delay();
        sda=CY;
        delay();
        scl=1;
        delay();
        //scl=0;
        //  delay();
    }
    scl=0;
    delay();
    sda=1;
    delay();
}

uchar read_byte() //读一位数据
{
    uchar i, k;
    scl=0;
    delay();
    sda=1;
    delay();
    for(i=0; i<8; i++)
    {
        scl=1;
        delay();
        k=(k<<1) | sda;
```

```
        scl=0;
        delay();
    }
    return k;
}
void write24c02(uchar address, uchar date)   //写一字节函数
{
    start();
    write_byte(0xa0);
    respons();
    write_byte(address);
    respons();
    write_byte(date);
    respons();
    stop();
}
uchar read24c02(uchar address)   //读一字节函数
{
    uchar date;
    start();
    write_byte(0xa0);
    respons();
    write_byte(address);
    respons();
    start();
    write_byte(0xa1);
    respons();
    date=read_byte();
    stop();
    return date;
}
/ ************各按键对应处理函数 *************** /
/ *************各按键功能 ********************
1—2—3—4—5—6—7—8—9—0—确认—重新输入—未定义—上锁—密码修改
—密码修改确认—未定义 *************************/
void keydeal1()   //按键 1
{
    table[num]=1;
    num++;
    if(alterflog==1)
    {
        table1[num1]=1;
        num1++;
    }
}
```

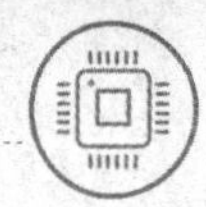

```
void keydeal2()  //按键 2
{
    table[num]=2;
    num++;
    if(alterflog==1)
    {
        table1[num1]=2;
        num1++;
    }
}
void keydeal3()  //按键 3
{
    table[num]=3;
    num++;
    if(alterflog==1)
    {
        table1[num1]=3;
        num1++;
    }
}
void keydeal4()  //按键 4
{
    table[num]=4;
    num++;
    if(alterflog==1)
    {
        table1[num1]=4;
        num1++;
    }
}
void keydeal5()  //按键 5
{
    table[num]=5;
    num++;
    if(alterflog==1)
    {
        table1[num1]=5;
        num1++;
    }
}
void keydeal6()  //按键 6
{
    table[num]=6;
    num++;
    if(alterflog==1)
```

```
    {
        table1[num1]=6;
        num1++;
    }
}
void keydeal7()   //按键 7
{
    table[num]=7;
    num++;
    if(alterflog==1)
    {
        table1[num1]=7;
        num1++;
    }
}
void keydeal8()   //按键 8
{
    table[num]=8;
    num++;
    if(alterflog==1)
    {
        table1[num1]=8;
        num1++;
    }
}
void keydeal9()   //按键 9
{
    table[num]=9;
    num++;
    if(alterflog==1)
    {
        table1[num1]=9;
        num1++;
    }
}
void keydeal10() //按键 10
{
    table[num]=0;
    num++;
    if(alterflog==1)
    {
        table1[num1]=0;
        num1++;
    }
}
```

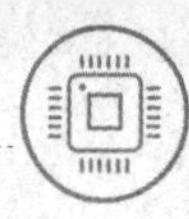

```
void compare()   //比较密码正确与否函数
{
    uchar j;
        for(j=0; j<8; j++)
        {
            if(table[j]==mima[j])
            {
                cpflog=1;
                l1=0;
            }
            else
            cpflog=0;
            l1=1;
        }
}
void keydeal11() //确认键
{
    uchar j;
    if(alterflog==1)
    goto n;    //如果密码修改键按下再按此键无效
    if(num==8)  //判断是否输入八个数字
    {
        num=0;    //将输入数字个数清零
        compare();    //进行密码比较
        for(j=0; j<8; j++)   //用FFFFFFFF将输入的数据清空
        {
            table[j]=0x0f;
        }
    }
    if(cpflog==1)   //如果密码正确，标志位为1
    {
        l1=0;    //点亮开锁灯
        cpflog=0;    //使比较密码标志位归零
        etimes=0;    //使记错次数归零
        kai=1;    //使打开锁标志位置1
        writecom(0x01);    //液晶屏清空显示
        writecom(0x80);    //让液晶显示"please come in!"
        for(j=0; j<15; j++)
        {
            writedate(xianshi1[j]);
            shijian(3);
        }
        for(j=0; j<2; j++)   //蜂鸣器响两声提示开锁成功
        {
            bump=0;
```

```
            shijian(200);
            bump=1;
            shijian(200);
            bump=0;
            shijian(200);
            bump=1;
            shijian(200);
        }
        /********** 等待按下上锁键或者密码修改键 ***********/
        while((suoflog! =1)&(alterflog! =1))
        {
            P3=0xf7;
            if(P3==0xe7)  //上锁键按下上锁标志位置1
            suoflog=1;
            if(P3==0xd7)  //密码修改键按下标志位置1
            alterflog=1;
            if(suoflog==1)  //上锁后进行初始化
            {
                init();
            }
            n: if(alterflog==1)  //密码修改键按下显示"new password:"
            {
                writecom(0x01);
                writecom(0x38);
                for(j=0; j<15; j++)
                {
                    writedate(xianshi4[j]);
                }
        }
    }
    suoflog=0;   //上锁标志位清零
}
else  //否则密码错误，执行密码错误指令
{
    num=0;   //将输入数据个数清零
    num1=0;   //将修改密码输入数字个数清零
    etimes++;   //记录错误次数加1
    bump=0;   //报警一声
    shijian(500);
    bump=1;
    for(j=0; j<8; j++)  //清空修改密码输入数据
    {
        table1[j]=0x0f;
    }
    if(etimes==1)  //如果输错一次
```

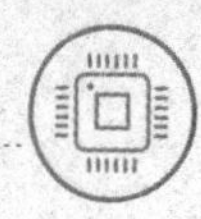

```
{
    writecom(0x01);    //清屏
    writecom(0x80);
    for(j=0; j<14; j++)  //显示"first error!"
    {
        writedate(xianshi6[j]);
    }
    shijian(2000);    //延时 2 s
    writecom(0xc);
    writecom(0x80);
    for(j=0; j<16; j++)  //第一行显示"input password:"
    {
        writedate(xianshi0[j]);
        shijian(5);
    }
    writecom(0x80+0x40+4);    //第二行显示——
    for(j=0; j<8; j++)
    {
        writedate('-');
    }
}
if(etimes==2)  //如果输错两次
{
    writecom(0x01);
    writecom(0x80);
    for(j=0; j<15; j++)  //显示"second error!"
    {
        writedate(xianshi7[j]);
    }
    shijian(2000);    //延时 2 s
    writecom(0xc);
    writecom(0x80);
    for(j=0; j<16; j++)  //第一行显示"input password:"
    {
        writedate(xianshi0[j]);
        shijian(5);
    }
    writecom(0x80+0x40+4);
    for(j=0; j<8; j++)  //第二行显示"--"
    {
        writedate('-');
    }
}
if(etimes==3)  //如果输错三次
{
```

```
        writecom(0x01);
        writecom(0x80);
        for(j=0; j<15; j++)   //显示"you are thief!"
        {
            writedate(xianshi3[j]);
        }
        for(j=0; j<10; j++)   //报警 10 s
        {
            bump=0;
            shijian(500);
            bump=1;
            shijian(500);
        }
        init();    //初始化
        }
    }
}
void keydeal12()   //重新输入键
{
    uint i;
    if(kai==0)   //如果所没被打开
    {  //初始化回到输入密码状态
        init();
    }
    else   //如果锁被打开，则显示"new password:"
    {
        if(alterflog==1)
        {
            num=0;
            num1=0;
            writecom(0x01);
            writecom(0x80);
            for(i=0; i<15; i++)
            {
                writedate(xianshi4[i]);
            }
        }
    }
}
void keydeal15()   //确认密码修改键
{
    uchar i;
    alterflog=0;    //修改标志位归零
    num=0;   //数据输入个数清零
    for(i=0; i<8; i++)   //输入数据清空
```

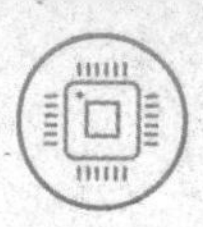

```
    {
        table[i]=0x0f;
    }
    if(num1==8)  //如果输入修改数字够八个进入
    {
        num1=0;   //将输入修改数字个数清零
        for(i=0; i<8; i++)  //将修改后八个数字写入存储器中
        {
            write24c02(i+1, table1[i]);
            shijian(5);
        }
        writecom(0x01); //清屏
        writecom(0x80);
        for(i=0; i<15; i++)  //显示"alter succeed"
        {
            writedate(xianshi5[i]);
        }
        shijian(2000);
}
else  //如果输入数字不够八个进入
{
    num1=0; //将输入修改数字个数清零
    writecom(0x01);
    writecom(0x80);
    for(i=0; i<14; i++)  //显示"alter error!"
    {
        writedate(xianshi9[i]);
    }
}
/**************修改后将键入返回程序************/
if(kai==1)  //如果锁被打开
{
    num=0;   //输入数字个数清零
    shijian(2000);   //延时 2 s
    writecom(0x01);   //清屏
    writecom(0x80);
    for(i=0; i<15; i++)  //显示"please come in!"
    {
        writedate(xianshi1[i]);
        shijian(3);
    } //继续等待上锁或修改密码
    while((suoflog! =1)&(alterflog! =1))
    {
        P3=0xf7;
        if(P3==0xe7)
```

```
        suoflog=1;
        if(P3==0xd7)
        alterflog=1;
        if(suoflog==1)
        {
            init();
        }
        if(alterflog==1)
        {
            writecom(0x01);
            writecom(0x80);
            for(i=0; i<15; i++)
            {
                writedate(xianshi4[i]);
            }
        }
        }
    }
    else  //如果所没被打开，显示"alter error!"2 s后
    {  //进行初始化
        shijian(2000);
        init();
    }
}
void keydeal16()  //键16未定义
{
}
/******************键盘扫描函数****************************/
void keyscan()
{
    uchar temp;
    /**************第一行扫描********************/
    P3=0xfe;
    temp=P3&0xf0;
    if(temp! =0xf0)
    {
        shijian(10);
        if(temp! =0xf0)
        temp=P3;
        switch(temp)
        {
            case 0xee:
            keydeal1();
            break;
            case 0xde:
```

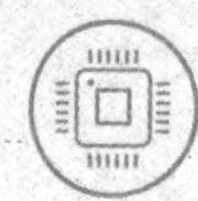

```
            keydeal2();
            break;
            case 0xbe:
            keydeal3();
            break;
            case 0x7e:
            keydeal4();
            break;
        }
        while((P3&0xf0)! =0xf0);    //松手检测
    }
/*******************第二行扫描***********************/
P3=0xfd;
temp=P3&0xf0;
if(temp! =0xf0)
{
    shijian(10);
    if(temp! =0xf0)
    temp=P3;
    switch(temp)
    {
        case 0xed:
        keydeal5();
        break;
        case 0xdd:
        keydeal6();
        break;
        case 0xbd:
        keydeal7();
        break;
        case 0x7d:
        keydeal8();
        break;
    }
    while((P3&0xf0)! =0xf0);    //松手检测
}
/*******************第三行扫描**********************/
P3=0xfb;
temp=P3&0xf0;
if(temp! =0xf0)
{
    shijian(10);
    if(temp! =0xf0)
    temp=P3;
    switch(temp)
```

```
    {
        case 0xeb:
        keydeal9();
        break;
        case 0xdb:
        keydeal10();
        break;
        case 0xbb:
        keydeal11();
        break;
        case 0x7b:
        keydeal12();
        break;
    }
    while((P3&0xf0)! =0xf0);
}
/********************第四行扫描********************/
P3=0xf7;
temp=P3&0xf0;
if(temp! =0xf0)
{
    shijian(10);
    if(temp! =0xf0)
    temp=P3;
    switch(temp)
    {
        case 0xe7:
        //  keydeal13();
            break;
            case 0xd7:
        //  keydeal14();
            break;
            case 0xb7:
            keydeal15();
            break;
            case 0x77:
            keydeal16();
            break;
    }
    while((P3&0xf0)! =0xf0);
}
}
/****************显示函数*************/
void display()
{
```

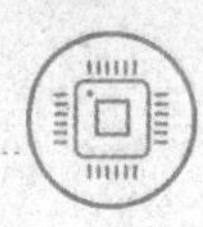

```
    uint c;
    writecom(0x80+0x40+4);
    if(alterflog==0)  //如果不处于修改密码状态，显示 num 个 *
    {
        for(c=0; c<num; c++)
        {
            writedate('*');
            shijian(5);
        }
    }
    else  //如果处于密码修改显示 num1 个 *
    {
        for(c=0; c<num1; c++)
        {
            writedate('*');
            shijian(5);
        }
    }
}
/********************初始化函数***********/
void init()
{
    uint i, a, b;
    num=0;    //输入数据个数清零
    num1=0;
    kai=0;    //开锁标志位清零
    l1=1;     //关闭开锁灯
    alterflog=0;    //修改密码标志位清零
    sda=1;    //24c02 进行释放总线
    delay();
    scl=1;
    delay();
    writecom(0x38);    //液晶初始化
    writecom(0x0c);
    writecom(0x06);
    writecom(0x01);
    for(i=0; i<8; i++)  //读取存储器中密码，并存放于 mima[]中
    {
        mima[i]=read24c02(i+1);
    }
    writecom(0x01);    //清屏
    writecom(0x80);
    for(a=0; a<16; a++)  //显示 input password:
    {
        writedate(xianshi0[a]);
```

```
        shijian(5);
    }
    writecom(0x80+0x40+4);    //第二行显示“——”
    for(b=0; b<8; b++)
    {
        writedate('-');
    }
}
/*****************主函数******************/
void main()
{
    init();    //初始化
    while(1)  //不停地对键盘和显示进行扫描
    {
        keyscan();
        display();
    }
}
```

习　　题

1. 简述单片机如何进行键盘的输入以及怎样实现键功能处理。
2. 键盘为什么要去抖动？单片机系统中主要的去抖动方法有哪几种？
3. 矩阵式键盘常用的键值编码如何计算？
4. 画出单片机对矩阵式键盘扫描的行扫描法和线反转法流程图。
5. 编写 4×4 键盘的扫描程序。
6. 静态显示和动态显示的区别是什么？动态显示时的扫描频率对显示效果有什么影响？
7. 参照时序图阅读 1602 和 12864 显示程序，试画出对应的程序流程图。

第五章　单片机中断技术与定时/计数器

本章将介绍单片机的中断技术和定时/计数器的使用。

第一节　单片机中断技术

中断系统在计算机系统中起着十分重要的作用，中断功能的强弱以及中断源数量的多少已经成为衡量一台计算机功能强大与否的重要标志。

小贴士

单片机应用于检测、控制及智能仪器等领域时，常需要用实时时钟来实现定时或延时控制，也常需要用计数器对外界事件进行计数。在串行通信时，定时/计数器还作为串行通信中的波特率发生器使用。

中断就是指CPU正在处理某事件时，外部发生了另一事件(例如电平的变化、脉冲沿的变化、定时/计数器的溢出等)请求CPU迅速处理，于是CPU暂停当前的程序，转去处理所发生的事情，当处理完所发生的事情后再回到原来被暂停的程序处继续原来的工作，这样的过程就称为中断，中断流程图如图5.1所示。中断包括以下几个概念：

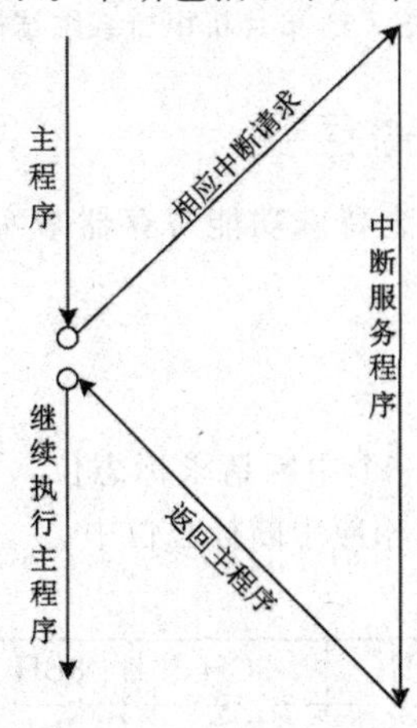

图5.1　中断流程图

(1)中断服务。对事件的整个处理过程称为中断服务或中断处理。

(2)中断源。产生中断请求的根源简称为中断源。

(3)中断请求。中断源向CPU提出的中断处理请求称为中断请求或中断申请。

(4)中断系统。实现中断过程的部件称为中断系统或中断机构。

中断过程的实现还要靠软、硬件的配合，调用中断服务程序的过程类似于调用子程序，其区别在于调用子程序在程序中是事先安排好的，而何时调用中断服务程序事先却无法确定，因为中断的发生是由外部因素决定的，程序中无法事先安排调用指令。因此，调用中断服务程序的过程是由硬件自动完成的。

一、中断系统的结构

中断的过程必须在硬件的基础上配合软件来实现，不同的计算机硬件结构和软件指令也不完全相同。图 5.2 所示为 MCS－51 单片机中断系统结构示意图。MCS－51 单片机的中断系统的控制和状态由四个特殊功能寄存器来实现，分别是中断允许控制寄存器(Internet Explorer，IE)、中断优先级控制寄存器(Interrupt Priority，IP)、定时器控制寄存器(Timer Control Register，TCON)和串行口控制寄存器(Serial Control Register，SCON)。

MCS－51 单片机有五个中断源，分别是外部中断 0($\overline{INT0}$)、外部中断 1($\overline{INT1}$)、定时/计数器 T0、定时/计数器 T1 和串行口的中断接收中断请求 RI 或发送中断请求 TI。五个中断源中断入口地址是固定的，每个中断源都可以通过软件设置成高、低两个优先级，可实现二级中断嵌套。

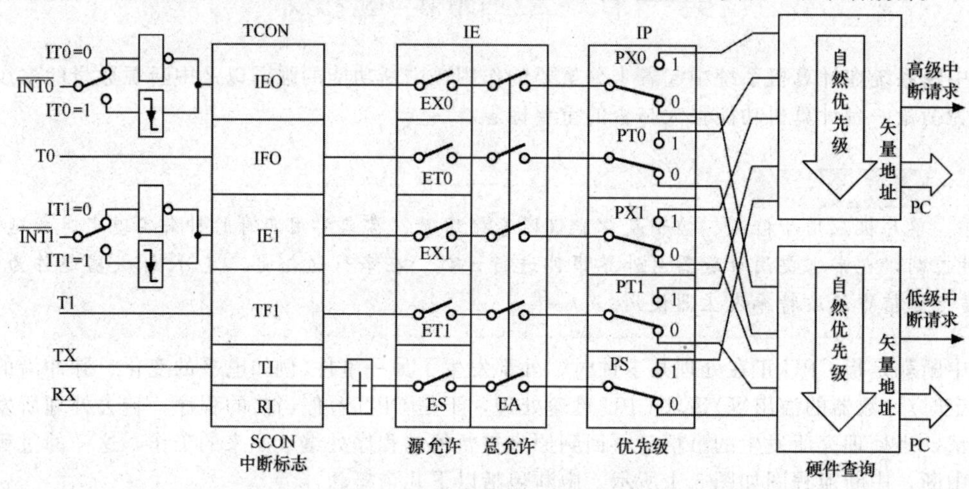

图 5.2　MCS－51 单片机中断系统结构示意图

二、中断相关的特殊功能寄存器

MCS－51 单片机中断的控制由四个特殊功能寄存器来实现。下面介绍这四个特殊功能寄存器的功能。

(一)中断请求标志寄存器

单片机的每一个中断请求都对应一个中断请求标志位，中断请求被响应前，由 CPU 锁存在特殊功能寄存器 TCON 和 SCON 的相应中断标志位中。

(1)定时器控制寄存器 TCON。

位地址	8FH	8EH	8DH	8CH	8BH	8AH	89H	88H
位符号	TF1	TR1	TF0	TR0	IE1	IT1	IE0	IT0

(2)串行口控制寄存器 SCON。

位地址	9FH	9EH	9DH	9CH	9BH	9AH	99H	98H
位符号	SM0	SM1	SM2	REN	TB8	RB8	TI	RI

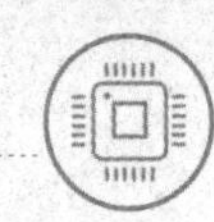

以上两个特殊功能寄存器中，TF1，TF0 分别是定时/计数器 T1、T0 的溢出中断请求标志位；IE1、IE0 分别是外部中断 1($\overline{INT1}$)和外部中断 0($\overline{INT0}$)的中断请求标志位；TI 和 RI 分别是串行口的发送中断请求标志位和接收中断请求标志位。

(二)中断允许控制寄存器 IE

位地址	AFH	AEH	ADH	ACH	ABH	AAH	A9H	A8H
位符号	EA	/	ET2	ES	ET1	EX1	ET0	EX0

(1)EA：CPU 中断总允许位。当 EA=1 时，CPU 开放中断，每个中断源是被允许还是被禁止，分别由各自的允许位确定；当 EA=0 时，CPU 屏蔽所有的中断请求，称关中断，即禁止所有的中断。

(2)ES：串行口中断允许位。当 ES=1 时，允许串行口中断；当 ES=0 时，禁止串行口中断。

(3)ET1：定时器 T1 中断允许位。当 ET1=1 时，允许定时器 T1 中断；当 ET1=0 时，禁止定时器 T1 中断。

(4)EX1：外部中断 1 中断允许位。

(5)ET0：定时器 T0 中断允许位。

(6)EX0：外部中断 0 中断允许位。

总之，ES、ET1、EX1、ET0 和 EX0 某位为 1，则允许相应中断源中断；为 0，则禁止该中断源中断(该中断被屏蔽)。

(三)中断优先级控制寄存器 IP

(1)自然优先级。

8051 单片机的五个自然优先级顺序如下。

外部中断 0 ($\overline{INT0}$)　　　　最高级

定时器 T0 中断

外部中断 1 ($\overline{INT0}$)　　　　↓

定时器 T 中断

串行口中断　　　　最低级

小贴士

对于处于同一个优先级的五个中断源，若它们同时发出中断申请，CPU 自然会按照自然优先级的顺序依次响应外部中断 0、定时器 T0、外部中断 1、定时器 T1 和串行口的中断请求。例如，若 T0、T1 同时发出中断申请，CPU 自然会响应 T0 的中断请求，因为 T0 的自然优先级比 T1 优先级高。

(2)优先级设定寄存器。

位地址	BDH	BCH	BBH	BAH	B9H	B8H
位符号	PT2	PS	PT1	PX1	PT0	PX0

① PT2：定时器 T2 中断优先级控制位。当 PT2=1 时，设定定时器 T2 为高优先级中断；当 PT2=0 时，设定定时器 T2 为低优先级中断。

② PS：串行口中断优先级控制位。当 PS=1 时，设定串行口为高优先级中断；当 PS=0 时，设定串行口为低优先级中断。

③ PT1：定时器 T1 中断优先级控制位，当 PT1=1 时，设定定时器 T1 为高优先级中断；

当PT1＝0时，设定定时器T1为低优先级中断。

④ PX1：外部中断1中断优先级控制位。

⑤ PT0：定时器T0中断优先级控制位。

⑥ PX0：外部中断0中断优先级控制位。

小贴士

PS、PT1、PX1、PT0和PX0五位中哪个为1，则对应中断源为高优先级；为0者为低优先级；同级中断按自然优先级排队，具体型号单片机的优先级设置详见对应数据手册。

三、中断的处理过程

中断处理由中断服务程序来完成，CPU从中断入口地址开始执行，直到返回指令“RETI”为止，这个过程称为中断处理。该过程一般包括两部分内容：一是保护现场；二是处理中断源的请求。CPU进入中断服务程序之后，如果用到了原来在主程序中已经在使用的特殊功能寄存器或内存，中断返回后将会造成主程序的混乱。因此，在进入中断服务程序后，要先保护现场，然后再执行中断处理程序，在返回主程序前再恢复现场。

在编写中断服务程序时有以下几点需要注意：

(1)两个相邻的中断入口地址之间只有8个字节的空间，一般容纳不下中断服务程序，因此，通常在中断入口地址单元放一条无条件转移指令，使程序跳转到用户安排的中断服务程序起始地址上去。这样中断服务程序可以放在64 KB程序存储器的任何空间。

(2)当重要的中断服务程序在执行时，如果不允许被中断，则应该用软件关闭CPU中断，或屏蔽更高级中断源的中断，在中断返回前再开放被关闭或被屏蔽的中断。

(3)在保护现场和恢复现场时，一般规定此时CPU不响应新的中断请求。要求在编写中断服务程序时，在保护现场之前要关中断，在恢复现场之后开中断。如果在中断处理时，允许有更高级的中断打断它，则在保护现场之后再开中断，恢复现场之前关中断。

四、中断标志的撤销

CPU响应中断请求后即进入中断服务程序，在中断返回前，应撤销该中断请求，否则会重复引起中断而导致错误。MCS－51各中断源中断请求撤销的方法各不相同，分别介绍如下。

(1)定时器中断请求的撤销。

对于定时器0或1溢出中断，CPU在响应中断后即由硬件自动清除其中断标志位TF0或TF1，无须采取其他措施。

(2)串行口中断请求的撤销。

对于串行口中断，CPU在响应中断后，硬件不能自动清除中断请求标志位TI、RI，必须在中断服务程序中用软件将其清除。

(3)外部中断请求的撤销。

外部中断请求分为边沿触发型和电平触发型两种类型。对于边沿触发型，CPU在响应中断后由硬件自动清除其中断标志位IE0或IE1，无须采取其他措施。

对于电平触发的外部中断请求，其中断请求的撤销比较复杂。CPU在响应中断后，硬件不会自动清除其中断请求标志位IE0或IE1，同时也不能用软件清除。因此，在中断响应后，应立即撤销$\overline{INT0}$或$\overline{INT1}$引脚上的低电平，否则就会引起重复中断而导致错误。由于CPU不能控制$\overline{INT0}$或$\overline{INT1}$引脚的信号，只有通过硬件再配合相应的软件才能解决。图5.3所示为外部中断请求撤销电路。

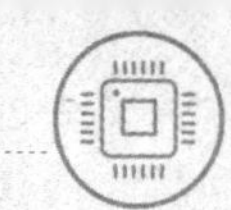

如图 5.3 所示，外部中断请求信号通过 D 触发器的 CLK。D 端接地，当外部中断请求的正脉冲信号出现在 CLK 端时，Q 端输出 0，$\overline{\text{INT0}}$或$\overline{\text{INT1}}$为低电平向 CPU 发出中断请求。P1.7 作为应答线，当 CPU 相应中断后，在中断服务程序中用软件撤销外部中断请求。让 P1.7 由 0 变为 1，可撤销中断请求，以便响应下一次中断请求。

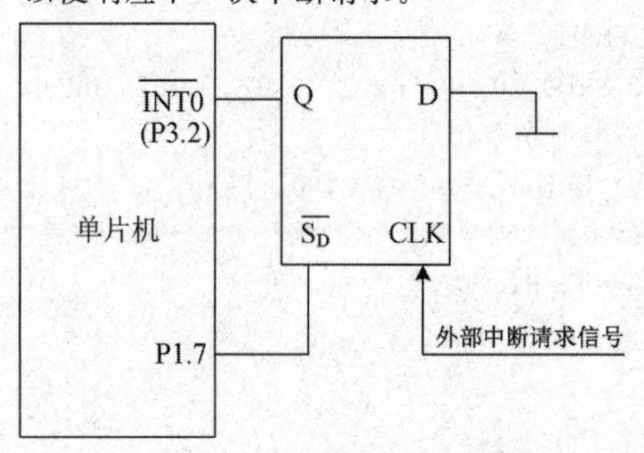

图 5.3　外部中断请求撤销电路

五、外部中断的应用

例 5.1　图 5.4 所示为外部中断计数电路，用三只分立式数码管显示按键计数值，不需要处理数码管动态刷新显示问题，“清零”按键接外部中断 0，“计数”按键接外部中断 1。要求实现每按一次“计数”按键，计数值加 1，实现从“0～999”循环计数；当“清零”键按下时，计数值清“0”。

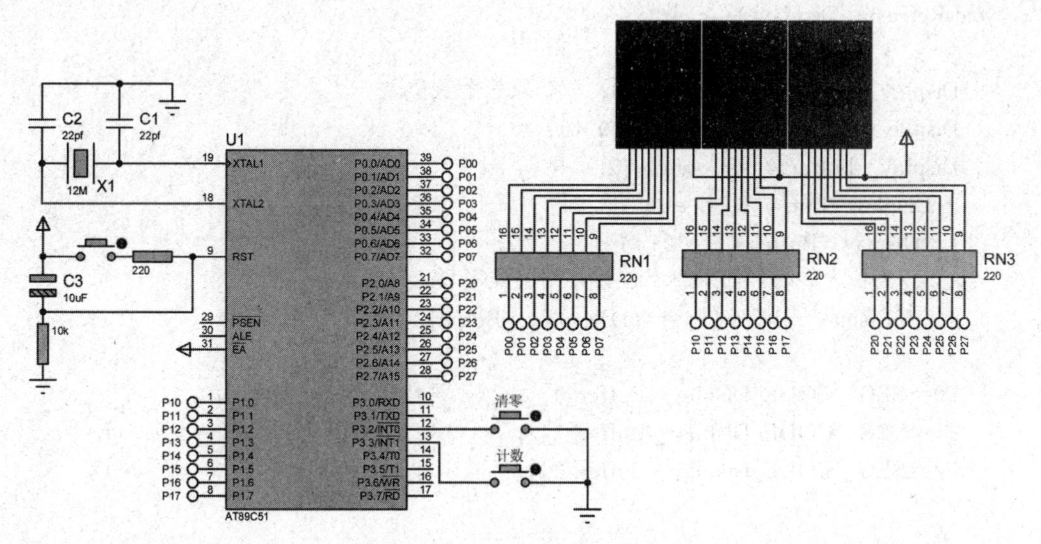

图 5.4　外部中断计数电路

解：参考程序如下：

```
//——————————————
//名称：INT0 中断计数
//——————————————
//说明：每次按下计数键时触发 INT0 中断，中断程序累加计数
//计数值显示在三只数码管上，按下清零键时数码管清零
//——————————————
#include<reg51.h>
```

```
#include<intrins.h>
#define INT8U   unsigned char
#define INT16U unsigned int
//0～9 的数字编码，最后一位为黑屏
const INT8U SEG_CODE[]=
{0xC0，0xF9，0xA4，0xB0，0x99，0x92，0x82，0xF8，0x80，0x90，0xFF}；
//计数器值分解后的各待显示数位
        INT8U Display_Buffer[3]={0，0，0}；
        INT16U Count=0；
        sbit Clear_Key=P3^6；
//———————————————
//延时
//———————————————
void delay_ms(INT16U x)
{
    INT8U t；while(x--)for(t=0；t<120；t++)；
}
//———————————————
//在数码管上显示计数值
//———————————————
void Refresh_Display()
{
    Display_Buffer[0]=Count/100；//获取三个数位
    Display_Buffer[1]=Count%100/10；
    Display_Buffer[2]=Count%10；
    if(Display_Buffer[0]==0)
    {   Display_Buffer[0]=10；
        //高位为 0 时，如果第二位为 0 则同样不显示
        if(Display_Buffer[1]==0)Display_Buffer[1]=10；
    }
    P0=SEG_CODE[Display_Buffer[0]]；//三只数码管独立显示
    P1=SEG_CODE[Display_Buffer[1]]；
    P2=SEG_CODE[Display_Buffer[2]]；
}
//———————————————
//主程序
//———————————————
void main()
{
    P0=0xff；P1=0xff；P2=0xff；//初始化显示端口
    IE=0x85；//允许 INT0 中断
    IT0=1；IT1=1；//下降沿触发
    while(1)
    {
```

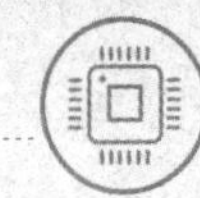

```
        //if(Clear_Key==0)
        //{delay_ms(10);
        //if(Clear_Key==0)
        //      Count++;
        //      while(Clear_Key==0);
        //}//清零
        Refresh_Display(); //持续刷新显示
    }
}
//————————————
//INT0 中断函数
//————————————
void EX_INT0()interrupt 0
{
    EA=0; //禁止中断
    delay_ms(10); //延时抖动
    Count=0;        //计数值递增
    EA=1; //开中断
}
void EX_INT1()interrupt  2
{
    EA=0;
    delay_ms(10);
    Count++;
    EA=1;
}
```

主程序主循环中注释部分给出了利用查询的方式判断“计数”按键是否按下实现计数，试比较中断和查询方式实现计数有什么不同。

第二节　定时/计数器

MCS-51单片机可提供两个16位寄存器：定时器0和定时器1，它们可用作定时或计数。此外，定时/计数器还可以作为串行通信中的波特率发生器。

一、定时/计数器的结构与工作原理

MCS-51单片机内部设有两个16位的可编程定时器/计数器，简称为定时器0(T0)和定时器1(T1)，可编程是指其功能(如工作方式、定时时间、量程、启动方式等)均可由指令来确定和改变。

(一)定时/计数器的结构

MCS-51定时/计数器的结构框图如图5.5所示，可以看出，16位的定时器/计数器分别由两个8位专用寄存器组成，即T0由TH0和TL0构成，T1由TH1和TL1构成。其访问地址依次为8AH～8DH，每个寄存器均可单独访问，这些寄存器是用于存放定时或计数初值的。此外，其内部还有一个8位的定时器方式寄存器(Timer/Counter Mode Control Register,

TMOD)和一个8位的定时器控制寄存器TCON，这些寄存器之间是通过内部总线和控制逻辑电路连接起来的。TMOD主要用于选定定时器的工作方式；TCON主要用于控制定时器的启动与停止，此外，TCON还可保存T0、T1的溢出和中断标志。当定时器处于计数工作方式时，外部事件通过端子T0(P3.4)和T1(P3.5)输入。

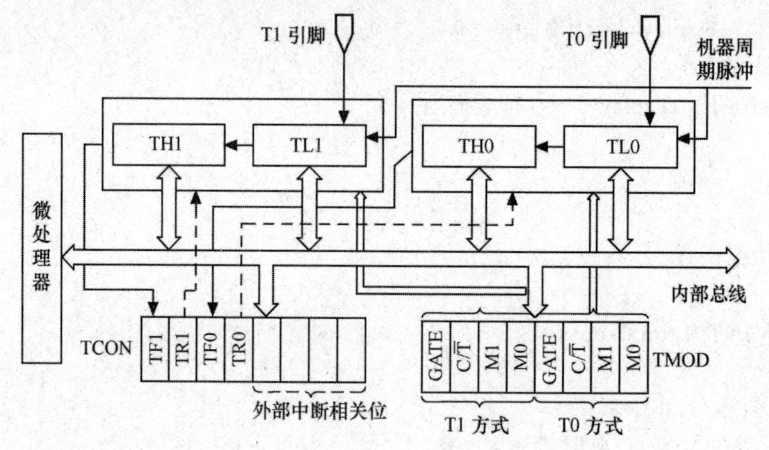

图5.5　MCS-51定时/计数器结构框图

(二)定时/计数器的工作原理

MCS-51单片机的16位定时/计数器本质为加1计数器，每接收到一个输入脉冲，计数器在初值N的基础上加1，当计满溢出时，溢出中断标志位TF置1，可以通过中断或查询TF是否为1来判断计数器是否完成本次定时或计数的目的，通过调整初值来调整定时时间和计数值。

当定时/计数器器处于定时工作方式时，计数脉冲来源于内部，为晶体振荡频率的12分频，即每过一个机器周期，计数器加1，直至计满为止。例如，当晶振频率为$f_{osc}=12$ MHz时，计数周期为

$$T=12\times\frac{1}{f_{osc}}=1\ \mu s$$

小贴士

当定时/计数器处于计数工作方式时，计数脉冲来自于外部引脚T0(P3.4)和T1(P3.5)，下降沿触发计数。计数器在每个机器周期的S5P2对引脚采样，因此最快的计数频率为相邻的两个机器周期采样到一个下降沿。理论上，单片机的计数器最高的计数频率为晶体振荡器振荡频率的1/24。

二、定时/计数器的相关特殊功能寄存器

单片机的定时/计数器是一个可编程部件，通过对两个特殊功能寄存器TMOD和TCON的状态设置来实现。其中，TMOD用于设置定时/计数器的工作方式、定时或计数功能的选择；TCON用于定时/计数器的启动、中断申请以及运行状态的标志。

(一)定时/计数器工作方式寄存器TMOD

TMOD为T0、T1的工作方式控制寄存器，其格式如下。

	定时器T1				定时器T0			
TMOD	GATE	C/$\overline{T}$	M1	M0	GATE	C/$\overline{T}$	M1	M0

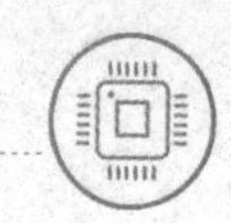

各位的功能如下。

(1)GATE：门控位，用于控制定时器的两种启动方式。当 GATE=0 时，只要 TR0 或 TR1 置 1，定时器则可启动；当 GATE=1 时，除 TR0 或 TR1 置 1 外，还必须等待外部脉冲输入端 P3.4 或 P3.5 高电平时，定时器才能启动。若外部输入低电平，则定时器关闭，这样可实现由外部控制定时器的启停，故称该位为门控位。

(2)$C/\overline{T}$：定时/计数方式选择位。当 $C/\overline{T}=0$ 时，T0 或 T1 为定时方式；当 $C/\overline{T}=1$ 时，T0 或 T1 为计数方式。

(3)M1、M0：工作方式选择位，其功能见表 5.1。

表 5.1　M1 和 M0 工作方式选择位

M1	M0	模　式	说　明
0	0	0	13 位定时/计数器，高 8 位 $TH_{(7\sim0)}$ + 低 5 位 $TL_{(4\sim0)}$
0	1	1	16 位定时/计数器　$TH_{(7\sim0)}+TL_{(7\sim0)}$
1	0	2	8 位计数初值自动重装　$TL_{(7\sim0)}$　$TH_{(7\sim0)}$
1	1	3	T0 运行，而 T1 停止工作，8 位定时/计数

(二)定时/计数器控制寄存器 TCON

TCON 的作用是控制定时器的启停，标志定时器的溢出和中断情况。定时器控制字 TCON 的格式如下。

位地址	8FH	8EH	8DH	8CH	8BH	8AH	89H	88H
位符号	TF1	TR1	TF0	TR0	IE1	IT1	IE0	IT0

各位定义如下：

(1)TF1：定时器 T1 溢出标志。当定时器 T1 计满溢出时，由硬件使 TF1 置“1”，并且申请中断。进入中断服务程序后，由硬件自动清“0”，在查询方式下用软件清“0”。

(2)TF0：定时器 T0 溢出标志。当定时器 T0 计满溢出时，由硬件使 TF0 置“1”，并且申请中断。进入中断服务程序后，由硬件自动清“0”，在查询方式下用软件清“0”。

(3)TR1：定时/计数器 T1 运行控制位，软件置位，软件复位。TR1 与 GATE 有关，分以下两种情况。

①当 GATE=0 时，若 TR1=1，开启 T1 计数工作；若 TR1=0，停止 T1 计数。

②当 GATE=1 时，若 TR1=1 且 $\overline{INT1}=1$ 时，开启 T1 计数；若 TR1=1 但 $\overline{INT1}=0$，则不能开启 T1 计数；若 TR1=0，停止 T1 计数。

(4)TR0：定时/计数器 T0 运行控制位，软件置位，软件复位。TR0 与 GATE 有关，分以下两种情况。

①当 GATE=0 时，若 TR0=1，开启 T0 计数工作；若 TR0=0，停止 T0 计数。

②当 GATE=1 时，若 TR0=1 且 $\overline{INT0}=1$ 时，开启 T0 计数；若 TR0=0 但 $\overline{INT0}=0$，则不能开启 T0 计数；若 TR0=0，停止 T0 计数。

(5)IE1：外部中断 1 请求标志。IE1=1 表明外部中断 1 向 CPU 申请中断。

(6)IT1：外部中断 1 触发方式选择位。当 IT1=0 时，外部中断 1 为电平触发方式。在这种方式下，CPU 在每个机器周期的 S5P2 期间对 $\overline{INT1}$(P3.3)端子采样，若采到低电平，则认为有中断申请，随即使 IE1=1；若采到高电平，则认为无中断申请或中断申请已撤除，随即清除 IE1 标志。在电平触发方式中，CPU 响应中断后不能自动清除 IE1 标志，也不能由软件清除 IE1 标志，所以在中断返回前必须撤销$\overline{INT1}$端子上的低电平，否则 CPU 将再次响应中断，从而造成错误。

当 IT1＝1 时，外部中断 1 为边沿触发方式，CPU 在每个机器周期的 S5P2 期间对$\overline{INT1}$(P3.3)端子采样。若在连续两个机器周期采样到先高电平后低电平(即下跳沿)，则认为有中断申请，随即使 IE1＝1；此标志一直保持到 CPU 响应中断时，才由硬件自动清除。在边沿触发方式中，为保证 CPU 在两个机器周期内检测到先高后低的负跳变，输入高低电平的持续时间最少要保持 12 个时钟周期。

(7)IE0：外部中断 0 请求标志。IE0＝1 表明外部中断 0 向 CPU 申请中断。

(8)IT0：外部中断 0 触发方式选择位。当 IT1＝0 时，外部中断 0 为电平触发方式；当 IT1＝1时，外部中断 0 为边沿触发方式。其操作功能与 IT1 类似。

三、定时/计数器的工作方式

MCS－51 的定时/计数器有四种工作方式，由 TMOD 寄存器中 M0、M1 位的状态确定，不同的工作方式有不同的工作特点，下面分述各种工作方式的特点和用法。

(一)方式 0

当 M1、M0 两位为 00 时，定时/计数被选为工作方式 0，是一个 13 位的定时器/计数器，下面以定时器 T1 为例讲解其工作过程，T1(或 T0)方式 0 的逻辑结构图如图 5.6 所示。

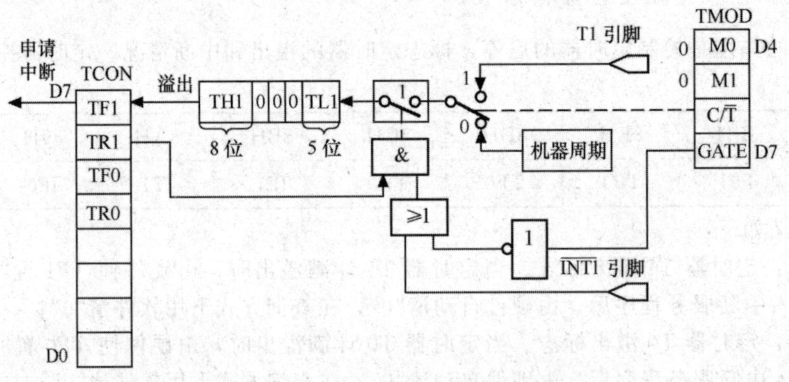

图 5.6　T1(或 T0)方式 0 的逻辑结构图

在方式 0 下，16 位寄存器(TH1 和 TL1)只用 13 位，其中 TL1 的高 3 位未用，其余位占整个 13 位的低 5 位，TH1 占高 8 位。当 TL1 的低 5 位溢出时向 TH1 进位，而 TH1 溢出时向中断标志 TF1 进位(称硬件置位 TF1)，并申请中断。定时器 T1 计数溢出与否可通过查询 TF1 是否置位，或是否产生定时器 T1 中断。

如图 5.6 所示，当 C/$\overline{T}$＝0 时，多路开关接通振荡脉冲的 12 分频输出，13 位计数器以此进行计数，这就是所谓的定时器工作方式；当 C/$\overline{T}$＝1 时，多路开关接通计数引脚(T1)，外部计数脉冲由引脚 T1 输入。当计数脉冲发生负跳变时，计数器加 1，这就是所谓的计数工作方式。

不管是哪种工作方式，当 TL1 的低 5 位计数溢出时，向 TH1 进位；而全部 13 位计数溢出时，则向计数溢出标志 TF1 进位。

这里说明一下工作方式拉制寄存器中门控位(GATE)的功能。当 GATE＝0 时，由于 GATE 信号封锁了“或”门，使引脚$\overline{INT1}$信号无效，而“或”门输出端的高电平状态却打开了“与”门，因此可以由 TR1(TCON 寄存器)的状态来控制计数脉冲的接通与断开。这时如果 TR1＝1，则接通模拟开关，使计教器进行加法计数，即定时器/计数器 T1 工作；如果 TR1＝

0，则断开模拟开关，停止计数，定时器/计数器 T1 不能工作。因此在单片机的定时或计数应用中要注意 GATE 位的清“0”。

小贴士

当 GATE＝1、TR1＝1 时，有关电路的“或”门和“与”门全都打开，计数脉冲的接通与断开由外引脚信号$\overline{INT1}$控制。当该信号为高电平时计数器工作；当该信号为低电平时计数器停止工作。这种情况可用于测量外信号的脉冲宽度。

（二）方式 1

当 M1、M0 两位为 0、1 时，定时/计数器被选为工作方式 1，是一个 16 位的定时器/计数器，T1(或 T0)方式 1 的逻辑结构图如图 5.7 所示。

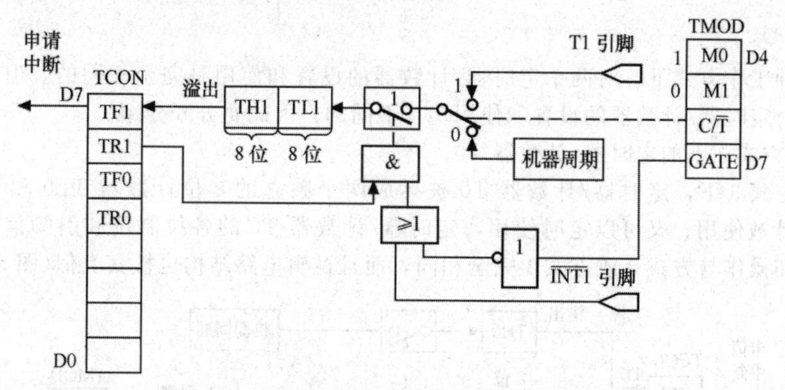

图 5.7　T1(或 T0)方式 1 的逻辑结构图

其结构与操作与方式 0 完全相同，唯一的区别是在方式 1 中，定时器是以全 16 位二进制数参与操作。MCS－51 单片机之所以重复设置几乎完全一样的方式 0 和方式 1，为了与早期的单片机兼容，所以 MCS－51 单片机保留了 13 位的工作方式。

（三）方式 2

工作方式 0 和工作方式 1 的最大特点是计数溢出后计数器为全“0”，因此循环定时或循环计数应用时就存在反复设置计数初值的问题，这不但影响定时精度，而且也给程序设计带来了麻烦。方式 2 就是针对此问题而设置的，它具有自动重新加载初值的功能。在这种工作方式下，把 16 位计数器分为两部分，即以 TL 作为计数器，以 TH 作为预置寄存器，初始化时把计数初值分别装入 TL 和 TH 中。当计数溢出后，不是像前两种工作方式那样通过软件方法，而是由预置寄存器 TH 以硬件方法自动给计数器 TL 重新加载初值，变软件加载初值为硬件加载初值。

当 M1、M0 两位为 1、0 时，定时/计数器被选为工作方式 2，是一个能自动重置的 8 位定时器/计数器，下面以定时器 T1 为例讲解其工作过程，T1(或 T0)方式 2 的逻辑结构图如图 5.8 所示。

初始化时，8 位计数初值同时装入 TL1 和 TH1 中。当 TL1 计数溢出时，置位 TF1，同时把保存在预置寄存器 TH1 中的计数初值自动加载 TL1，然后 TL1 重新计数，如此反复。这不但省去了用户程序中的重装计数初值的指令，而且也有利于提高定时精度。但这种工作方式下是 8 位计数结构，计数值有限，最大只能到 255。

这种自动重新加载工作方式非常适用于循环定时或循环计数应用，例如用于产生固定脉宽的脉冲，此外还可以作为串行数据通信的波特率发送器使用。

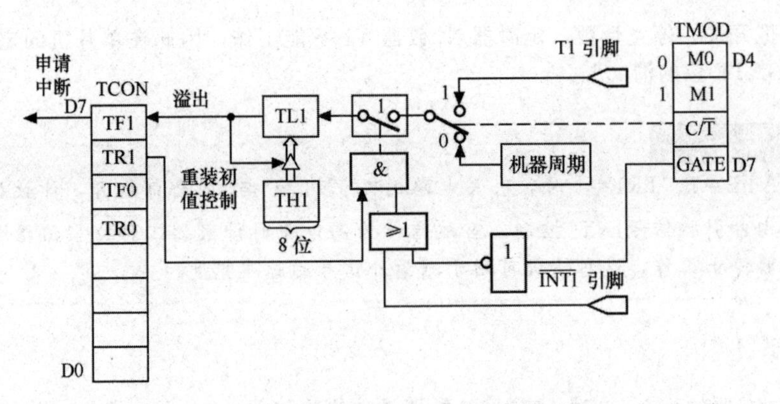

图 5.8　T1(或 T0)方式 2 的逻辑结构图

(四)方式 3

在前三种工作方式下，对两个定时器/计数器的设置和使用是完全相同的。但是在工作方式 3 下，两个定时器/计数器的设置和使用却是不同的，因此要分开介绍。

(1)工作方式 3 下的定时器/计数器 T0。

在工作方式 3 下，定时器/计数器 T0 被拆成两个独立的 8 位计数器 TL0 和 TH0，其中 TL0 既可以计数使用，又可以定时使用，定时器/计数器 T0 的各拉制位和引脚信号全归它使用。其功能和操作与方式 0 或方式 1 完全相同，而且逻辑电路结构也极其类似(图 5.9)。

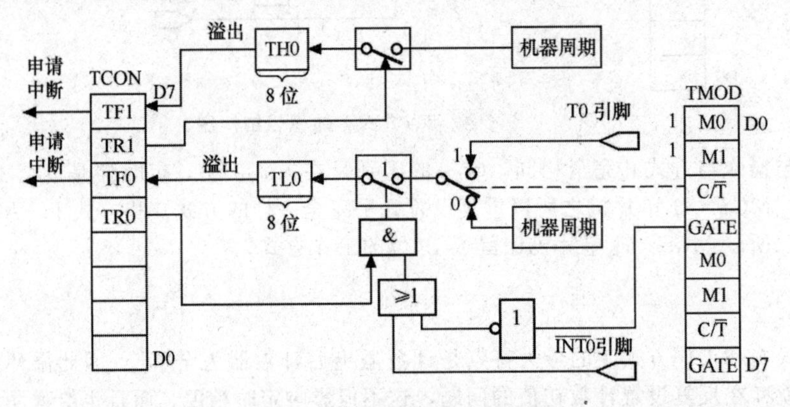

图 5.9　T0 方式 3 下的逻辑结构

与 TL0 的情况相反，对于定时器/计数器 0 的另一半 TH0，则只能作为简单的定时器使用。而且由于定时器/计数器 0 的控制位已被 TL0 独占，因此只好借用定时器/计数器 T1 的控制位 TR1 和 TF1，即以计数溢出去置位 TF1，而定时的启动和停止则受 TR1 的状态控制。

小贴士

由于 TL0 既能作为定时器使用也能作为计数器使用，而 TH0 只能作为定时器使用却不能作为计数器使用，因此在工作方式 3 下，定时器/计数器 T0 可以构成两个定时器或一个定时器、一个计数器。

(2)T0 处于工作方式 3 下的定时器/计数器 T1。

如果定时器/计数器 T0 已工作在工作方式 3，则定时器/计数器 T1 只能工作在方式 0、方式 1 或方式 2 下，因为它的运行拉制位 TR1 及计数溢出标志位 TF1 已被定时器/计数器 T0 借用。

在这种情况下，定时器/计数器 T1 通常是作为串行口的波特率发生器使用，以确定串行通

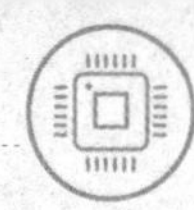

信的速率。因为已没有计数溢出标志位 TF1 可供使用，所以只能把计数溢出直接送给串行口。

> **小贴士**
>
> 当作为波特率发生器使用时，只需设置好工作方式便可自动运行。如要停止工作，只需送入一个把定时器 T1 设置为方式 3 的方式控制字即可。因为定时器/计数器 1 不能在方式 3 下使用，如果硬把它设置为方式 3，就会停止工作。

四、定时/计数器的应用

例 5.2　定时器控制交通指示灯电路如图 5.10 所示，用定时器控制交通指示灯按一定的时间间隔切换显示。为了能够快速观察切换闪烁及切换显示效果，源程序中缩短了切换时间间隔。

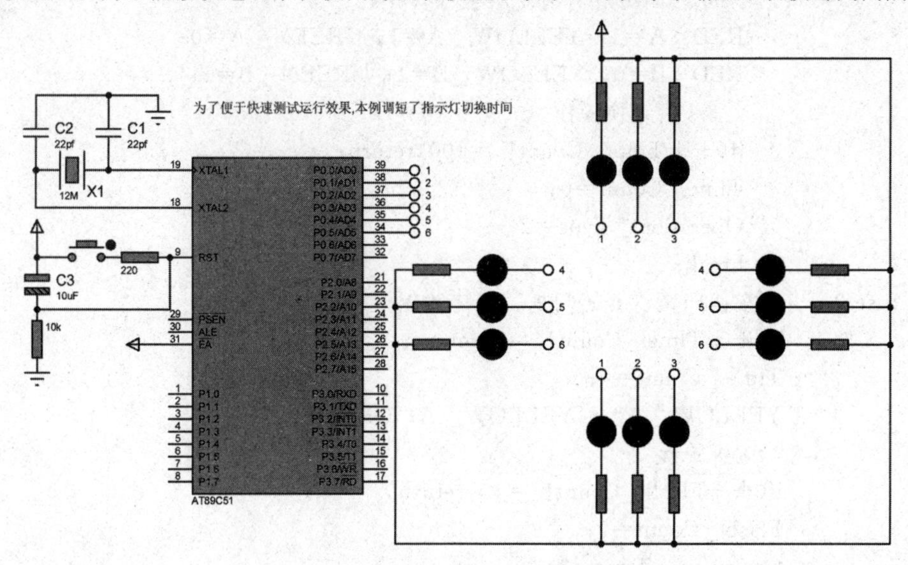

图 5.10　定时器控制交通指示灯电路

解：参考程序如下：

```
//————————————
//说明：东西向绿灯亮 5 s 后，黄灯闪烁，闪烁 5 次后亮红灯
//红灯亮后，南北向由红灯变为绿灯，5 s 后南北向黄灯闪烁
//闪烁 5 次后亮红灯，东西向绿灯亮，如此往复
//本例将时间设得较短是为了调试的时候能较快的观察到运行效果
//————————————
#include<reg51.h>
#define INT8U unsigned char
#define INT16Uunsigned int
sbitRED _ A=P0^0；//东西向指示灯
sbitYELLOW _ A=P0^1；
sbitGREEN _ A=P0^2；
sbit RED _ B=P0^3；//南北向指示灯
sbitYELLOW _ B=P0^4；
sbitGREEN _ B=P0^5；
//延时倍数，闪烁次数，操作类型变量
```

```
INT8U Time _ Count=0, Flash _ Count=0, Operation _ Type=1;
//————————————
//T0 中断子程序
//————————————
void T0-INT ()interrupt 1
{
    TH0=(65536-50000)>>8;
    TL0=(65536-50000)&0xff;
    switch (Operation _ Type)
    {
        case 1:   //东西向绿灯与南北向红灯亮 5 s
                  RED _ A=1; YELLOW _ A=1; GREEN _ A=0;
                  RED _ B=0; YELLOW _ B=1; GREEN _ B=1;
                  //5 s后切换操作(50 ms×100=5 s)
                  if(++Time _ Count! =100)return;
                  Time _ Count=0;
                  Operation _ Type=2;
                  break;
    case 2:   //东西向黄灯开始闪烁，绿灯关闭
              if(++Time _ Count! =8)return;
              Time _ Count=0;
              YELLOW _ A=! YELLOW _ A; GREEN _ A=1;
              //闪烁 5 次
              if(++Flash _ Count! =10)return;
              Flash _ Count=0;
              Operation _ Type=3;
              break;
    case 3:   //东西向红灯与南北向绿灯亮 5 s
              RED _ A=0; YELLOW _ A=1; GREEN _ A=1;
              RED _ B=1; YELLOW _ B=1; GREEN _ B=0;
              //南北向绿灯亮 5 s后切换
              if(++Time _ Count! =100)return;
              Time _ Count=0;
              Operation _ Type=4; //下一操作类型
              break;
    case 4:   //南北向黄灯开始闪烁
              if(++Time _ Count! =8)return;
              Time _ Count=0;
              YELLOW _ B=! YELLOW _ B; GREEN _ B=1;
              //闪烁 5 s
              if(++Flash _ Count! =10)return;
              Flash _ Count=0;
              Operation _ Type=1; //回到第一中操作类型
    }
```

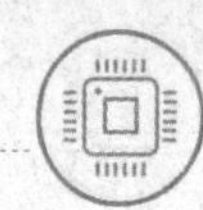

```
}
////——————————————
//主程序
////——————————————
void main()
{
    TMOD=0x01; //定时器T0处于工作方式1
    IE=0x82; //允许定时器0中断
    TR0=1; //启动定时器0
    RED_A=1; RED_B=1;
    YELLOW_A=1; YELLOW_B=1;
    GREEN_A=1; GREEN_A=1;
    while(1);
}
```

第三节　实例：计算器与万年历

(一)功能要求

计算器与万年历系统能实现万年历和计算器两种主要功能，万年历显示年、月、日、星期、小时、分钟和秒，可通过按键对日期和时间信息进行校对调整，同时显示环境温度。另外还具有计算器功能，可实现加、减、乘和除四则运算。系统原理框图如图5.11所示，系统以单片机为核心，主要电路模块有：时钟电路、独立式按键、矩阵式键盘、ISP下载电路、温度检测、报警电路、显示电路和电源指示电路组成。

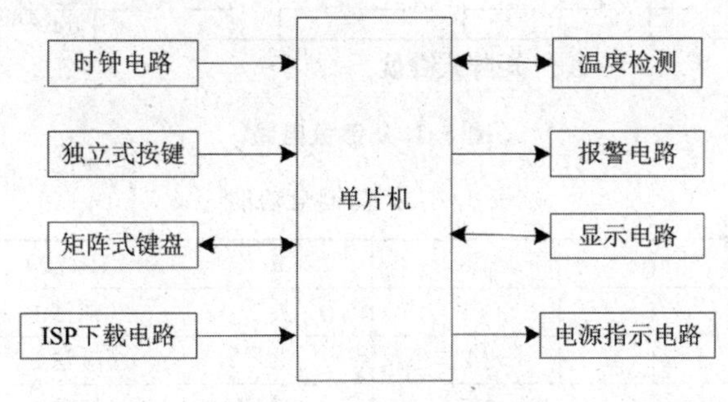

图5.11　系统原理框图

(二)系统硬件电路设计

系统电路原理图如图5.12所示，主要有DS1302构成的时钟模块、LCD1602组成的显示模块、4×4矩阵键盘、4个独立按键、温度检测电路DS18B20、报警电路、程序ISP下载等。

本系统单片机选用AT89S52，操作按键有20个，其中16个为4×4矩阵式按键，另外4个为独立式按键，实现万年历调整和计算器功能的操作；单片机读取时钟芯片DS1302所存储的时间信息，读取DS18B20所测的温度信息，处理后送至由DS1602构成的显示电路；电源指示电路对系统电源状态进行指示；由蜂鸣器组成的报警电路可以产生按键提示音、万年历整点报时及其他附加功能。

(1)键盘电路。

键盘电路如图5.13所示，由4×4矩阵式键盘和4个独立式按键组成键盘电路。矩阵式按

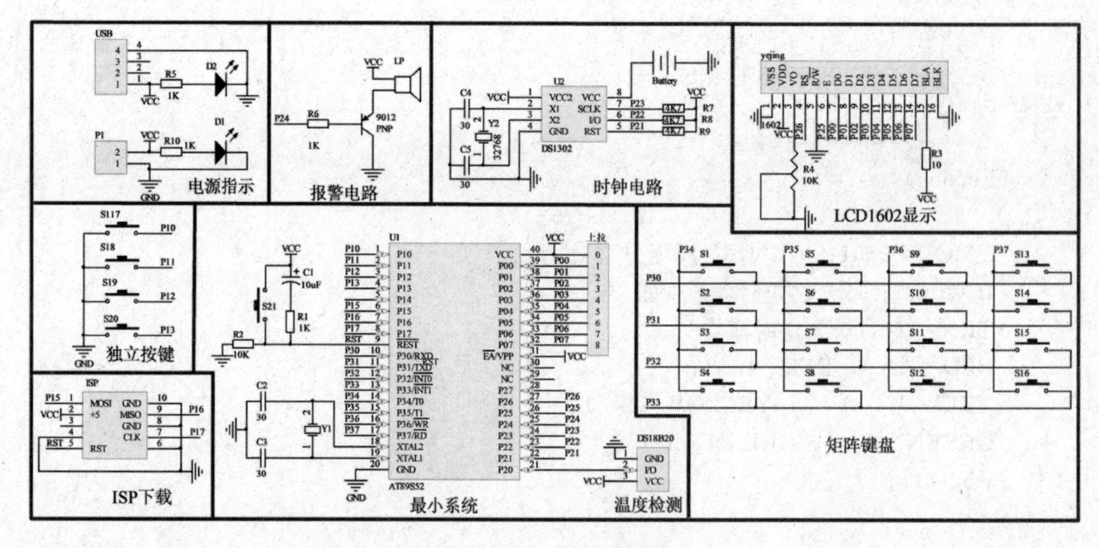

图 5.12　系统电路原理图

键接单片机 P3 口，实现按键扫描，各个按键的功能定义如表 5.2 所示。独立式按键占用单片机 P1.0～P1.3 口线，如图 5.13 所示，独立式按键中“S117”为功能选择键，“S18”为加 1 键，“S19”为减 1 键，“S20”为万年历与计算器切换键。

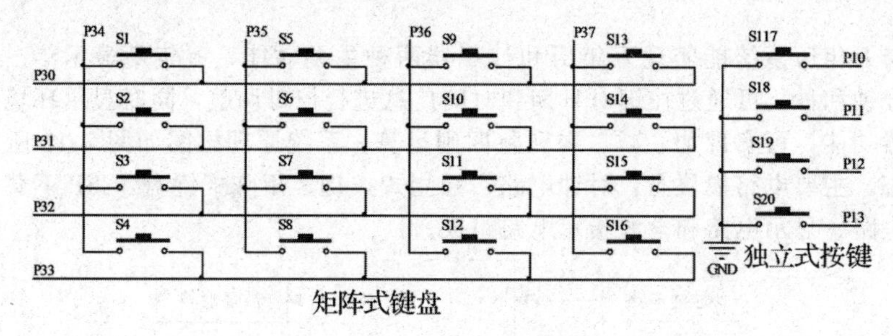

图 5.13　键盘电路

表 5.2　矩阵键盘功能

7	8	9	/（除法）
4	5	6	*（乘法）
1	2	3	－（减法）
C（清屏）	0	＝（确定）	＋（加法）

(2)显示电路。

显示电路采用液晶显示器 LCD1602，P0 口作为 LCD1602 数据接口，P2.6 作为液晶显示器的数据/命令选择端。液晶显示电路如图 5.14 所示。

(3)时钟和温度检测电路。

如图 5.15 所示，本系统采用时钟芯片 DS1302 实现万年历计时与单片机 P2.1～P2.3 接口。温度检测电路采用单总线温度传感器 DS18B20 接单片机 P2.0。

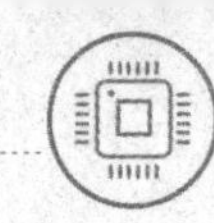

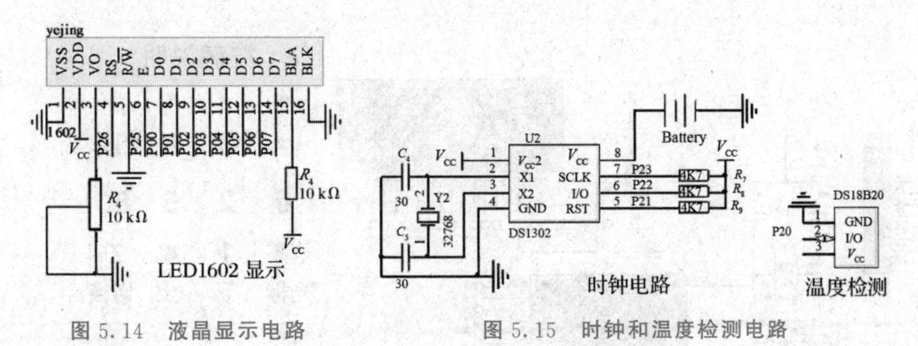

图 5.14　液晶显示电路　　图 5.15　时钟和温度检测电路

(4)ISP 下载电路。

图 5.16 所示为 ISP 下载电路，实现对系统程序的下载。

(三)系统程序设计

图 5.17 所示为本设计主程序流程图。系统启动后，首先对液晶显示器 LCD1602 进行初始化，接着从时钟电路 DS1302 读取时间，并接着在显示器上显示时间；调用矩阵式键盘和独立式按键扫描程序，获取按键状态信息；读取温度测量电路 DS18B20 获取温度信息；最后根据按键状态调用相应的按键处理程序，即计算器程序。

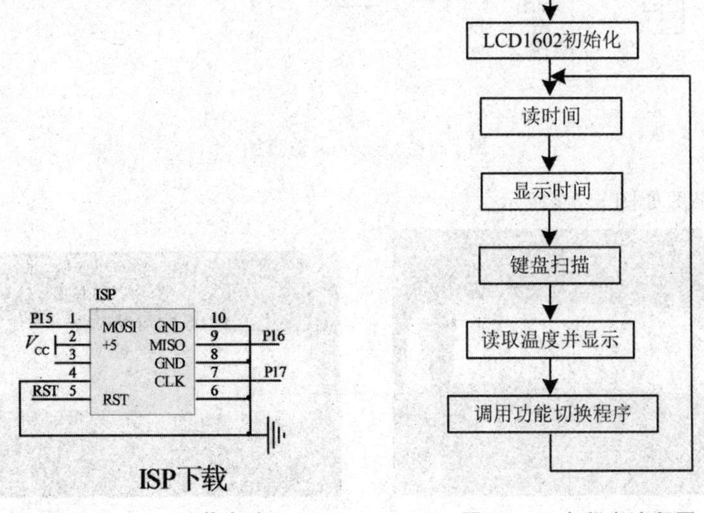

图 5.16　ISP 下载电路　　图 5.17　主程序流程图

(四)调试及性能分析

本设计中所有元器件在 Proteus 中都有对应的仿真模型，因此在制作实物电路之前，可在 Proteus 和 Keil 环境下进行软件仿真调试，仿真调试成功之后，再进行实物电路的制作，这样可以大大加快软硬件开发的速度。图 5.18 为 Proteus 仿真图。

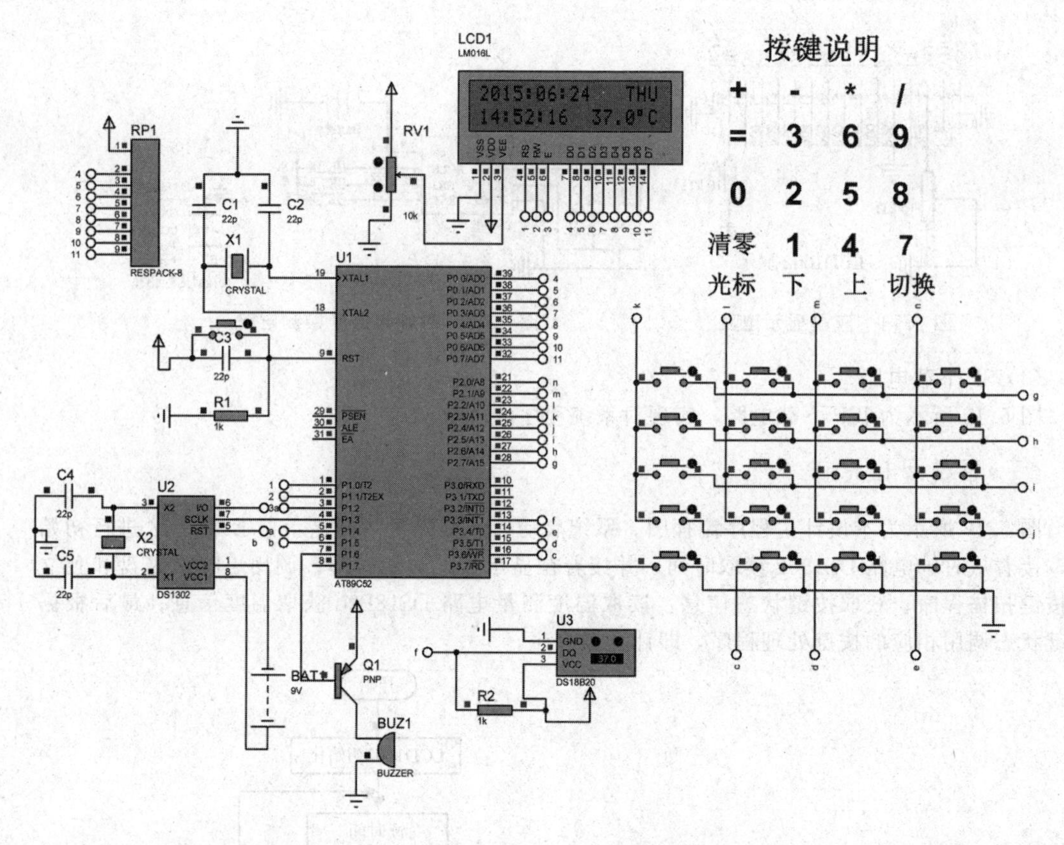

图 5.18 Proteus 仿真图

实物运行效果图如图 5.19 所示。

(a)万年历和温度

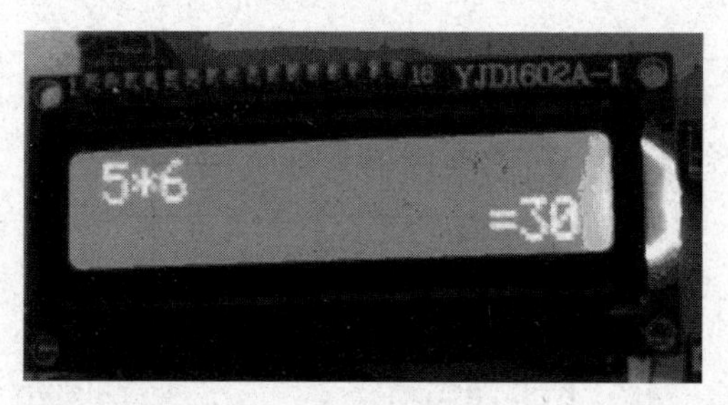

(b)计算器

图 5.19 实物运行效果图

(五)控制源程序清单参考程序

```
#include<reg52.h>
#include<intrins.h>
#define uchar unsigned char
#define uint unsigned int
uchar code table3[]="0123456789': ' ";
//时钟函数声明
```

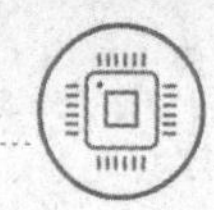

```
sbit sck=P1^3;
sbit io=P1^4;
sbit rst=P1^5;
void write_ds1302-byte(uchar dat);
uchar read_ds1302(uchar add);
void set_rtc(void);
void read_rtc(void);
void display();
void time_pros();
uchar write_add[7]={0x8c, 0x8a, 0x88, 0x86, 0x84, 0x82, 0x80};
uchar read_add[7]={0x8d, 0x8b, 0x89, 0x87, 0x85, 0x83, 0x81};
uchar time_data[7]={11, 1, 7, 11, 14, 49, 0};
uchar disp[16];
void write_ds1302(uchar add, uchar dat);
int temp;
sbit beep=P1^6;

//液晶函数声明
sbit lcdrs=P1^0; //数据命令选择控制
sbit lcdrw=P1^1; //读/写选择控制
sbit lcden=P1^2; //使能信号
sbit busy=P0^7;
//温度控制函数
sbit DS=P3^3;
//独立按键
sbit key1=P3^4;
sbit key2=P3^5;
sbit key3=P3^6;
sbit key4=P3^7;
char i, j, tem, num, num_1, num2, baoshi;
long a, b, c;        //a为第一个数，b为第二个数，c为得数
float a_c, b_c;
uchar flag, fuhao; //flag表示是否有符号键按下，fuhao表征按下的是哪个符号
/**************************************************
计算器函数；矩阵键盘有P2口控制
**************************************************/
uchar code table[]={
7, 8, 9, 0, 4, 5, 6, 0, 1, 2, 3, 0, 0, 0, 0, 0};
uchar code table1[]={
7, 8, 9, 0x2f-0x30, 4, 5, 6, 0x2a-0x30, 1, 2, 3, 0x2d-0x30, 0x01-0x30, 0,
0x3d-0x30, 0x2b-0x30};

void delay(uint xms)
{
```

```
    uint i, j;
    for(i=xms; i>0; i--)
    for(j=30; j>0; j--);
}
void check()//判断忙或空闲
{
    do
    {
        P0=0xFF;
        lcdrs=0; //指令
        lcdrw=1; //读
        lcden=0; //禁止读写
        delay(1); //等待，液晶显示器处理数据
        lcden=1; //允许读写
    }
    while(busy==1); //判断是否为空闲，1为忙，0为空闲
}
void write_com(uchar com)//写指令函数
{
      P0=com; //com指令付给P0口
      lcdrs=0;
      lcdrw=0;
      lcden=0;
      check();
      lcden=1;
}

void write_date(uchar date)//写数据函数
{
    P0=date;
    lcdrs=1;
    lcdrw=0;
    lcden=0;
    check();
    lcden=1;
}

void init1()//初始化
{
      num=-1;
      lcden=1; //使能信号为高电平
      write_com(0x38); //8位，2行
      delay(5);
      write_com(0x38); //8位，2行
```

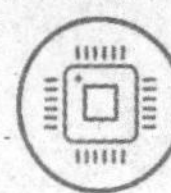

```
        delay(5);
        write_com(0x0c); //显示开，光标关，不闪烁
        delay(1);
        write_com(0x06);
        delay(1);
        write_com(0x80); //检测忙信号
        delay(1);
        write_com(0x01); //显示开，光标关，不闪烁
        num_1=0;
        i=0;
        j=0;
        a=0; //第一个参与运算的数
        b=0; //第二个参与运算的数
        c=0;
        flag=0; //flag表示是否有符号键按下
        fuhao=0; //fuhao表征按下的是哪个符号
}
void keyscan()//键盘扫描程序
{
    P2=0xfe;
    if(P2!=0xfe)
    {
        delay(20); //延迟20 ms
        if(P2!=0xfe)
        {
            tem=P2&0xf0;
            switch(tem)
            {
                case 0xe0: num=0;
                break;
                case 0xd0: num=1;
                break;
                case 0xb0: num=2;
                break;
                case 0x70: num=3;
                break;
            }
        }
    while(P2!=0xfe);
    if(num==0||num==1||num==2)//如果按下的是"7""8"或"9"
    {
        if(j!=0)
        {
            write_com(0x01);
```

```
                j=0;
                }
                if (flag==0)//没有按过符号键
                  {
                      a=a*10+table[num];
                  }
                  else//如果按过符号键
                  {
                      b=b*10+table[num];
                  }
            }
            else//如果按下的是"*"
            {
                flag=1;
                fuhao=4; //4 表示除号已按
            }
            i=table1[num];
            write_date(0x30+i);
        }
    P2=0xfd;
    if(P2!=0xfd)
    {
        delay(20);
        if(P2!=0xfd)
        {
            tem=P2&0xf0;
            switch(tem)
            {
                case 0xe0: num=4;
                    break;
                case 0xd0: num=5;
                    break;
                case 0xb0: num=6;
                    break;
                case 0x70: num=7;
                    break;
            }
        }
        while(P2!=0xfd);
        if(num==4||num==5||num==6&&num!=7)//如果按下的是"4""5"或"6"
        {
            if(j!=0)
            {
                write_com(0x01);
```

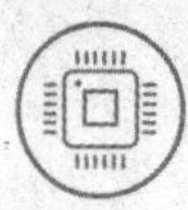

```
            j=0;
        }
        if(flag==0)//没有按过符号键
        {
            a=a*10+table[num];
        }
        else//如果按过符号键
        {
            b=b*10+table[num];
        }
    }
    else//如果按下的是"*"
    {
        flag=1;
        fuhao=3; //3表示乘号已按
    }
    i=table1[num];
    write_date(0x30+i);
    }
P2=0xfb;
if(P2! =0xfb)
{
    delay(20);
    if(P2! =0xfb)
    {
        tem=P2&0xf0;
        switch(tem)
        {
            case 0xe0: num=8;
                break;
            case 0xd0: num=9;
                break;
            case 0xb0: num=10;
                break;
            case 0x70: num=11;
                break;
        }
    }
    while(P2! =0xfb);
    if(num==8||num==9||num==10)//如果按下的是"1""2"或"3"
    {
        if(j! =0)
        {
            write_com(0x01);
```

```
                j=0;
            }
            if(flag==0)//没有按过符号键
            {
                a=a*10+table[num];
            }
            else//如果按过符号键
            {
                b=b*10+table[num];
                }
            }
            else if(num==11)//如果按下的是"-"
            {
                flag=1;
                fuhao=2; //2表示减号已按
            }
            i=table1[num];
            write_date(0x30+i);
        }
    P2=0xf7;
    if(P2!=0xf7)
    {
        delay(20);
        if(P2!=0xf7)
        {
            tem=P2&0xf0;
            switch(tem)
            {
                case 0xe0: num=12;
                     break;
                case 0xd0: num=13;
                     break;
                case 0xb0: num=14;
                     break;
                case 0x70: num=15;
                     break;
                }
            }
        while(P2!=0xf7);
        switch(num)
        {
            case 12: {write_com(0x01); a=0; b=0; flag=0; fuhao=0;}//按下的是"清零"
            break;
            case 13: {  //按下的是"0"
```

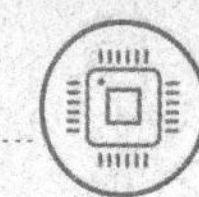

```
        if(flag==0)//没有按过符号键
        {
            a=a*10;
            write_date(0x30);
            P2=0;
        }
        else if(flag>=1)//如果按过符号键
        {
            b=b*10;
            write_date(0x30);
        }
    }
    break;
    case 14:{j=1;
            if(fuhao==1)
            {
                write_com(0x80+0x4f);//按下等于键，光标前进至第二行最后一个
                                        显示处
                write_com(0x04);//设置从后往前写数据，每写完一个数据，光标后
                                退一格
                c=a+b;
                while(c!=0)
                {
                    write_date(0x30+c%10);
                    c=c/10;
                }
                write_date(0x3d);//再写"="
                a=0;b=0;flag=0;fuhao=0;
            }
            else if(fuhao==2)
            {
                write_com(0x80+0x4f);//光标前进至第二行最后一个显示处
                write_com(0x04);//设置从后往前写数据，每写完一个数据，光标后
                                退一格(这个照理说顺序不对，可显示和上段一
                                样)
                if(a-b>0)
                c=a-b;
                else
                c=b-a;
                while(c!=0)
                {
                    write_date(0x30+c%10);
                    c=c/10;
                }
```

```
if(a-b<0)
write_date(0x2d);
write_date(0x3d); //再写"="
a=0; b=0; flag=0; fuhao=0;
}
else if(fuhao==3)
    {write_com(0x80+0x4f);
        write_com(0x04);
        c=a*b;
        while(c!=0)
        {
            write_date(0x30+c%10);
            c=c/10;
        }
        write_date(0x3d);
        a=0; b=0; flag=0; fuhao=0;
    }
else if(fuhao==4)
{write_com(0x80+0x4f);
        write_com(0x04);
        i=0;
        if(b!=0)
        {
            c=(long)(((float)a/b)*1000);
            while(c!=0)
            {
                write_date(0x30+c%10);
                c=c/10;
                i++;
                if(i==3)
                write_date(0x2e);
            }
            if(a/b<=0)
            {
                if(i<=2)
                {
                    if(i==1)
                    write_date(0x30);
                    write_date(0x2e);
                    write_date(0x30);
                }
            write_date(0x30);
        }
        write_date(0x3d);
```

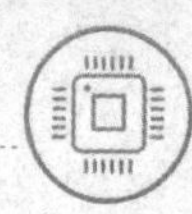

```
                a=0; b=0; flag=0; fuhao=0;
            }
            else
            {
                write_date('! ');
                write_date('R');
                write_date('O');
                write_date('R');
                write_date('R');
                write_date('E');
                }
            }
            }
            break;
            case 15: {write_date(0x30+table1[num]); flag=1; fuhao=1;}
            break;
            }
        }
}
/***************************************************
DS18B20 温度读取模块 P3^3 口控制
***************************************************/
void tmpDelay(int num)//延时函数
{
    while(num--);
}
void Init_DS18B20()//初始化 ds1820

{
    unsigned char x=0;
    DS=1; //DS 复位
    tmpDelay(8); //稍做延时
    DS=0; //单片机将 DS 拉低
    tmpDelay(80); //精确延时大于 480 μs
    DS=1; //拉高总线
    tmpDelay(14);
    x=DS; //稍做延时后如果 x=0 则初始化成功，x=1 则初始化失败
    tmpDelay(20);
}

unsigned char ReadOneChar()//读一个字节
{
    unsigned char f=0;
    unsigned char dat=0;
```

```
    for (f=8; f>0; f--)
    {
        DS=0; //给脉冲信号
        dat>>=1;
        DS=1; //给脉冲信号
        if(DS)
        dat |=0x80;
        tmpDelay(4);
    }
return(dat);
}

void WriteOneChar(unsigned char dat)//写一个字节
{
    char f;
    for (f=8; f>0; f--)
    {
        DS=0;
        DS=dat&0x01;
        tmpDelay(5);
        DS=1;
        dat>>=1;
    }
}

unsigned int Readtemp()//读取温度
{
    unsigned char a=0;
    unsigned char b=0;
    unsigned int t=0;
    float tt=0;
    Init_DS18B20();
    WriteOneChar(0xCC); //跳过读序号列号的操作
    WriteOneChar(0x44); //启动温度转换
    Init_DS18B20();
    WriteOneChar(0xCC); //跳过读序号列号的操作
    WriteOneChar(0xBE); //读取温度寄存器
    a=ReadOneChar(); //连续读低8位两个字节数据
    b=ReadOneChar(); //读高8位
    t=b;
    t<<=8;
    t=t|a; //两字节合成一个整型变量。
    tt=t*0.0625;    //得到真实十进制温度值，因为DS18B20可以精确到0.0625
                        度，所以读回数据的最低位代表的是0.0625度
```

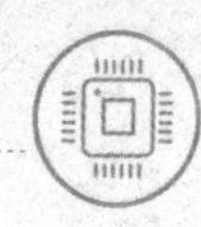

```
    t=tt*10+0.5；//放大十倍，这样做的目的将小数点后第一位也转换为可显示数
                   字，同时进行一个四舍五入操作
    return(t)；
}

void display1()
{
    uint num；//定义的时候用 uchar 宏定义就会出错
    uint shi，ge，xiaoshu；//这里的 num、shi、ge、xiaoshu 必须用 uint 无符号整数来
                          表示，用 uchar 字符型则显示错误
    num=Readtemp()；
    shi=num/100；
    ge=num/10%10；
    xiaoshu=num%10；
    write_com(0x80+0x40+0xa)；
    write_date(table3[shi])；
    write_date(table3[ge])；
    write_date(0x2e)；
    write_date(table3[xiaoshu])；
    write_date(0xdf)；
    write_date(0x43)；
}

/***************************************************
时钟函数由 P1^3，P1^4，P1^5 控制
***************************************************/
void time_pros()
{
    uint m，k，n，r，t；
    disp[1]=time_data[4]%16；
    disp[0]=time_data[4]/16；
    disp[2]=11；
    disp[4]=time_data[5]%16；
    disp[3]=time_data[5]/16；
    disp[5]=11；
    disp[7]=time_data[6]%16；
    disp[6]=time_data[6]/16；
    disp[9]=time_data[0]%16；
    disp[8]=time_data[0]/16；
    disp[10]=11；
    disp[12]=time_data[2]%16；
    disp[11]=time_data[2]/16；
    disp[13]=11；
    disp[15]=time_data[3]%16；
```

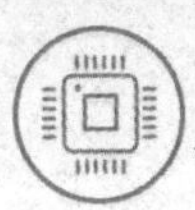


```
disp[14]=time_data[3]/16;
disp[16]=time_data[1];
m=10*disp[0]+disp[1];
n=10*disp[3]+disp[4];
k=10*disp[6]+disp[7];
switch(m)
{
   case 1: r=1; break;
   case 2: r=2; break;
   case 3: r=3; break;
   case 4: r=4; break;
   case 5: r=5; break;
   case 6: r=6; break;
   case 7: r=7; break;
   case 8: r=8; break;
   case 9: r=9; break;
   case 10: r=10; break;
   case 11: r=11; break;
   case 12: r=12; break;
   case 13: r=13; break;
   case 14: r=14; break;
   case 15: r=15; break;
   case 16: r=16; break;
   case 17: r=17; break;
   case 18: r=18; break;
   case 19: r=19; break;
   case 20: r=20; break;
   case 21: r=21; break;
   case 22: r=22; break;
   case 23: r=23; break;
   case 24: r=24; break;
}
if(m==r&&n==0&&k==0)
{
   for(t=m; t>0; t--)
   {
      beep=0;
      delay(1000);
      beep=1;
      delay(1000);
   }
}
if(m==r&&n==30&&k==0)
{
```

```
        beep=0;
        delay(6000);
        beep=1;;
    }
}

void display()
{
    uchar f;
    write_date('2');
    write_date('0');
    write_com(0x80+2);
    for(f=8; f<16; f++)
    {
        write_date(table3[disp[f]]);
        delay(1);
    }
    write_com(0x80+0x40);
    for(f=0; f<8; f++)
    {
        write_date(table3[disp[f]]);
        delay(1);
    }
    if(disp[16]==1)
    {
        write_com(0x80+0xd);
        write_date('M');
        write_date('O');
        write_date('N');
    }
    if(disp[16]==2)
    {
        write_com(0x80+0xd);
        write_date('T');
        write_date('U');
        write_date('E');
    }
    if(disp[16]==3)
    {
        write_com(0x80+0xd);
        write_date('W');
        write_date('E');
        write_date('D');
    }
    if(disp[16]==4)
```

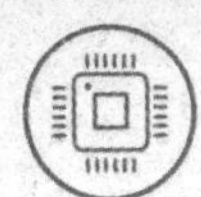


```
    {
        write_com(0x80+0xd);
        write_date('T');
        write_date('H');
        write_date('U');
    }
    if(disp[16]==5)
    {
        write_com(0x80+0xd);
        write_date('F');
        write_date('R');
        write_date('I');
    }
    if(disp[16]==6)
    {
        write_com(0x80+0xd);
        write_date('S');
        write_date('T');
        write_date('A');
    }
    if(disp[16]==7)
    {
        write_com(0x80+0xd);
        write_date('S');
        write_date('U');
        write_date('N');
    }
}

void write_ds1302-byte(uchar dat)
{
    uchar f;
    for(f=0; f<8; f++)
    {
      sck=0;
      io=dat&0x01;
      dat=dat>>1;
      sck=1;
    }
}
void write_ds1302(uchar add, uchar dat)
{
    rst=0;
    _nop_();
    sck=0;
```

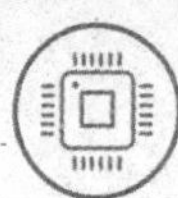

```
    _ nop _ ();
    rst=1;
    _ nop _ ();
    write _ ds1302-byte(add);
    write _ ds1302-byte(dat);
    rst=0;
    _ nop _ ();
    io=1;
    sck=1;
}
uchar read _ ds1302(uchar add)
{
    uchar i, value;
    rst=0;
    _ nop _ ();
    sck=0;
    _ nop _ ();
    rst=1;
    _ nop _ ();
    write _ ds1302-byte(add);
    for(i=0; i<8; i++)
    {
        value=value>>1;
        sck=0;
        if(io)
        value=value | 0x80;
        sck=1;
    }
    rst=0;
    _ nop _ ();
    sck=0;
    _ nop _ ();
    sck=1;
    io=1;
    return value;
}
void set _ rtc(void)
{
    uchar f, r;
    for(f=0; f<7; f++)
    {
        r=time _ data[f]/10;
        time _ data[f]=time _ data[f]%10;
        time _ data[f]=time _ data[f]+r*16;
    }
```

```
    write_ds1302(0x8e, 0x00);
    for(f=0; f<7; f++)
    {
        write_ds1302(write_add[f], time_data[f]);
    }
    write_ds1302(0x8e, 0x80);
}
void read_rtc(void)
{
    uchar f;
    for(f=0; f<7; f++)
    {
        time_data[f]=read_ds1302(read_add[f]);
    }
}
/*****************************************************
时钟调整函数，由独立按键完成
*****************************************************/
void keyscan2()
{
    uchar nian1, yue1, ri1, shi1, fen1, miao1, xq1;
    write_ds1302(0x8e, 0);     //允许写入
    nian1=(time_data[0]/16)*10+time_data[0]%16; //把当前从1302中读出的
                                                  十六进制存放的数，转
                                                  化成十进制计算
    yue1=(time_data[2]/16)*10+time_data[2]%16;
    ri1=(time_data[3]/16)*10+time_data[3]%16;
    shi1=(time_data[4]/16)*10+time_data[4]%16; //把当前从1302中读出的十
                                                 六进制存放的数，转化成
                                                 十进制计算
    fen1=(time_data[5]/16)*10+time_data[5]%16;
    miao1=(time_data[6]/16)*10+time_data[6]%16;
    xq1=(time_data[1]/16)*10+time_data[1]%16;
    if(key4==0)
    {
        delay(5);
        if(key4==0)
    {
        num2++;
        if(num2==8)num2=0;
        if(num2==1)write_com(0x80+2); write_com(0x0f);
        if(num2==2)write_com(0x80+5); write_com(0x0f);
        if(num2==3)write_com(0x80+8); write_com(0x0f);
        if(num2==4)write_com(0x80+13); write_com(0x0f);
        if(num2==5)write_com(0x80+0x40); write_com(0x0f);
```

```
        if(num2==6)write_com(0x80+0x40+3); write_com(0x0f);
        if(num2==7)write_com(0x80+0x40+6); write_com(0x0f);
        while(! key4);
    }
}
switch(num2)
{
    case 1: write_com(0x80+2); write_com(0x0f); //年
            if(key2==0)
            {
                delay(5);
                if(key2==0)
                {
                    while(! key2);
                    nian1++;
                    if(nian1==100)
                    {
                        nian1=0;
                    }
                    write_ds1302(0x8c, ((nian1/10) * 16+nian1%10));
                    display();
                }
            }
            if(key3==0)
            {
                delay(5);
                if(key3==0)
                {
                    while(! key3);
                    nian1--;
                    if(nian1==-1)
                    {
                        nian1=99;
                    }
                    write_ds1302(0x8c, ((nian1/10) * 16+nian1%10));
                    display();
                }
            }
            break;
    case 2: write_com(0x80+5); write_com(0x0f); write_com(0x06); //月
            if(key2==0)
            {
                delay(5);
                if(key2==0)
                {
```

```
            while(! key2);
            yue1++;
            if(yue1==13)
            {
                yue1=1;
            }
        }
        write_ds1302(0x88, ((yue1/10)*16+yue1%10));
        display();
    }
    if(key3==0)
    {
        delay(5);
        if(key3==0)
        {
            while(! key3);
            yue1--;
            if(yue1==0)
            {
                yue1=12;
            }
            write_ds1302(0x88, ((yue1/10)*16+yue1%10));
            display();
        }
    }
    break;
case 3: write_com(0x80+8); write_com(0x0f); //日
    if(key2==0)
    {
        delay(5);
        if(key2==0)
        {
            while(! key2);
            ri1++;
        }
        write_ds1302(0x86, ((ri1/10)*16+ri1%10));
        //注意往1302里存放的时候，十进制的数要想正确显示，23--23
        display();
    }//存放应以0x23来存放
    if(key3==0)
    {
        delay(5);
        if(key3==0)
        {
            if(yue1==1 | | yue1==3 | | yue1==5 | | yue1==7 | | yue1
```

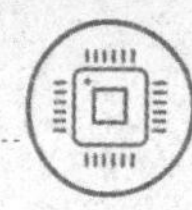

```
            ==8 | | yue1==10 | | yue1==12)
            {
                if(ri1==0)
                {
                    ri1=31;
                }
            }
            if(yue1==4 | | yue1==6 | | yue1==9 | | yue1==11)
            {
                if(ri1==0)
                {
                    ri1=30;
                }
            }
            while(! key3);
            ri1--;
        }
        write_ds1302(0x86, ((ri1/10) * 16+ri1%10));
        display();
    }
    break;
case 4: write_com(0x80+0x13); write_com(0x0f); //星期
    if(key2==0)
    {
        delay(5);
        if(key2==0)
        {
            while(! key2);
            xq1++;
            if(xq1==8)
            {
                xq1=1;
            }
            write_ds1302(0x8a, ((xq1/10) * 16+xq1%10));
            display();
        }
    }
    if(key3==0)
    {
        delay(5);
        if(key3==0)
        {
            while(! key3);
            xq1--;
            if(xq1==-1)
```

```
                    {
                        xq1=7;
                    }
                    write_ds1302(0x8a,((xq1/10)*16+xq1%10));
                    display();
                }
            }
            break;
    case 5: write_com(0x80+0x40); write_com(0x0f); //时
            if(key2==0)
            {
                delay(5);
                if(key2==0)
                {
                    while(!key2);
                    shi1++;
                    if(shi1==24)
                    {
                        shi1=0;
                    }
                    write_ds1302(0x84,((shi1/10)*16+shi1%10));
                    display();
                }
            }
            if(key3==0)
            {
                delay(5);
                if(key3==0)
                {
                    while(!key3);
                    shi1--;
                    if(shi1==-1)
                    {
                        shi1=23;
                    }
                    write_ds1302(0x84,((shi1/10)*16+shi1%10));
                    display();
                }
            }
            break;
    case 6: write_com(0x80+0x40+0x03); write_com(0x0f); //分
            if(key2==0)
            {
                delay(5);
                if(key2==0)
```

```
        {
            while(! key2);
            fen1++;
            if(fen1==60)
            {
                fen1=0;
            }
            write_ds1302(0x82, ((fen1/10)*16+fen1%10));
            display();
        }
    }
    if(key3==0)
    {
        delay(5);
        if(key3==0)
        {
            while(! key3);
            fen1--;
            if(fen1==-1)
            {
                fen1=59;
            }
        }
        write_ds1302(0x82, ((fen1/10)*16+fen1%10));
        display();
    }
    break;
case 7: write_com(0x80+0x40+0x06); write_com(0x0f); //秒
    if(key2==0)
    {
        delay(5);
        if(key2==0)
        {
            miao1=0;
        }
        write_ds1302(0x80, ((miao1/10)*16+miao1%10));
        display();
        //加上0x的十进制数
        //注意往1302里存放的时候，十进制的数要想正确显示，23--23存
        放应以0x23来存放，即需要给十进制加上0x
    }
    if(key3==0)
    {
        delay(5);
        if(key3==0)
```

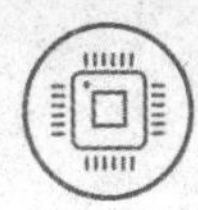


```
                {
                    miao1=0;
                }
                write_ds1302(0x80,((miao1/10)*16+miao1%10));
                display();
            }
            break;
            }
    write_ds1302(0x8e,0x80); //禁止写入
}
/************************************************

主函数

************************************************/
void main()
{
    uchar m;
    init1();
    //set_rtc(); //用于校正时间，校正后，将此屏蔽后再次下载
    while(1)
    {
        if(key1==0)
        {
            delay(5);
            {
                if(key1==0)
                {
                    m++;
                    init1();
                    write_com(0x01);
                }
            }
        }
        if(m==0)
        {
            keyscan2();
            read_rtc();
            time_pros();
            display();
            delay(10);
            display1();
            delay(10);
        }
        if(m>0)  //防止按键的抖动
```

```
        {
            keyscan();
        }
        if(m>2)
        {
            m=0;
        }
    }
}
```

习　题

1. MCS-51单片机有哪几个中断源？简述各中断源的中断请求方式、中断标志位及中断入口地址。

2. MCS-51单片机外部中断有哪两种触发方式？对触发脉冲或电平有什么要求？如何选择和设定？

3. 中断处理过程包括哪几个步骤？简述中断处理过程。

4. 什么叫保护现场？需要保护哪些内容？什么叫恢复现场？恢复现场与保护现场有什么关系？必须遵循什么原则？

5. 软件定时与硬件定时的原理有何异同？

6. MCS-51定时/计数器的定时功能和计数功能有什么不同？分别应用在什么场合下？

7. 定时/计数器初始化包括哪些步骤？

8. 定时/计数器对外部计数频率有何限制？

第六章　单片机串行通信技术

本章主要介绍单片机串行口的工作原理，工作方式，通信传输格式，相关特殊寄存器的作用，各工作方式的应用以及单片机之间、单片机和 PC 间的通信应用。

第一节　串行通信的结构与工作原理

AT89S5X 内部有 1 个串行 I/O 口，串行口主要用于串行通信。串行通信是一种能把二进制数据按位传送的通信，它所需的传输线条数少，适合分级、分层和分布式控制系统以及远程通信之中。它不仅能满足工业控制中基本数据采集和处理要求，同时还在单片机之间、单片机与 PC 机之间搭建了数据的传输通道，将控制系统推向网络化和一体化。

一、单片机通信概述

(1)通信。

单片机与外界进行信息交换统称为通信。通信基本的方式有两种：并行通信和串行通信，如图 6.1 所示。

①并行通信：数据的各位同时发送或接收。并行通信的特点是传送速度快、效率高，但成本高，适用于短距离传送数据。计算机内部的数据传送一般均采用并行方式。

②串行通信：数据一位一位顺序发送或接收。串行通信的特点是传送速度慢，但成本低，适用于较长距离传送数据。计算机与外界的数据传送一般均采用串行方式。在单片机中，用微型计算机编写和汇编单片机的源程序，经汇编后再把目标程序传送给单片机，这种传送是采用串行通信方式进行的。从图 6.1 中可以看到，并行传送 8 位数据只需串行传送 1 位的时间 1 T。

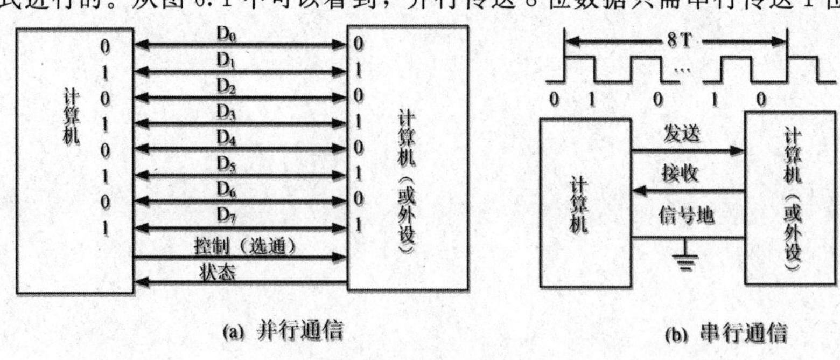

(a) 并行通信　　(b) 串行通信

图 6.1　并行通信和串行通信

(2)数据通信的制式。

常用于数据通信的传送方式有单工、半双工和全双工，如图 6.2 所示。

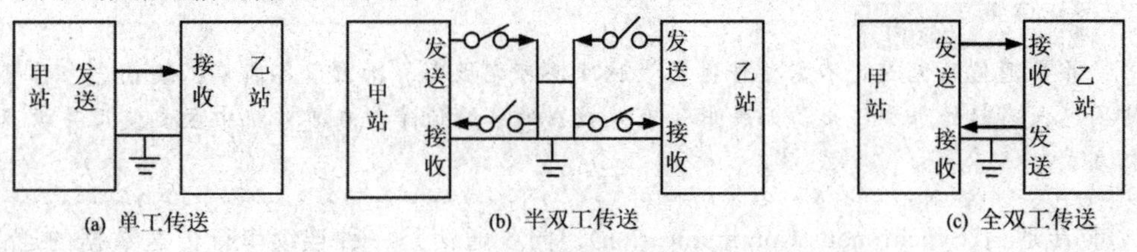

图 6.2　串行通信数据传送的制式

①单工制式(Simplex)：数据仅按一个固定方向传送。如图 6.2(a)所示，甲站(或乙站)固定为发送站，乙站(或甲站)固定为接收站。数据只能从甲站(或乙站)发至乙站(或甲站)。数据传送是单向的，因此只需要一条数据线。这种传输方式的用途有限，常用于串行口的打印数据传输与简单系统间的数据采集。

②半双工制式(Half Duplex)：数据可实现双向传送，但不能同时进行，实际的应用采用某种协议实现收/发开关转换。如图 6.2(b)所示，数据传送是双向的，但任一时刻数据只能是从甲站发至乙站，或者从乙站发至甲站，也就是说只能是一方发送另一方接收。因此，甲、乙两站之间只需要一条信号线和一条接地线。收发开关是由软件控制的，通过半双工通信协议进行功能切换。

③全双工制式(Full Duplex)：允许双方同时进行数据双向传送。如图 6.2(c)所示，甲、乙两站都可以同时发送和接收数据。因此工作在全双工制式下的甲、乙两站之间至少需要 3 条传输线：一条用于发送；一条用于接收；一条用于信号地线。AT89S5X 单片机内的串行口采用全双工制式，但一般全双工传输方式的线路和设备较复杂。

(3)串行通信的分类。

串行数据通信按数据传送方式可分为异步通信和同步通信两种形式：

①异步通信(Asynchronous Communication)。在这种通信方式中，接收器和发送器有各自的时钟。不发送数据时，数据信号线总是呈现高电平，称为空闲态。异步通信用一帧来表示一个字符，其字符帧的数据格式为：在一帧格式中，先是一个起始位“0”(低电平)，然后是 5～8 个数据位，规定低位在前、高位在后，接下来是 1 个奇偶校验位(可以省略)，最后是 1～2 位的停止位“1”(高电平)，异步通信方式的数据格式如图 6.3 所示。

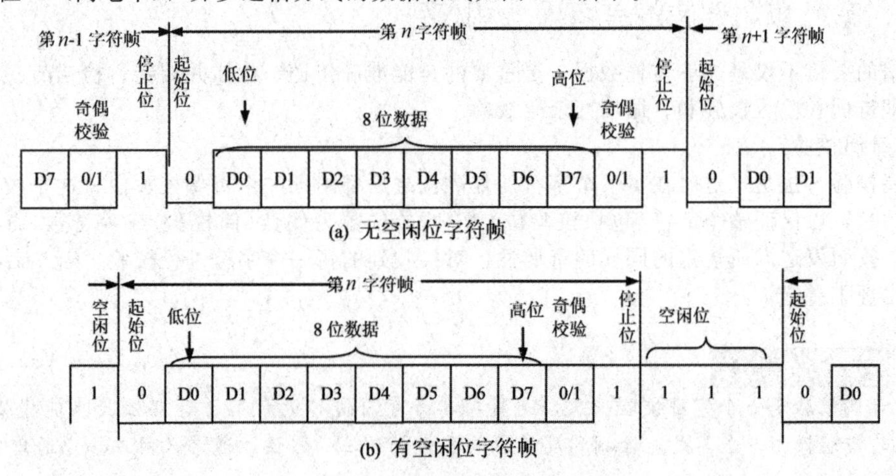

图 6.3　异步通信方式的数据格式

在异步通信中，CPU 与外设之间必须有两项规定，即字符格式和波特率。字符格式的规定是为了双方能够对同一种 0 和 1 的串理解成同一种意义。原则上字符格式可以由通信的双方自由制定，但从通用、方便的角度出发，一般还是使用标准。

小贴士

异步通信的优点是不需要传送同步脉冲、可靠性高、所需设备简单；缺点是字符帧中因包含有起始位和停止位而降低了有效数据的传输速率。在单片机中主要使用异步通信方式。

②同步通信(Synchronous Communicatlon)。同步通信是一种连续串行传送数据的通信方式，一次通信只传送一帧信息。这里的信息帧和异步通信中的字符帧不同，通常含有若干个数据字符(图 6.4)。它们均由同步字符、数据字符和校验字符 CRC 等三部分组成。有关同步通信的详细内容，读者可参阅相关文献。

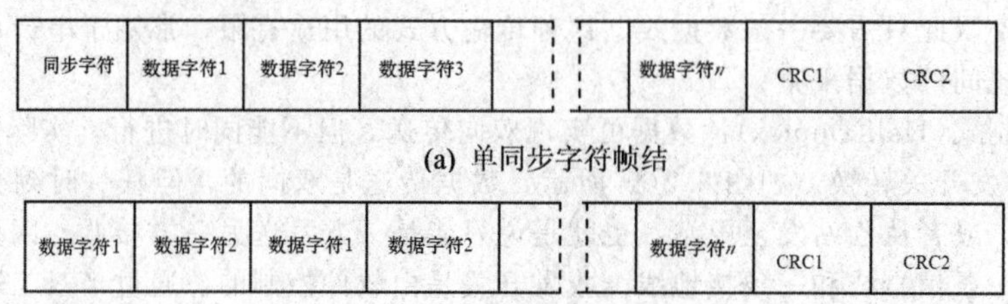

图 6.4 同步通信方式的数据格式

二、串行数据通信的波特率

在串行通信中，通常用波特率(Baud Rate)来衡量串行通信的速度。所谓波特率是每秒钟传送信号的数量，单位为波特(Baud)。而每秒钟传送二进制数的信号数(即二进制数的位数)定义为比特率，单位是 bps (bit per second)或写成 b/s (位/秒)。本书统一使用波特率来描述串行通信的速度，单位采用 bps。常用的波特率有 110 bps、300 bps、2 400 bps、3 600 bps、4 800 bps、9 600 bps、19 200 bps、38 400 bps、57 600 bps、115 200 bps 等。

例如，数据传送的速率是 120 字符/秒，而每个字符如上述规定包含 10 位数字，则传输波特率为 1 200 bps。

三、串行数据通信的差错检测和校正

通信的关键不仅是能够传输数据，更重要的是能准确传送、检错并纠错。检错有三种基本方法，即奇偶校验、校验和、循环冗余码校验。

(1)奇偶校验。

奇偶校验方法是发送时在每一个字符的最高位之后都附加一个奇偶校验位，这个校验位可为“1”或“0”，以保证整个字符(包括校验位)为“1”的位数为偶数(偶校验)或为奇数(奇校验)。接收时，按照发送方所规定的同样的奇偶性，对接收到的每一个字符进行校验，若二者不一致便说明出现了差错。

小贴士

奇偶校验是一个字符校验一次，是针对单个字符进行的校验。奇偶校验只能提供最低级的错误检测，尤其是能检测到那种影响了奇数个位的错误，通常只用在异步通信中。

(2)校验和。

校验和方法是针对数据块进行的校验方法。在数据发送时，发送方对块中数据简单求和，产生一单字节校验字符(校验和)附加到数据块结尾。接收方对接收到的数据算术求和后，将所

得的结果与接收到的校验和比较，如果两者不同，即表示接收有错。

小贴士

需要指出，校验和不能检测出排序错误。也就是说，即使数据块是随机、无序地发送，产生的校验和仍然相同。

(3)循环冗余码校验 CRC。

循环冗余码校验(Cyclic Redundancy Check，CRC)是一个数据块校验一次，同步串行通信中几乎都使用 CRC 校验，例如对磁盘的读/写等。

四、串行口寄存器结构

MCS－51 单片机内部有一个全双工的串行通信口，它可在异步通信方式(UART)下工作，与串行传送信息的外部设备相连接，或用于通过标准异步通信协议进行全双工通信的 AT89S5X 多机系统，也可以工作在同步方式下通过外接移位寄存器扩展 I/O 接口。AT89S5X 串行口内部结构如图 6.5 所示。

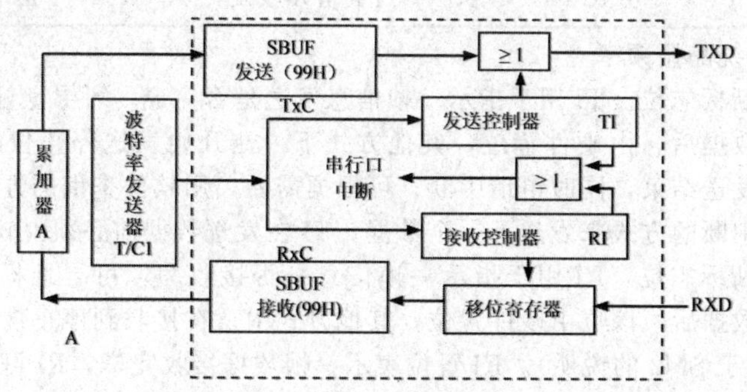

图 6.5　AT89S5X 串行口内部结构

AT89S5X 单片机通过引脚 RXD(P3.0，串行数据接收端)和引脚 TXD(P3.1，串行数据发送端)与外界进行通信。其串行口主要由两个物理上独立的串行数据缓冲寄存器(Serial Data Buffer，SBUF)、发送控制器、接收控制器、输入移位寄存器和输出控制门组成。

SBUF 为串行口的收发缓冲寄存器，它是可寻址的专用寄存器，其中包含了发送寄存器 SBUF (发送)和接收寄存器 SBUF (接收)，可以实现全双工通信。这两个寄存器具有相同名字和地址(99H)，但不会出现冲突，因为它们一个只能被 CPU 读出数据，另一个只能被 CPU 写入数据，CPU 通过执行不同的指令对它们进行存取。CPU 执行 MOV SBUF，A 指令，产生“写 SBUF”脉冲，把累加器 A 中欲发送的字符送入 SBUF(发送)寄存器中。CPU 执行 MOV A，SBUF 指令，产生“读 SBUF”脉冲，把 SBUF(接收)寄存器中已接收到的字符送入累加器 A 中。所以，AT89S5X 的串行数据传输很简单，只要向发送缓冲器 SBUF 写入数据即可发送数据，而从接收缓冲器 SBUF 读出数据即可接收数据。

五、串行口通信控制

AT89S5X 单片机由两个特殊功能寄存器 SCON 和 PCON 控制串行口的工作方式和波特率。波特率发生器可由定时器 T1 或 T2(8052)构成。

(1)串行通信控制寄存器 SCON。

SCON 是一个可位寻址的专用寄存器，它用于定义串行口的工作方式及实施接收和发送控制，单元地址是 98H，其格式如下所示。

SCON	D7	D6	D5	D4	D3	D2	D1	D0
	SM0	SM1	SM2	REN	TB8	RB8	TI	RI
位地址	9FH	9EH	9DH	9CH	9BH	9AH	99H	98H

各位意义如下：

①SM0、SM1：串行口工作方式控制位。串行口的工作方式和所用波特率的对照表见表 6.1。

表 6.1　串行口的工作方式和所用波特率的对照表

SM0	SM1	相应工作方式	说　明	所用波特率
0	0	方式 0	同步移位寄存器	$f_{osc}/12$
0	1	方式 1	10 位异步收发	由定时器控制
1	0	方式 2	11 位异步收发	$f_{osc}/32$ 或 $f_{osc}/64$
1	1	方式 3	11 位异步收发	由定时器控制

其中，f_{osc}为系统晶振频率。

②TI：发送中断标志位。TI 用于指示一帧信息发送是否完成，可寻址标志位。处于方式 0 时，发送完第 8 位数据后，由硬件置位，其他方式下，在开始发送停止位时由硬件置位，TI 置位表示一帧信息发送结束，同时申请中断；可根据需要，用软件查询的方法获得数据已发送完毕的信息，或用中断的方式来发送下一个数据。TI 在发送数据前必须由软件清 0。

③RI：接收中断标志位。RI 用于指示一帧信息是否接收完，可寻址标志位。处于方式 0 时，接收完第 8 位数据后，该位由硬件置位，其他方式中，在接收到停止位的中间时刻由硬件置位(例外情况见关于 SM2 的说明)。RI 置位表示一帧数据接收完毕，RI 可供软件查询，或者用中断的方法获知，以决定 CPU 是否需要从“SBUF (接收)”读取接收到的数据。RI 必须用软件清 0。

④TB8：发送数据位 8。在方式 2 和方式 3 中，TB8 是要发送的第 9 位数据位。在方式 2 或方式 3 中，要发送的第 9 位数据 TB8 可根据需要由软件置 1 或清 0。在双机通信中，TB8 一般作为奇偶校验位使用。在多机通信中 TB8 代表传输的是地址还是数据，TB8＝0 为数据；TB8＝1，为地址。

⑤RB8：接收数据位 8。在方式 2 和方式 3 中，RB8 用于存放接收到的第 9 位数据，用以识别接收到的数据特征：可能是奇偶校验位，也可能是地址/数据的标志位，规定同 TB8。在方式 0 中不使用 RB8。在方式 1 中，若 SM2＝0，则 RB8 用于存放接收到的停止位。

⑥REN：允许接收控制位。REN 用于控制数据接收的允许和禁止。REN＝1 时，允许接收；REN＝0 时，禁止接收。该位可由软件置位以允许接收，又可由软件清 0 来禁止接收。

⑦SM2：多机通信控制位。SM2 位主要用于方式 2 和方式 3，在方式 0 时，SM2 不用，一定要设置为 0。在方式 1 中，SM2 也应设置为 0，当 SM2＝1 时，只有接收到有效停止位时，RI 才置 1。当串行口工作于方式 2 或方式 3 时，若 SM2＝1，只有当接收到的第 9 位数据(RB8)为 1 时，才把接收到的前 8 位数据送入 SBUF，且置位 RI 发出中断申请，否则会将接收到的数据放弃。当 SM2＝0 时，不管第 9 位数据是 0 还是 1，都将接收到的前 8 位数据送入 SBUF，并发出中断申请。

(2)中断允许寄存器 IE。

中断允许寄存器 IE 在第五章中已介绍。其中，对串行口有影响的为 ES。ES 为串行中断允许控制位，当 ES＝1 时，允许串行中断；当 ES＝0 时，禁止串行中断。

IE	D7	D6	D5	D4	D3	D2	D1	D0
	EA	—	—	ES	ET1	EX1	ET0	EX0
位地址	0AFH	0AEH	0ADH	0ACH	0ABH	0AAH	0A9H	0A8H

(3)电源管理寄存器(Power Contrd Register，PCON)。

PCON 主要是为了在 CHMOS 型单片机上实现电源控制而设置的专用寄存器，单元地址是 87H，不可位寻址。其格式如下所示。

PCON	D7	D6	D5	D4	D3	D2	D1	D0
地址(87H)	SMOD	—	—	—	GF1	GF0	PD	IDL

SMOD 是串行口波特率倍增位，当 SMOD=1 时，串行口波特率加倍；系统复位时默认为 SMOD=0。PCON 中的其余各位用于 AT89S5X 单片机的电源控制。

(4)中断优先级寄存器 IP。

PS 是串行口优先级设置位。PS=1，设串行口中断为高级；PS=0，则为低级。

第二节　串行通信工作方式

一、串行口工作方式

AT89S5X 单片机的全双工串行口有四种工作方式，分别是方式 0、方式 1、方式 2 和方式 3，现介绍如下。

(1)方式 0。

方式 0 为 8 位同步移位寄存器输入/输出方式，用于通过外接移位寄存器扩展 I/O 接口，也可以外接同步输入/输出设备。8 位串行数据从 RXD 输入或输出，低位在前、高位在后。TXD 用来输出同步脉冲。

发送：发送操作是在 TI=0 下进行的，此时发送缓冲寄存器“SBUF(发送)”相当于一个并入串出的移位寄存器。发送时，串行数据从 RXD 引脚输出，TXD 引脚输出移位脉冲。CPU 通过指令 MOV SBUF，A 将数据写入“SBUF(发送)”，立即启动发送，将 8 位数据以 $f_{osc}/12$ 的固定波特率从 RXD 输出，低位在前、高位在后。发送完一帧数据后，发送中断标志 TI 由硬件置位，并可向 CPU 发出中断请求。若中断开放，CPU 响应中断，在中断服务程序中，需用指令 CLR TI 先将 TI 清 0，然后向“SBUF (发送)”送下一个欲发送的数据，以重复上述过程。发送时序如图 6.6(a)所示。

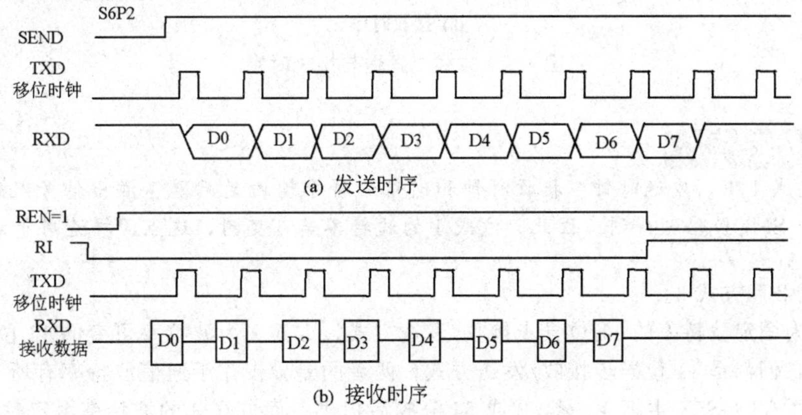

图 6.6　方式 0 发送与接收时序

接收：接收过程是在 RI＝0 且 REN＝1 条件下启动的，此时接收缓冲寄存器"SBUF（接收)"相当于一个串入并出的移位寄存器。接收时，先置位允许接收控制位 REN，此时，RXD 为串行数据输入端，TXD 仍为同步脉冲移位输出端。当同时满足 RI＝0 和 REN＝1 时，开始接收。当接收到第 8 位数据时，将数据移入接收缓冲寄存器"SBUF(接收)"，并由硬件置位 RI，同时向 CPU 发出中断请求。CPU 查到 RI＝1 或响应中断后，通过指令 MOV A，SBUF 将"SBUF（接收)"接收到的数据读入累加器 A。RI 也必须用软件清 0。接收时序如图 6.6(b) 所示。

(2)方式 1。

在方式 1 下，串行口被设定为波特率可变的 10 位异步通信方式。发送或接收的一帧信息包括 1 个起始位 0、8 个数据位和 1 个停止位 1。

发送：发送操作也是在 TI＝0 下进行的，当 CPU 执行一条指令 MOV SBUF，A，将数据写入发送缓冲寄存器"SBUF(发送)"时，就启动发送。发送电路自动在 8 位发送数据前后分别添加 1 位起始位和 1 位停止位。串行数据从 TXD 引脚输出，发送完一帧数据后，TXD 引脚自动维持高电平，且 TI 在发送停止位时由硬件自动置位，并可向 CPU 发出中断请求。TI 也必须用软件复位。发送时序如图 6.7(a)所示。

接收：接收过程也是在 RI＝0 且 REN＝1 条件下启动的，平时，接收电路对高电平的 RXD 进行采样(采样脉冲频率是接收时钟的 16 倍)，当采样到 RXD 由 1 向 0 跳变时，确认是开始位 0，就开始接收一帧数据。只有当 RI＝0 且停止位为 1(接收到的第 9 位数据)或者 SM2＝0 时，停止位才进入 RB8，8 位数据才能进入接收缓冲寄存器"SBUF(接收)"，并由硬件置位中断标志 RI，否则信息丢失，这是不允许的，因为这意味着丢失了一组数据。所以在方式 1 接收时，应先用软件将 RI 和 SM2 标志清 0。接收时序如图 6.7(b)所示。

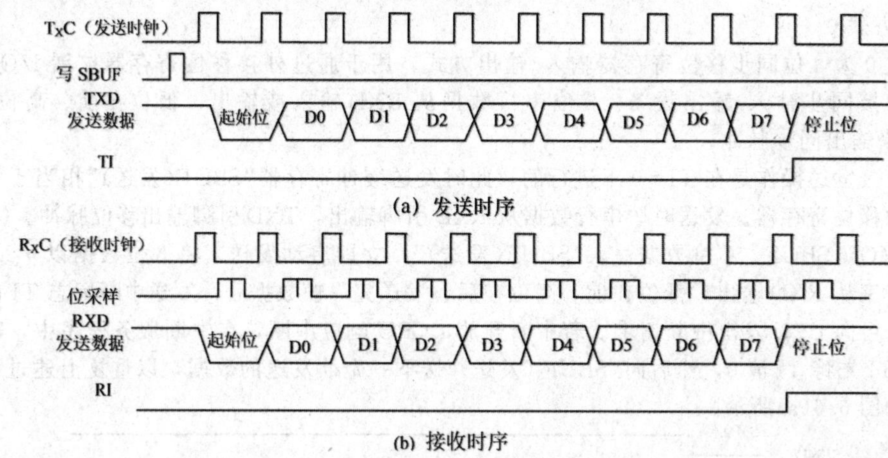

图 6.7　方式 1 发送与接收时序

小贴士

在方式 1 下，发送时钟、接收时钟和通信波特率均由定时器 1 溢出信号经过 32 分频，并由 SMOD 倍频得到。因此，方式 1 的波特率是可变的，这点同样适用于方式 3。

(3)方式 2 和方式 3。

方式 2 为固定波特率的 11 位异步接收/发送方式，方式 3 为波特率可变的 11 位异步接收/发送方式，它们都是 11 位异步接收/发送方式，两者的差异仅在于通信波特率有所不同。方式 2 的波特率由 AT89S5X 主频 f_{osc} 经 32 或 64 分频后提供；而方式 3 的波特率由定时器 1 溢出信号经过 32 分频，并由 SMOD 倍频得到，故它的波特率是可调的。

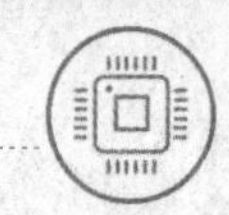

方式 2 和方式 3 的接收、发送过程类似于方式 1，所不同的是它比方式 1 增加了一位“第 9 位”数据。发送时除要把发送数据装入“SBUF(发送)”外，还要预先用指令 SETB TB8(或 CLR TB8)把第 9 位数据装入 SCON 的 TB8 中。第 9 位数据可由用户设置，它可作为多机通信中地址/数据信息的标志位，也可以作为双机通信的奇偶校验位，也可为其他控制位。

发送：发送的串行数据由 TXD 端输出，当 CPU 执行一条数据写入“SBUF (发送)”的指令时，就启动发送器发送。发送一帧信息后，置位中断标志 TI，CPU 便可通过查询 TI 或中断方式来以同样的方法发送下一帧信息。发送时序如图 6.8(a)所示。

接收：当 REN=1 时，串行口采样 RXD 引脚，当采样到 1 至 0 的跳变时，确认是开始位 0，就开始接收一帧数据。在接收到附加的第 9 位数据后，只有当 RI=1 且接收到的第 9 位数据为 1 或者 SM2=0 时，第 9 位数据才进入 RB8，8 位数据才能进入接收寄存器“SUBF(接收)”，并由硬件置位中断标志 RI，否则信息丢失，且不置位 RI。再过一段时间后，不管上述条件是否满足，接收电路都复位，并重新检测 RXD 上从 1 到 0 的跳变。接收时序如图 6.8(b)所示。

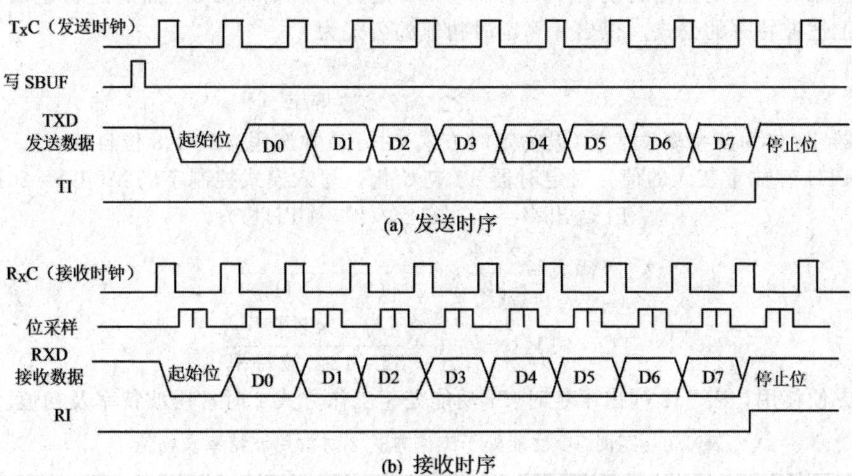

图 6.8　串行口方式 2 和方式 3 发送与接收时序

二、串行口的通信波特率设置

在 AT89S5X 串行口的四种工作方式中，方式 0 和方式 2 的波特率是固定的，而方式 1 和方式 3 的波特率是可变的，由定时器 T1 的溢出率(T1 溢出信号的频率)控制。各种方式的通信波特率如下：

(1)方式 0 的波特率固定为系统晶振频率的 1/12，其值为 $f_{osc}/12$。其中，f_{osc} 为系统主机晶振频率。

(2)方式 2 的波特率由 PCON 中的选择位 SMOD 来决定，可由下式表示：

$$\text{波特率}=(2^{SMOD}/64)\times f_{osc}$$

即当 SMOD=1 时，波特率为 $f_{osc}/32$；当脚 SMOD=0 时，波特率为 $f_{osc}/64$。

(3)方式 1 和方式 3 的波特率由定时器 T1 的溢出率控制，因此波特率是可变的。

定时器 T1 作为波特率发生器，相应公式如下：

$$\text{波特率}=(\frac{2^{SMOD}}{32})\times \text{T1 溢出率}$$

$$\text{T1 溢出率}=\text{T1 计数率}/\text{产生溢出所需的周期数}=(f_{osc}/12)/(2^k-TC)$$

式中，k 为 定时器 T1 的位数，k 的值等于 8、13、16；TC 为定时器 T1 的预置初值。

需要指出，T1 计数率取决于它处于定时器状态还是计数器状态。当处于定时器状态时，

T1计数率为$f_{osc}/12$；当处于计数器状态时，T1计数率为外部输入频率，此频率应小于$f_{osc}/24$，产生溢出所需周期与定时器T1的工作方式和Tl的预置初值有关。

定时器T1处于工作方式0：溢出所需周期＝213－TC＝8 192－TC；

定时器T1处于工作方式1：溢出所需周期＝216－TC＝65 536－TC；

定时器T1处于工作方式2：溢出所需周期＝28－TC＝256－TC。

串行口的波特率发生器就是利用定时器提供一个时间基准。定时器计数溢出后只需要做一件事情，就是重新装入定时初值，再开始计数，而且中间不要任何延迟。因为AT89S5X定时器/计数器的方式2就是自动重装入初值的8位定时器/计数器模式，所以用它来做波特率发生器最恰当。因此，选用11.059 2 MHz时钟频率，可获得标准的波特率。

因此，波特率可以写成

$$波特率=\frac{2^{SMOD}}{32}\times\frac{f_{osc}}{12\times(2^k-TC)}$$

实际应用时，总是先确定波特率，再计算T1定时预置初值TC，然后进行定时器的初始化。根据上述波特率的公式，得出计算定时初值的公式为

$$TC=2^k-\frac{f_{osc}\times2^{SMOD}}{32\times12\times波特率}$$

定时器T1作为波特率发生器(设为定时方式)时，通常选用方式2(8位自装入)。TL1作为计数器，TH1存放重装入的值，对定时器T1初始化，写入模式控制字(TMOD)＝20H。

$$T1溢出率=(f_{osc}/12)/(2^8-(TH1))$$

$$波特率=\frac{2^{SMOD}}{32}\times\frac{f_{osc}}{12\times(2^8-(TH1))}$$

$$TC=(TH1)=256-\frac{f_{osc}\times2^{SMOD}}{32\times12\times波特率}$$

为了方便使用，表6.2列出了定时T1功能处于工作方式2时常用波特率及初值。

表6.2　定时T1功能处于工作方式2时常用波特率及初值

常用波特率/bps	f_{osc}/MHz	SMOD	TH1初值
19 200	11.059 2	1	0FDH
9 600	11.059 2	0	0FDH
4 800	11.059 2	0	0FAH
2 400	11.059 2	0	0F4H
1 200	11.059 2	0	0E8H

例如：设波特率为2 400 bps，f_{osc}＝11.059 2 MHz，采用定时器T1方式2定时，且设SMOD＝0，则得定时初值为

$$TC=256-\frac{11.059\ 2\ MHz\times2^0}{32\times12\times2\ 400\ bps}=0F4H$$

当SMOD＝1时，有

$$TC=256-\frac{11.0592\ MHz\times2^1}{32\times12\times2\ 400\ bps}=0E8H$$

第三节　串行通信的应用

一、串行口扩展并行口

用 AT89S5X 串行口外接 CD4094 扩展 8 位并行输出口，AT89S5X 串行口扩展 CD4094 电路图如图 6.9 所示，8 位并行口的各位都接一个发光二极管，要求发光二极管呈流水灯状态(轮流点亮)。

解：串行口方式 0 的数据传送可采用中断方式，也可采用查询方式，无论哪种方式，都要借助于 TI 标志。采用查询方式时，通过查询 TI 的状态，只要 TI 为 0 就继续查询，TI 为 1 就结束查询，发送下一帧数据。当然，在开始通信之前，要对控制寄存器 SCON 进行初始化。

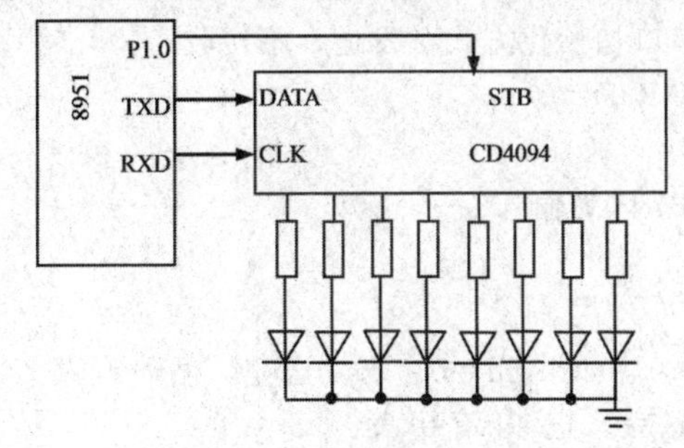

图 6.9　AT89S5X 串行口扩展 CD4094 电路图

二、双机通信

双机通信也称为点对点的串行异步通信。利用单片机的串行口，可以进行单片机与单片机、单片机与通用计算机间的点对点的串行通信。

(1)方式 1 的应用设计。

图 6.10 所示为单片机甲、乙双机串行通信，双机 RXD 和 TXD 相互交叉相连，甲机 P1 口接 8 个开关，乙机 P1 口接 8 个发光二极管，甲机设置为只能发送不能接收的单工方式。要求甲机读入 P1 口的 8 个开关的状态后，通过串行口发送到乙机，乙机将接收到的甲机的 8 个开关的状态数据送入 P1 口，由 P1 口的 8 个发光二极管来显示 8 个开关的状态。双方晶振均采用 11.059 2 MHz。

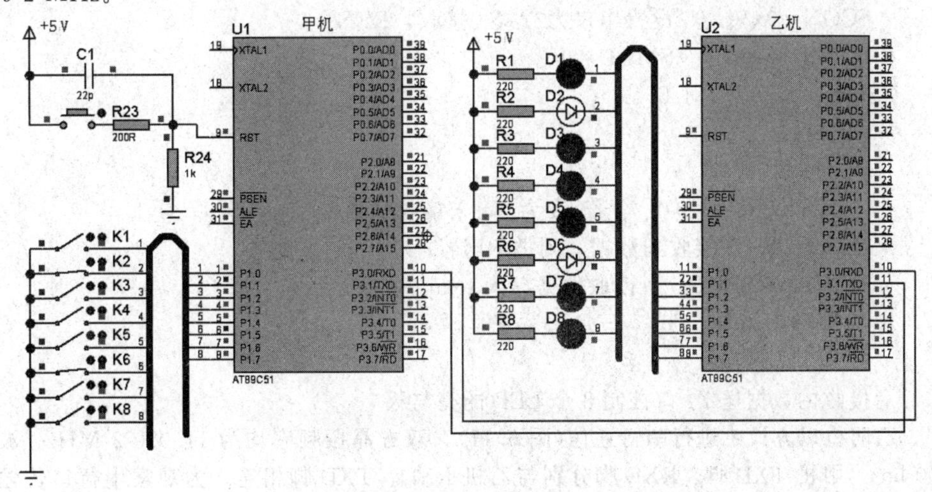

图 6.10　单片机方式 1 双机通信的连接

参考程序如下：

```
//甲机串行发送
#include<reg51.h>
#define uchar unsigned char
#define uint unsigned int
void main()
{
    uchar temp=0;
    TMOD=0x20; //设置定时器 T1 为方式 2
    TH1=0xfd; //波特率为 9 600 bps
    TL1=0xfd;
    SCON=0x40; //串口初始化方式 1 发送，不接收
    PCON=0x00; //SMOD=0
    TR1=1; //启动 T1
    P1=0xff; //设置 P1 口为输入
    while(1)
    {
        while(TI==0); //如果 TI=0，未发送完，循环等待
        TI=0; //已发送完，把 TI 清 0
        temp=P1; //读入 P1 口开关的状态数据
        SBUF=temp;}}//数据送串行口发送，乙机串行接收
    #include<reg51.h>
    #define uchar unsigned char
    #define uint unsigned int
    void main()
    {
        uchar temp=0;
        TMOD=0x20; //设置定时器 T1 为方式 2
        TH1=0xfd; //波特率为 9 600 bps
        TL1=0xfd;
        SCON=0x50; //设置串口为方式 1 接收，REN=1
        PCON=0x00; //SMOD=0
        TR1=1; //启动 T1
        while(1)
        {
            while(RI==0); //若 RI 为 0，未接收到数据
            RI=0; //接收到数据，则把 RI 清 0
            temp=SBUF; //读取数据存入 temp 中
            P1=temp;
        }
    }//接收的数据送 P1 口控制 8 个 LED 的亮与灭
```

甲、乙两机以方式 1 进行串行通信(图 6.11)，双方晶振频率均为 11.059 2 MHz，波特率为2 400 bps。甲机 TXD 脚、RXD 脚分别与乙机 RXD、TXD 脚相连。为观察串行口传输的数据，电路中添加了两个虚拟终端来分别显示串口发出的数据。添加虚拟终端，只需单击工具箱

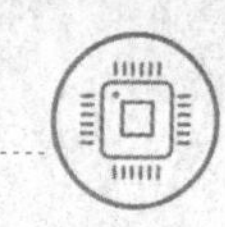

中的虚拟仪器图标，在预览窗口中显示的各种虚拟仪器选项中点击“Virtual Terminal”项，并放置在原理图编辑窗口，然后把虚拟终端的“RXD”端与单片机的“TXD”端相连即可。

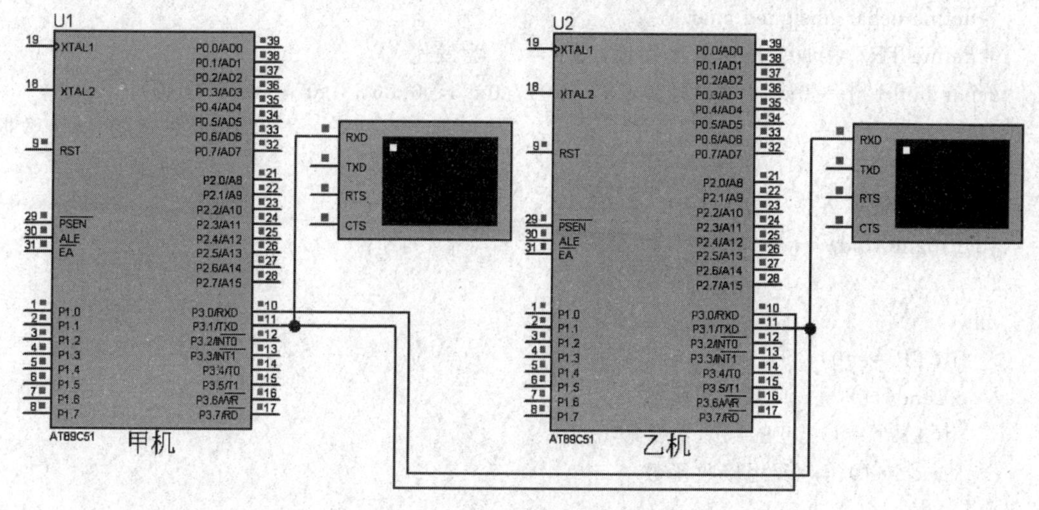

图 6.11　方式 1 双机通信的连接

当串行通信开始时，甲机首先发送数据 AAH，乙机收到后应答 BBH，表示同意接收。甲机收到 BBH 后，即可发送数据。如果乙机发现数据出错，就向甲机发送 FFH，甲机收到 FFH 后，重新发送数据给乙机。

串行通信时，如要观察单片机仿真运行时串行口发送出的数据，只需用鼠标右键点击虚拟终端，会出现选择菜单，点击最下方“Virtual Terminal”项，会弹出窗口，窗口显示了单片机串口“TXD”端发出的一个个数据字节，如图 6.12 所示。

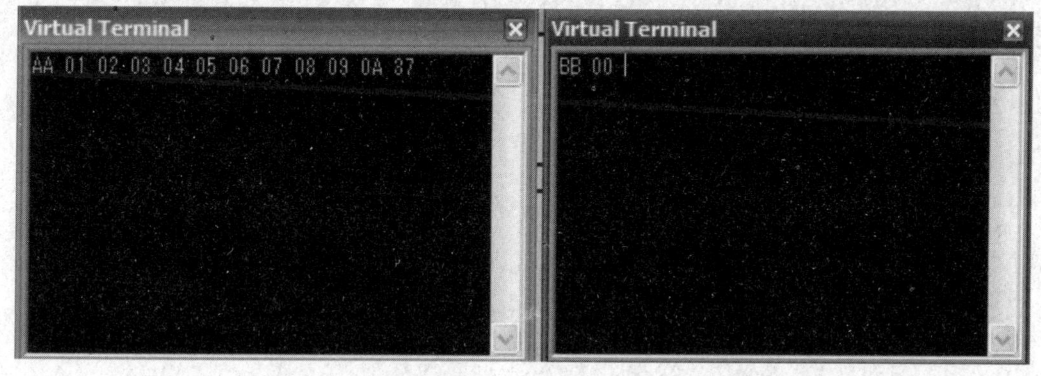

图 6.12　通过串口观察两个单片机串行口发出的数据

设发送字节块长度为 10 B，数据缓冲区为 buf，数据发送完毕要立即发送校验和，进行数据发送准确性验证。乙机接收到的数据存储到数据缓冲区 buf，收到一个数据块后，再接收甲机发来的校验和，并将其与乙机求得的校验和比较：若相等，说明接收正确，乙机回答 00H；若不等，说明接收不正确，乙机回答 FFH；请求甲机重新发送。

选择定时器 T1 为方式 2 定时，波特率不倍增，即 SMOD=0。查表可得写入 T1 的初值应为 F4H。

以下为双机通信程序，该程序可在甲、乙两机中运行，在程序运行之前要人为设置 TR。若选择 TR=0，表示该机为发送方；若 TR=1，表示该机是接收方。程序根据 TR 设置，利用发送函数 send()和接收函数 receive()分别实现发送和接收功能。

参考程序如下：

```
//甲机串口通信程序
#include<reg51.h>
#define uchar unsigned char
#define TR//接收、发送的区别值，TR=0，为发送
uchar buf[10]={0x01，0x02，0x03，0x04，0x05，0x06，0x07，0x08，0x09，0x0a};
                                                        //发送的10个数据
uchar sum;
//甲机主程序
void main(void)
{
init();
    if(TR==0)//TR=0，为发送
    {send();}  //调用发送函数
    if(TR==1)//TR=1，为接收
    {receive();}//调用接收函数
}
void delay(unsigned int i)//延时程序
{
    unsigned char j;
    for(; i>0; i--)
    for(j=0; j<125; j++)
    ;
}
//甲机串口初始化函数
void init(void)
{
    TMOD=0x20; //T1方式2定时
    TH1=0xf4; //波特率为2 400 bps
    TL1=0xf4;
    PCON=0x00; //SMOD=0
    SCON=0x50; //串行口方式1，REN=1允许接收
    TR1=1; //启动T1
}
//甲机发送函数
void send(void)
{
    uchar i
    do{
    delay(1000);
    SBUF=0xaa; //发送联络信号
    while(TI==0); //等待数据发送完毕
    TI=0;
    while(RI==0); //等待乙机应答
    RI=0;
```

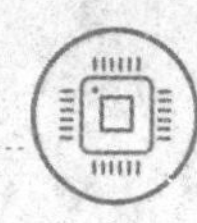

```
}while(SBUF！=0xbb)；//乙机未准备好，继续联络
do{
      sum=0；//校验和变量清0
      for(i=0；i<10；i++)
      {
      delay(1000)；
      SBUF=buf[i]；
      sum+=buf[i]；//求校验和
      while(TI==0)；
      TI=0；
      }
      delay(1000)；
      SBUF=sum；//发送校验和
      while(TI==0)；TI=0；
      while(RI==0)；RI=0；
      }while(SBUF！=0x00)；//出错，重新发送
       while(1)；
      }
//甲机接收函数
void receive(void)
{
    uchar i；
    RI=0；
    while(RI==0)；RI=0；
    while(SBUF！=0xaa)；//判断甲机是否发出请求
    SBUF=0xBB；//发送应答信号BBH
    while (TI==0)；//等待发送结束
    TI=0；
    sum=0；//清校验和
    for(i=0；i<10；i++)
    {
        while(RI==0)；RI=0；//接收校验和
        buf[i]=SBUF；//接收一个数据
        sum+=buf[i]；//求校验和
    }
    while(RI==0)；
    RI=0；//接收甲机的校验和
    if(SBUF==sum)//比较校验和
    {
        SBUF=0x00；//校验和相等，则发00H
    }
    else
    {
        SBUF=0xFF；//出错发FFH，重新接收
```

```
        while(TI==0); TI=0;
    }
}
//乙机串行通信程序
#include<reg51.h>
#define uchar unsigned char
#define TR 1//接收、发送的区别值，TR=1，为接收
uchar idata buf[10]; //={0x01, 0x02, 0x03, 0x04, 0x05, 0x06, 0x07, 0x08, 0x09,
                         0x0a};
uchar sum; //校验和
void delay(unsigned int i)
{
    unsigned char j;
    for(; i>0; i--)
    for(j=0; j<125; j++)
    ;
}
//乙机串口初始化函数
void init(void)
{
    TMOD=0x20; //T1 方式 2 定时
    TH1=0xf4; //波特率为 2 400 bps
    TL1=0xf4;
    PCON=0x00; //SMOD=0
    SCON=0x50; //串行口方式 1，REN=1 允许接收
    TR1=1; //启动 T1
}
//乙机主程序
void main(void)
{
    init ();
    if(TR==0)//TR=0，为发送
    {send();}//调用发送函数
    else
    {receive();}//调用接收函数
}
//乙机发送函数
void send(void)
{
    uchar i;
    do{
    SBUF=0xAA; //发送联络信号
    while(TI==0); //等待数据发送完毕
    TI=0;
```

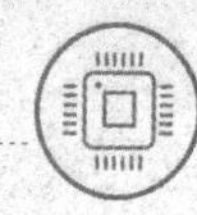

```
    while(RI==0); //等待乙机应答
    RI=0;
    }while(SBUF!=0xbb); //乙机未准备好，继续联络(按位取异或)
do{
      sum=0; //校验和变量清0
      for(i=0; i<10; i++)
      {
          SBUF=buf[i];
          sum+=buf[i]; //求校验和
          while(TI==0);
          TI=0;
      }
      SBUF=sum;
      while (TI==0); TI=0;
          while(RI==0); RI=0;
      }while (SBUF!=0); //出错，重新发送
}
//乙机接收函数
void receive(void)
{
    uchar i;
    RI=0;
    while(RI==0); RI=0;
    while(SBUF!=0xaa)
    {
      SBUF=0xff;
      while(TI!=1);
      TI=0;
      delay(1000);
    }//判断甲机是否发出请求
    SBUF=0xBB; //发送应答信号0xBB
    while (TI==0); //等待发送结束
    TI =0;
       sum=0;
for (i=0; i<10; i++)
    {
       while(RI==0); RI=0; //接收校验和
       buf[i]=SBUF; //接收一个数据
       sum+=buf[i]; //求校验和
    }
    while(RI==0);
    RI=0; //接收甲机的校验和
    if(SBUF==sum)//比较校验和
    {
```

```
        SBUF=0x00; //校验和相等，则发 00H
    }
    else
    {
        SBUF=0xFF; //出错发 FFH，重新接收
        while(TI==0); TI=0;
    }
}
```

(2)方式 2 和方式 3 的应用设计。

方式 2 与方式 1 的两点不同之处如下：

①方式 2 接收/发送 11 位信息，第 0 位为起始位，第 1～8 位为数据位，第 9 位是程控位，由用户设置的 TB8 位决定，第 10 位是停止位 1。

②方式 2 的波特率变化范围比方式 1 小，方式 2 的波特率＝振荡器频率/n。当 SMOD＝0 时，$n=64$；当 SMOD＝1 时，$n=32$。

而方式 2 和方式 3 相比，除了波特率的差别外，其他都相同，所以下面介绍的方式 3 应用编程，也适用于方式 2。

如图 6.13 所示，甲、乙两单片机进行方式 3(或方式 2)串行通信。甲机把控制 8 个流水灯点亮的数据发送给乙机并点亮其 P1 口的 8 个 LED。方式 3 比方式 1 多了 1 个可编程位 TB8，该位一般作奇偶校验位。乙机接收到的 8 位二进制数据有可能出错，需进行奇偶校验，其方法是将乙机的 RB8 和 PSW 的奇偶校验位 P 进行比较，如果相同，接收数据；否则拒绝接收。

本例使用了一个虚拟终端来观察甲机串口发出的数据。

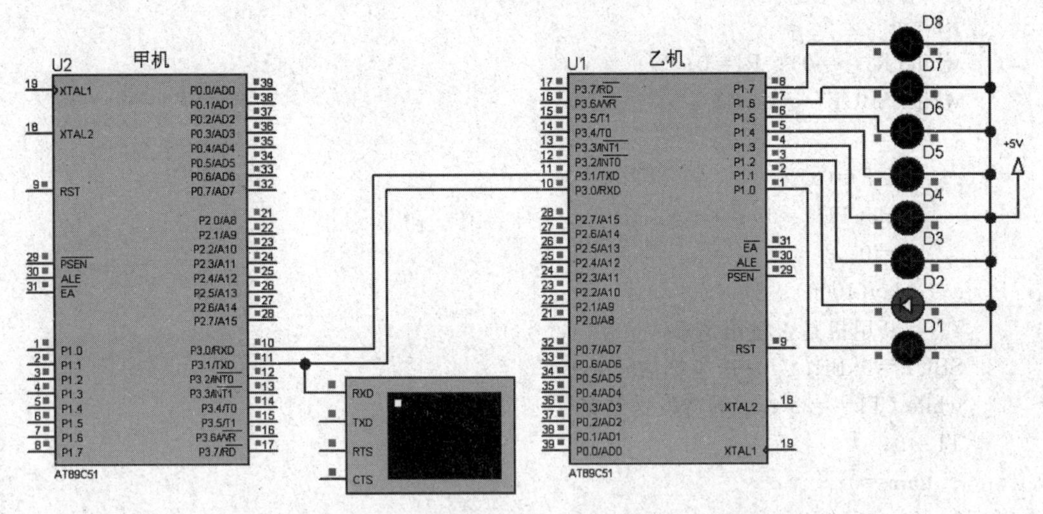

图 6.13　甲乙两个单片机进行方式 3(或方式 2)串行通信

参考程序如下。

```
//甲机发送程序
#include<reg51.h>
sbit p=PSW^0; //p 位定义为 PSW 寄存器的第 0 位，即奇偶校验位
unsigned char Tab[8]={0xfe, 0xfd, 0xfb, 0xf7, 0xef, 0xdf, 0xbf, 0x7f}; //控制流水
                        灯显示数据数组
//数组为全局变量
void main(void)//主函数
```

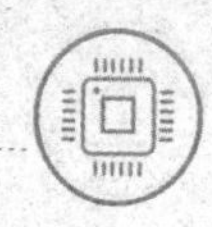

```
{
    unsigned char i;
    TMOD=0x20; //设置定时器 T1 为方式 2
    SCON=0xc0; //设置串口为方式 3
    PCON=0x00; //SMOD=0
    TH1=0xfd; //给定时器 T1 赋初值，波特率设置为 9 600 bps
    TL1=0xfd;
    TR1=1; //启动定时器 T1
    while(1)
    {
        for(i=0; i<8; i++)
        {
            Send(Tab[i]);
            delay(); //大约 200 ms 发送一次数据
        }
    }
}
void Send(unsigned char dat)//发送 1 字节数据的函数
{
    TB8=P; //将奇偶校验位作为第 9 位数据发送，采用偶校验
    SBUF=dat;
    while(TI==0); //检测发送标志位 TI，TI=0，未发送完
    ; //空操作
    TI=0; //1 字节发送完，TI 清 0
}
void delay (void)//延时约 200 ms 的函数
{
    unsigned char m, n;
    for(m=0; m<250; m++)
    for(n=0; n<250; n++);
}
//乙机接收程序
#include<reg51.h>
sbit p=PSW^0; //p 位为 PSW 寄存器的第 0 位，即奇偶校验位

void main(void)//主函数
{
    TMOD=0x20; //设置定时器 T1 为方式 2
    SCON=0xd0; //设置串口为方式 3，允许接收 REN=1
    PCON=0x00; //SMOD=0
    TH1=0xfd; //给定时器 T1 赋初值，波特率设置为 9 600 bps
    TL1=0xfd;
    TR1=1; //接通定时器 T1
    REN=1; //允许接收
```

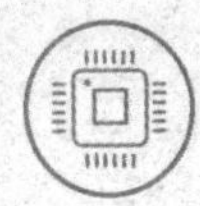


```
    while(1)
    {
        P1=Receive(); //将接收到的数据送 P1 口显示
    }
}
unsigned char Receive(void)//接收 1 B 数据的函数
{
    unsigned char dat;
    while(RI==0); //检测接收中断标志 RI，RI=0，未接收完，则循环等待
    RI=0; //已接收一帧数据，将 RI 清 0
    ACC=SBUF; //将接收缓冲器的数据存于 ACC
    if(RB8==P)//只有奇偶校验成功才能往下执行，接收数据
    {
        dat=ACC; //将接收缓冲器的数据存于 dat
        return dat; //将接收的数据返回
    }
}
```

三、单片机与 PC 的通信

(一)EIA RS-232C 总线标准与接口电路

EIA RS-232C 是异步串行通信中应用最广泛的标准总线，它是美国电子工业联合会(Electronic Industries Association，EIA)与 Bell 等公司 1969 年一起开发公布的通信协议，最初是为远程通信连接数据终端设备(Data Terminal Equipment，DTE)而制定的。因此，这个标准的制定并未考虑计算机系统的应用要求。但目前它已广泛用于计算机(更准确地说，是计算机接口)与终端或外设之间的近端连接。因此，它的有些规定与计算机系统是不一致的，甚至是相矛盾的。RS-232C 标准中所提到的“发送”和“接收”，都是站在 DTE 立场上的，而不是站在死码消除(Dead code elimination，DCE)的立场来定义的。由于在计算机系统中，往往是 CPU 和 I/O 设备之间传送信息，两者都是 DTE，因此双方都能发送和接收。该协议适合于数据传输速率在 0～20 KB/s 范围内的通信，包括了按位串行传输的电气和机械方面的规定。

(1)电气特性。

RS-232C 采取不平衡传输方式，是为点对点(即只用一对收、发设备)通信而设计的，采用负逻辑，即逻辑 0：+5～+15 V，逻辑 1：-15～-5 V，其驱动器负载为 3～7 kΩ。

(2)连接器。

由于 RS-232C 并未定义连接器的物理特性，因此出现了 DB-25、DB-9 等类型的连接器，其引脚的定义也各不相同。下面分别介绍。

①DB-25 连接器。DB-25 连接器的外形及信号线分配如图 6.14(a)所示。25 芯 RS-232C 接口具有 20 mA 电流环接口功能，用 9、11、18 和 25 针来实现。

②DB-9 连接器。DB-9 连接器只提供异步通信的 9 个信号，如图 6.14(b)所示。DB-25 与 DB-9 连接器的引脚分配信号完全不同，因此与配接 DB-9，DB-25 连接器的数据通信设备连接，必须使用各自专门的电缆线。

(3)RS-232C 的接口信号。

RS-232C 标准接口中常用的信号有如下几条：

①数据装置准备好(Data Set Ready，DSR)：有效时，表明数据通信设备已准备好，处于

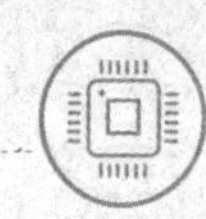

可使用状态。

②数据终端准备好(Data Terminal Ready，DTR)：有效时，表明数据终端已准备好，处于可使用状态。

③请求发送(Request To Send，RTS)：表示 DTE 请求 DCE 发送数据。

④允许发送(Clear To Send，CTS)：表示 DCE 准备好接收 DTE 发来的数据，是对请求发送信号 RTS 的响应信号。

RTS/CTS 请求应答联络信号用于半双工系统中发送和接收方式之间的切换。在全双工系统中，因配置双向通道，一般不需要 RTS/CTS 联络信号，可使其变高。

⑤数据载波检出 (Data Carrier Dectection，DCD)：表示 DCE 已接通通信链路，告知 DTE 准备接收数据。

⑥振铃指示(Ringing，RI)：当 DTE 收到 DCE 送来的振铃呼叫信号时，使该信号有效，通知终端，已被呼叫。

⑦发送数据线(Transmitted Data，TXD)：通过 TXD 线终端将串行数据发送到 DCE (DTE ⟶DCE)。

⑧接收数据线(Received Data，RXD)：通过 RXD 线终端接收从 DCE 发来的串行数据(DCE ⟶DTE)。

⑨地线 SGND 和 PGND：有两根地线 SGND(信号地)、PGND(保护地)。

其中，①～⑥为联络控制信号线，⑦、⑧为数据发送与接收线。

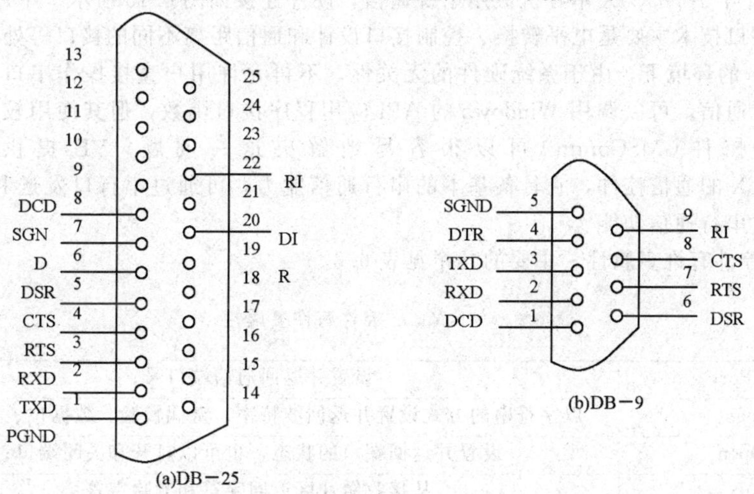

图 6.14　RS－232C 连接器的外形及信号线分配

(4)电平转换。

RS－232C 用正负电压来表示逻辑状态，与 TTL 以高低电平表示逻辑状态的规定不同。因此，为了能够同计算机接口或终端的 TTL 器件连接，必须在 RS－232C 与 TTL 电路之间进行电平和逻辑关系的变换。实现这种变换目前较为广泛使用的是集成电路转换器件，如 MAX232 芯片可完成 TTL 到 EIA 的双向电平转换。

MAX232 芯片是 Maxim 公司生产的，它功耗低、单电源、双 RS－232 发送/接收器，可实现 TTL 电平到 EIA 电平的双向电平转换。MAX232 芯片内部有一个电源电压变换器，可以把输入的＋5 V 电源变换成 RS－232C 输出电平所需的±10 V 电压，所以采用此芯片接口的串行通信系统只要单一的＋5 V 电源即可。

(5)EIA RS－232C 与单片机系统的接口。

RS－232C 与单片机系统的接口电路如图 6.15 所示，C_1、C_2、C_3 和 C_4 是内部电源转换所需电容，其取值均为 1 μF/25 V，宜选用钽电容，C_5 为 0.1 μF 的去耦电容；MAX232 的引脚

T1IN 或 T2IN 引脚与 AT89S5X 的串行发送引脚 TXD 相连接；R1OUT 或 R2OUT 与 AT89S5X 的串行接收引脚 RXD 相连接；T1OUT 或 T2OUT 与 PC 的接收端 RXD 相连接；R1IN 或 R2IN 与 PC 的发送端 TXD 相连接。

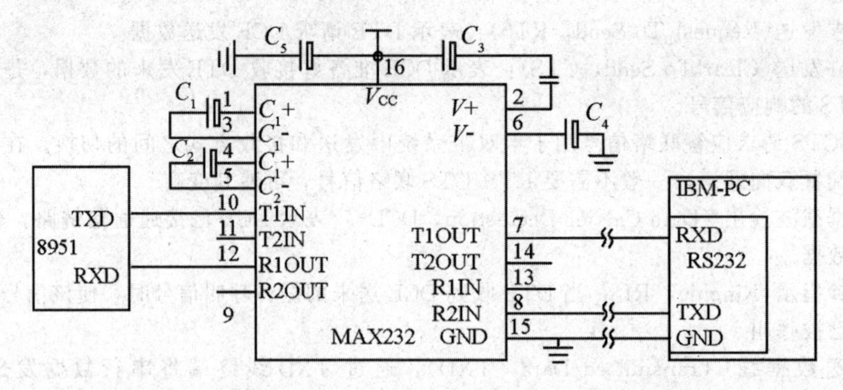

图 6.15　RS-232C 与单片机系统的接口电路

（二）单片机与 PC 机通信编程

1 台 PC 与 1 个 AT89S5X 单片机应用系统通信，硬件连接如图 6.15 所示。单片机与 PC 通信时，其硬件接口技术主要是电平转换、控制接口设计和通信距离不同的接口等处理技术。

在 Windows 的环境下，由于系统硬件的无关性，不再允许用户直接操作串口地址。如果用户要进行串行通信，可以调用 Windows 的 API 应用程序接口函数，但其使用较为复杂，而使用 VB 通信控件（MSComm）可以很容易地解决这一问题。VB 提供一个名为 MSComm32. OCX 的通信控件，它具备基本的串行通信能力，可通过串行口发送和接收数据，为应用程序提供串行通信功能。

MSComm 控件有许多属性，主要的几个见表 6.3。

表 6.3　MSComm 控件有许多属性

CommPort	设置并返回通信端口号；
Settings	以字符串的方式设置并返回波特率、奇偶校验、数据位、停止位；
PortOpen	设置并返回端口的状态，也可以打开和关闭端口；
Input	从接收缓冲区返回字符和删除字符；
Output	向传输缓冲区写一个字符。

单片机向计算机发送数据的 Proteus 仿真电路如图 6.16 所示。要求单片机通过串行口的 TXD 脚向计算机串行发送 8 个字节数据。本例使用两个串口虚拟终端，观察串行口线上出现的串行传输数据。

允许弹出两个虚拟终端窗口(图 6.17)，VT1 窗口显示的数据表示单片机串口发给 PC 机数据，VT2 显示的数据表示由 PC 机经 RS232 串口模型 COMPIM 接收到的数据，由于使用了串口模型 COMPIM，从而省去 PC 机模型，解决了单片机与 PC 机串行通信的虚拟仿真问题。

实际上单片机向计算机和单片机向单片机发送数据的方法是完全一样。

参考程序：

```
#include<reg51.h>
code Tab[]={0xfe, 0xfd, 0xfb, 0xf7, 0xef, 0xdf, 0xbf, 0x7f};
void send(unsigned char dat)
{
```

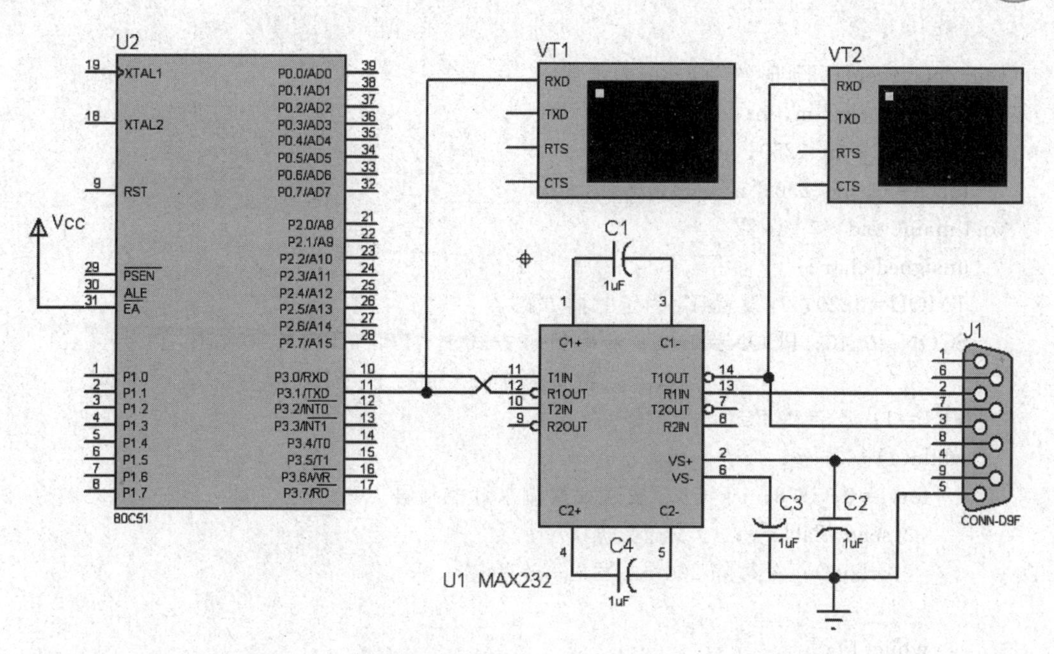

图 6.16　单片机向计算机发送数据的 Proteus 仿真电路

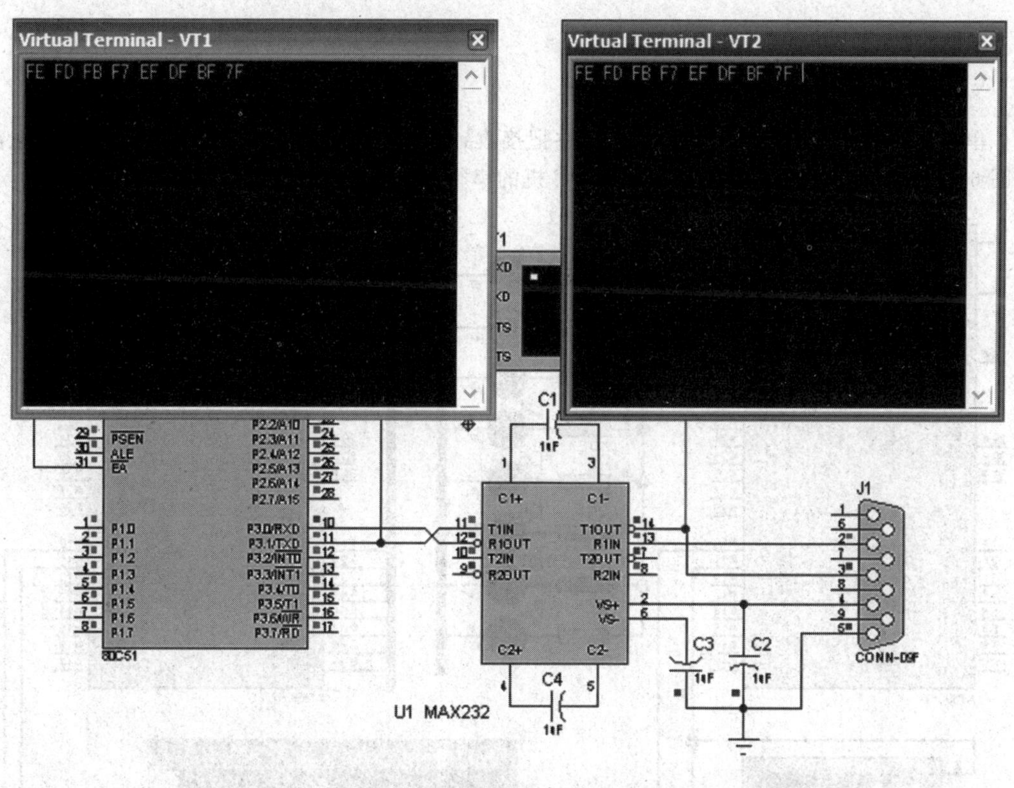

图 6.17　从两个虚拟终端窗口观察到的串行通信数据

SBUF＝dat；//待发送数据写入发送缓冲寄存器
while(TI＝＝0)；//串口未发完，等待
；//空操作
TI＝0；//1 字节发送完，软件将 TI 标志清 0

```
}
void delay(void)//延时约 200 ms 的函数
{  unsigned char m，n；
   for(m=0；m<250；m++)
   for(n=0；n<250；n++)；}
void main(void)//主函数
{  unsigned char i；
   TMOD=0x20；//设置 T1 为定时器方式 2
   SCON=0x40；PCON=0x00；//串行口方式 1，TB8=1TH1=0xfd；TL1=0xfd，波
                              特率为 9 600 bps
   TR1=1；//启动 T1
   while(1)//循环
   {  for(i=0；i<8；i++)//发送 8 次流水灯控制码
      {  send(Tab[i])；//发送数据
         delay()；//每隔 200 ms 发送一次数据
      }
      while(1)；
   }
}
```

(三)单片机接收 PC 机发送的数据

单片机接收计算机发送的串行数据，并把接收到的数据送 P1 口 8 位 LED 显示。原理电路如图 6.18 所示。本例采用串行口来模拟 PC 机的串行口。

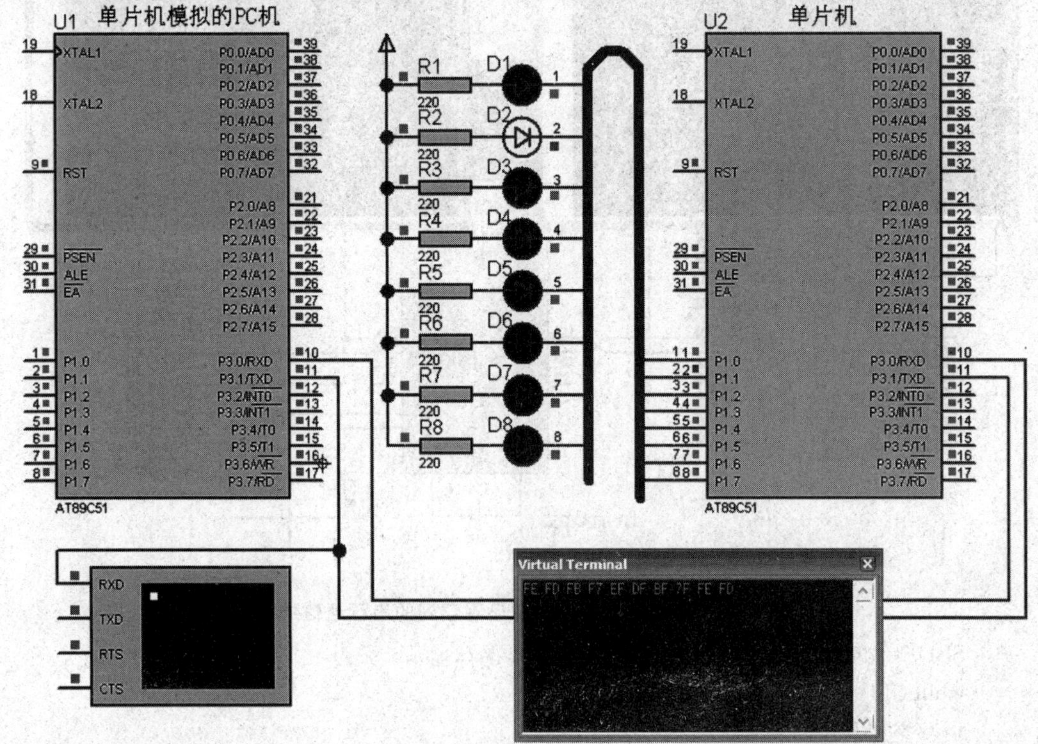

图 6.18　单片机接收 PC 机发送的串行数据的原理电路

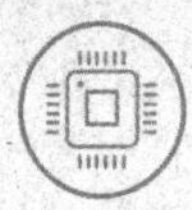

参考程序：

```
//PC机发送程序(用单片机串口模拟PC机串口发送数据)
#include<reg51.h>
#define uchar unsigned char
#define uint unsigned int
uchar tab[]={0xfe, 0xfd, 0xfb, 0xf7, 0xef, 0xdf, 0xbf, 0x7f};
void delay(unsigned int i)
{
    unsigned char j;
    for(; i>0; i--)
    for(j=0; j<125; j++);
}
void main()
{   uchar i; //设置定时器T1为方式2
    TH1=0xfd; TL1=0xfd; //波特率为9 600 bps
    SCON=0x40; //方式1只发，不收
    PCON=0x00; //串口初始化为方式0
    TR1=1; //启动T1
    while(1)
    {      for(i=0; i<8; i++)
        {SBUF=tab[i]; //数据送串行口发送
        while(TI==0); //如果TI=0，未发送完，循环等待
        TI=0; //已发送完，再把TI清0
        delay(1000);}
    }
}
//单片机接收程序
  #include<reg51.h>
  #define uchar unsigned char
  #define uint unsigned int
  void main()
  {   uchar temp=0;
      TMOD=0x20; //设置T1为方式2
      TH1=0xfd; TL1=0xfd; //波特率为9 600 bps
      SCON=0x50; //设置串口为方式1接收，REN=1
      PCON=0x00; //SMOD=0
      TR1=1; //启动T1
      while(1)
      {while(RI==0); //若RI为0，未接收到数据
        RI=0; //接收到数据，则把RI清0
        temp=SBUF; //读取数据存入temp中
        P1=temp; //接收的数据送P1口控制8个LED的亮与灭
      }
  }
```

第四节　实例：单片机多机通信

下面通过一个具体案例，介绍如何实现单片机的多机通信。

实现主单片机分别与 3 个从单片机串行通信，原理电路如图 6.19 所示。用户通过分别按下开关 K1、K2 或 K3 来选择主机与对应 1＃、2＃或 3＃从机串行通信，当黄色 LED 点亮时，表示主机与相应的从机连接成功；该从机的 8 个绿色 LED 闪亮，表示主机与从机在进行串行数据通信。如果断开 K1、K2 或 K3，则主机与相应从机的串行通信中断。

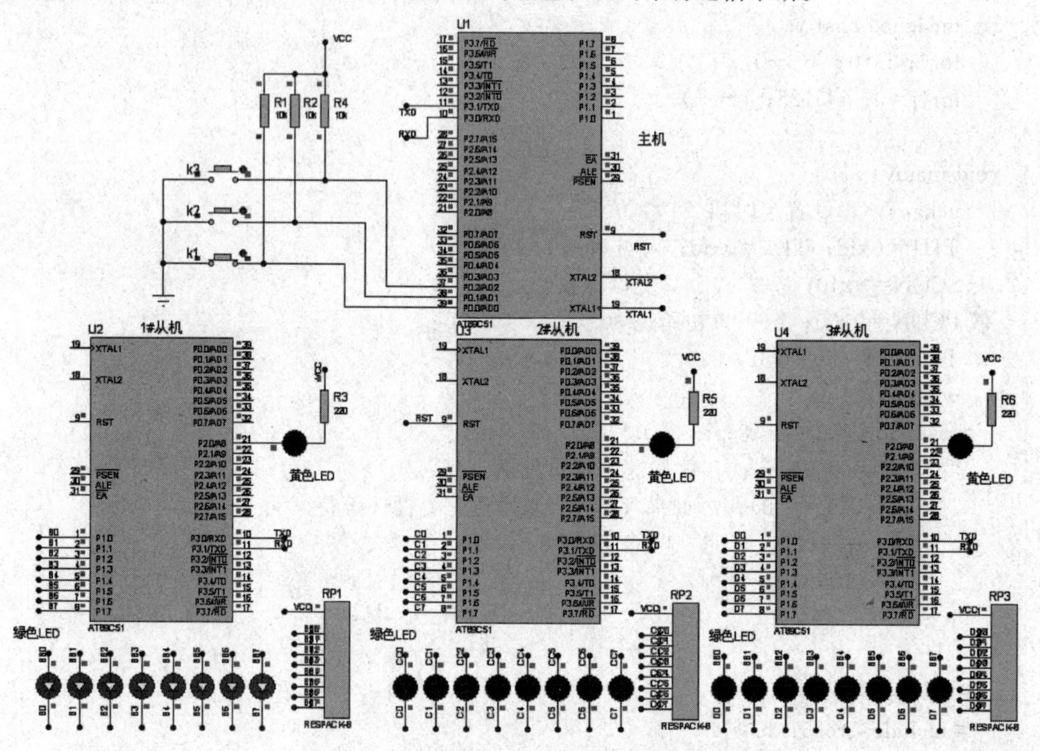

图 6.19　主机与 3 从机的多机通信的原理电路与仿真

本例实现主、从机串行通信，各从机程序都相同，只是地址不同。串行通信约定如下。

(1)3 台从机的地址为 01H～03H。

(2)主机发出的 0xff 为控制命令，使所有从机都处于 SM2＝1 的状态。

(3)其余的控制命令：00H—接收命令，01H—发送命令。这两条命令是以数据帧的形式发送的。

(4)从机状态字格式约定如图 6.20 所示。

	D7	D6	D5	D4	D3	D2	D1	D0
状态字	ERR	0	0	0	0	0	TRDY	RRDY

图 6.20　从机状态字格式约定

其中，ERR(D7 位)＝1，表示收到非法命令；TRDY(D1 位)＝1，表示发送准备完毕；RRDY(D0 位)＝1，表示接收准备完毕。

串行通信时，主机采用查询方式，从机采用中断方式。主机串口设为方式 3，允许接收，并置 TB8 为 1。因只有 1 个主机，所以主机 SCON 控制寄存器中的 SM2 不要置 1，故控制字为 11011000，即 0xd8。

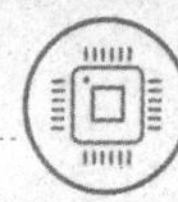

参考程序如下：

```
//主机程序
#include<reg51.h>
#include<math.h>
sbit switch1=P0^0; //定义K1与P0.0连接
sbit switch2=P0^1; //定义K2与P0.1连接
sbit switch3=P0^2; //定义K3与P0.2连接

void main()//主函数
{
    EA=1; //总中断允许
    TMOD=0x20; //设置定时器T1工作方式2自动装载定时常数
    TL1=0xfd; //波特率设为9 600 bps
    TH1=0xfd;
    PCON=0x00; //SMOD=0, 不倍增
    SCON=0xd0; //SM2设为0, TB8设为0
    TR1=1; //启动定时器T1
    ES=1; //允许串口中断
    SBUF=0xff; //串口发送0xff
while (TI==0); //判断是否发送完毕
      TI=0; //发送完毕, TI清0
      while(1)
      {
          delay_ms(100);
          if(switch1==0)//判断是否K1按下, K1按下往下执行
          {
          TB8=1; //发送的第9位数据为1, 送TB8, 准备发地址帧
          SBUF=0x01; //串口发1#从机的地址0x01以及TB8=1
          while(TI==0); //判断是否发送完毕
          TI=0; //发送完毕, TI清0
          TB8=0; //发送的第9位数据为0, 送TB8, 准备发数据帧
          SBUF=0x00; //串口发送0x00以及TB8=0
          while(TI==0); /判断是否发送完毕
          TI=0; //发送完毕, TI清0
          }
if(switch2==0)//判断是否K2按下, K2按下往下执行
              {
                  TB8=1; //发送的第9位数据为1, 发地址帧
                  SBUF=0x02; //串口发2#从机的地址0x02
                  while(TI==0); /判断是否发送完毕
                  TI=0; //发送完毕, TI清0
                  TB8=0; //准备发数据帧
                  SBUF=0x00; //发数据帧0x00及TB8=0
                  while(TI==0); //判断是否发送完毕
```

```
            TI=0；//发送完毕，TI清0
        }
  if(switch3==0)//判断是否K3按下，如按下，则往下执行
        {
            TB8=1；//准备发地址帧
            SBUF=0x03；//发3#从机地址
            while(TI==0)；//判断是否发送完毕
            TI=0；//发送完毕，TI清0
            TB8=0；//准备发数据帧
            SBUF=0x00；//发数据帧0x00及TB8=0
            while(TI==0)；//判断是否发送完毕
            TI=0；//发送完毕，TI清0
        }
  }
  }
  void delay_ms(unsigned int i)//函数功能：延时
  {
  unsigned char j；
  for (；i>0；i--)
     for(j=0；j<125；j++)
     ；
  }
  //从机1串行通信程序
  #include<reg51.h>
  #include<math.h>
  sbit led=P2^0；//定义P2.0连接的黄色LED
  bit rrdy=0；//接收准备标志位rrdy=0，表示未做好接收准备
  bit trdy=0；//发送准备标志位trdy=0，表示未做好发送准备
  bit err=0；//err=1，表示接收到的命令为非法命令
  void main()//从机1主函数
  {
     EA=1；//总中断打开
     TMOD=0x20；//定时器1工作方式2，自动装载，用于串口设置波特率
     TL1=0xfd；
     TH1=0xfd；//波特率设为9 600 bps
     PCON=0x00；//SMOD=0
     SCON=0xd0；//SM2设为0，TB8设为0
     TR1=1；//启动定时器T1
     P1=0xff；//向P1写入全1，8个绿色LED全灭
     ES=1；//允许串口中断
     while(RI==0)；//接收控制指令0xff
  if (SBUF==0xff)err=0；//如果接收到的数据为0xff，err=0，表示正确
    else err=1；//err=1，表示接收出错
    RI=0；//接收中断标志清0
```

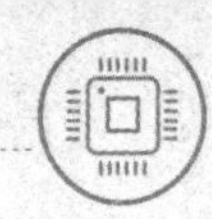

```
  SM2=1；//多机通讯控制位，SM2 置 1
  while(1)；}
void int1()interrupt 4，    //函数功能：定时器 T1 中断函数
{
    if(RI)//如果 RI=1
    {
        if(RB8)//如果 RB8=1，表示接收的为地址帧
        {
         RB8=0；
    if(SBUF ==0x01)//如果接收的数据为地址帧 0x01，是本从机的地址
                {
                    SM2=0；//则 SM2 清 0，准备接收数据帧
                    led=0；//点亮本从机黄色发光二极管
                }
        }
        else//如果接收的不是本从机的地址
        {
            rrdy=1；//准备好接收标志置 1
            P1=SBUF；//串口接收的数据送 P1
        SM2=1；//SM2 仍为 1
            led=1；//熄灭本从机黄色发光二极管
                }
            RI=0；
            }
            delay _ ms(50)；
            P1=0xff；//熄灭本从机 8 个绿色发光二极管
        }
void delay _ ms(unsigned int i)//函数功能：延时
    {
    unsigned char j；
    for(；i>0；i--)
    for(j=0；j<125；j++)
    ；}
    //从机 2 串行通信程序
        #include<reg51. h>
        #include<math. h>
        sbit led=P2^0；
        bit rrdy=0；
        bittrdy=0；
        bit err=0；
        void delay _ ms(unsigned int i)
        {unsigned char j；
        for(；i>0；i--)
        for(j=0；j<125；j++；}
```

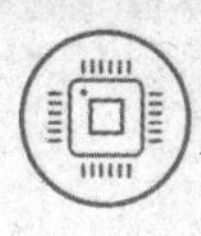


```
void main()//从机 2 主程序
{
    EA=1；//总中断打开
    TMOD=0x20；//设置定时器 1 工作方式 2 自动装载用于串口设置波特率
    TL1=0xfd；//SM2 设为 1，TB8 设为 0
    TR1=1；//定时器 1 打开
    P1=0xff；
    ES=1；//允许串口中断
    while(RI==0)；//接收控制指令 0xff
    if(SBUF==0xff)err=0；
    else err=1；
    RI=0；
    SM2=1；
    while(1)；
}
void int1()interrupt 4//函数功能：串口中断函数
     {if(RI)
            {if(RB8)
                  {RB8=0；
                  if(SBUF==0x02)
                        {SM2=0；
                              led=0；
                        }
                  }
                  else
                  {     rrdy=1；P1=SBUF；
                      SM2=1；led=1；
                  }
                  RI=0；
            }
            delay_ms(50)；
            P1=0xff;}
//从机 3 串行通信程序
      #include<reg51.h>
      #include<math.h>
      sbit led=P2^0；
      bit rrdy=0；
      bittrdy=0；
      bit err=0；
      void delay_ms(unsigned int i)//函数功能：延时
      {unsigned char j；
      for (；i>0；i--)
          for(j=0；j<125；j++)；
      }
```

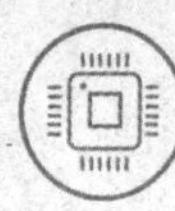

```
void main()//从机 3 主程序
  {   EA=1；//总中断打开
      TMOD=0x20；//T1 方式 2，用于串口设置波特率
      TL1=0xfd；TH1=0xfd；//波特率设为 9 600 bps
      PCON=0x00；//波特率不倍增，0x80 为倍增
      SCON=0xf0；//SM2 设为 1，TB8 设为 0
      TR1=1；//接通 T1
      P1=0xff；ES=1；
      while(RI==0)；//接收控制指令 0xff
      if(SBUF==0xff)err=0；
      else err=1；
      RI=0；SM2=1；
  while(1)；}
void int1()interrupt 4//函数功能：串行口中断函数
   {if(RI)
      {if(RB8)
          {   RB8=0；
          if(SBUF==0x03)
          {
          SM2=0；led=0；}
          }
          else
          {rrdy=1；P1=SBUF；
          SM2=1；led=1；}
          RI=0；}
   delay_ms(50)；
   P1=0xff；}
```

习　题

1. 波特率的含义是什么？

2. 什么是串行异步通信？它有哪些特征？

3. 单片机的串行接口由哪些功能部件组成？各有什么作用？

4. 简述串行接口接收和发送数据的过程。

5. AT89S5X 串行接口有几种工作方式？有几种帧格式？各工作方式的波特率如何确定？

6. 某异步通信接口按方式 3 传送，已知其每分钟传送 3 600 个字符，计算其传送波特率。

7. 利用 AT89S5X 串行口控制 8 位发光二极管工作，要求发光二极管每 1 s 交替地亮、灭，画出电路图并编写程序。

8. 试编写一串行通信的数据发送程序，发送片内 RAM 的 20H～2FH 单元的 16B 数据，串行接口方式设定为方式 2，采用偶校验方式，晶振频率为 12 MHz。

9. 试编写一串行通信的数据接收程序，将接收到的 16B 数据送入片内 RAM 40H～4FH 单元中，串行接口设定为方式 3，波特率为 1 200 bps，晶振频率为 12 MHz。

第七章 单片机的转换接口技术

本章主要讲述了模数和数模转换器件的工作原理、性能参数以及与单片机之间的接口方式，通过典型的模数、数模转换芯片介绍电路设计方法和编程技巧。

第一节 A/D 转换技术

A/D 转换器(Analog to Digit Converter)是一种将模拟量转换为与之成比例的数字量的器件，常用 ADC 表示。随着超大规模集成电路技术的飞速发展，A/D 转换器新的设计思想和制造技术层出不穷，为满足各种不同的检测及控制任务的需要，各种类型的 A/D 转换器芯片也应运而生。

一、A/D 转换原理

A/D 转换是把模拟量信号转化成与其大小成正比的数字量信号，其电路的种类很多。根据转换原理，目前常用的 A/D 转换电路的转换方式主要有逐次逼近式和双积分式。

(一)逐次逼近式转换原理

逐次逼近式转换的基本原理是用一个计量单位使连续量整量化(简称量化)，即用计量单位与连续量比较，把连续量变为计量单位的整数倍，略去小于计量单位的连续量部分，得到的整数量即数字量。显然，计量单位越小，量化的误差越小。

逐次逼近式的转换原理即“逐位比较”。图 7.1 为一个 N 位逐次逼近式 A/D 转换器原理图。

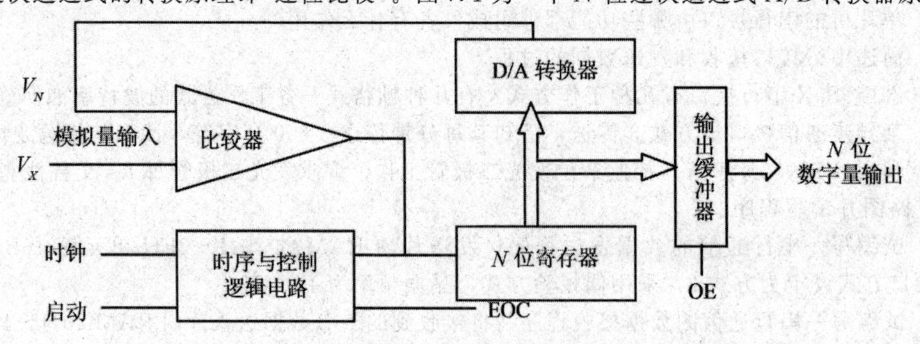

图 7.1 N 位逐次逼近式 A/D 转换原理图

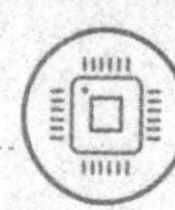

它由 N 位寄存器、D/A 转换器、比较器和控制逻辑等部分组成。N 位寄存器用来存放 N 位二进制数码。当模拟量 V_X 送入比较器后，启动信号通过控制逻辑电路启动 A/D 转换。首先，置 N 位寄存器最高位(D_{N-1})为"1"，其余位清"0"，N 位寄存器的内容经 D/A 转换后得到整个量程一半的模拟电压 V_N，与输入电压 V_X 比较。若 $V_X \geqslant V_N$，则保留 $D_{N-1}=1$；若 $V_X < V_N$，则 D_{N-1} 位清"0"。然后，控制逻辑使寄存器下一位(D_{N-2})置"1"，与上次的结果一起经 D/A 转换后与 V_X 比较。重复上述过程，直到判断出 D_0 取 1 还是 0 为止，此时控制逻辑电路发出转换结束信号 EOC。这样经过 N 次比较后，N 位寄存器的内容就是转换后的数字量数据，在输出允许信号 OE 有效的条件下，此值经输出缓冲器读出。整个转换过程就是一个逐次比较逼近的过程。

小贴士

逐次逼近 A/D 转换器在精度、速度和价格上均比较适中，它是最常用的 A/D 转换器件。常用的逐次逼近式 A/D 器件有 ADC0809、AD574A 等。

(二)双积分转换原理

双积分 A/D 转换采用了间接测量原理，即将被测电压值 V_X 转换成时间常数，通过测量时间常数得到未知电压值。双积分 A/D 转换器原理如图 7.2(a)所示。它由电子开关、积分器、比较器、计数器、控制门等部件组成。

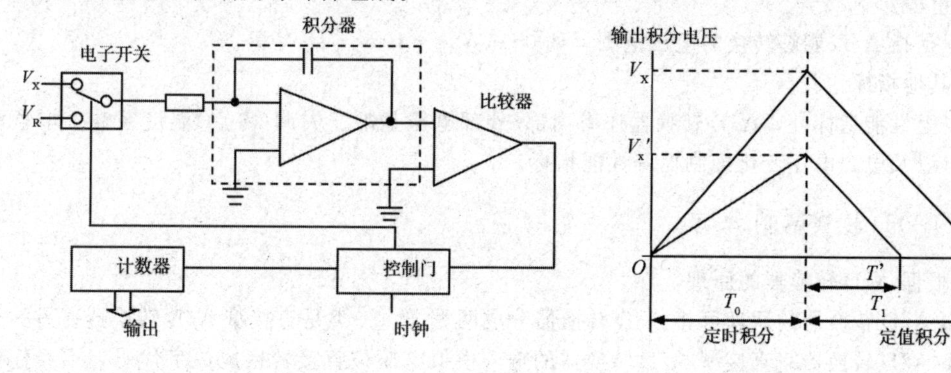

图 7.2　双积分 A/D 转换器原理

双积分就是进行一次 A/D 转换需要二次积分。转换时，控制门通过电子开关把被测电压 V_X 加到积分器的输入端，积分器从零开始，在固定的时间 T_0 内对 V_X 积分(称定时积分)，积分输出终值与 V_X 成正比。接着控制门将电子开关切换到极性与 V_X 相反的基准电压 V_R 上，进行反向积分，由于基准电压 V_R 恒定，所以积分输出将按 T_0 期间积分的值以恒定的斜率下降，当比较器检测积分输出过零时，积分器停止工作。反相积分时间 T_1 与定值积分的初值(即定时积分的终值)成比例关系，故可以通过测量反相积分时间 T_1 计算出 V_X，即

$$V_X = \frac{T_1}{T_0} V_R$$

反相积分时间 T_1 由计数器对时钟脉冲计数得到。图 7.2(b)表示出了两种不同输入电压($V_X > V_X'$)的积分情况。显然 V_X 值小，在 T_0 定时积分期间积分器输出终值也就小，而下降斜率相同，故反相积分时间 T_1 也就小。

由于双积分方法的二次积分时间比较长，因此 A/D 转换速度慢，而精度可以做得比较高。

对周期变化的干扰信号积分为零，抗干扰性能也就较好。目前国内外双积分 A/D 转换芯片很多，常用的为 BCD 码输出，有 MC14433、ICL7135、ICL7109(12 位二进制)等。

(三)A/D 转换器的性能指标

(1)分辨率。

分辨率是指输出数字量变化一个相邻数码所需输入模拟电压的变化量，A/D 转换器的分辨率定义为满刻度电压与 2^n 之比值，其中 n 为 ADC 的位数。

(2)转换速率与转换时间。

转换速率是指完成一次从模拟量到数字量转换所需时间的倒数，即每秒钟转换的次数。完成一次 A/D 转换所需的时间(包括稳定时间)称为转换时间，转换时间是转换速率的倒数。

(3)量化误差。

由 A/D 转换器的有限分辨率而引起的误差，即有限分辨率 A/D 的阶梯状转移特性曲线与理想无限分辨率 A/D 的转移特性曲线(直线)之间的最大偏差称为量化误差。通常是 1 个或半个最小数字量的模拟变化量，表示为 1LSB 或 1/2LSB。

(4)线性度。

线性度是指实际 A/D 转换器的转移函数与理想直线的最大偏差，不包括量化误差、偏移误差(输入信号为零时，输出信号不为零的值)和满刻度误差(满刻度输出时，对应的输入信号与理想输入信号值之差)三种误差。

(5)量程。

量程是指 A/D 能够转换的电压范围，如 0～5 V，－10～＋10 V 等。

(6)其他指标。

除以上性能指标外，A/D 转换器还有内部/外部电压基准、失调(零点)温度系数、增益温度系数，以及电源电压变化抑制比等性能指标。

(四)A/D 转换器的分类

(1)根据 A/D 转换器的原理。

根据 A/D 转换器的原理可将 A/D 转换器分成两大类：一类是直接型 A/D 转换器；另一类是间接型 A/D 转换器。直接型 A/D 转换器的输入模拟电压被直接转换成数字代码，不经任何中间变量；在间接型 A/D 转换器中，首先把输入的模拟电压转换成某种中间变量(时间、频率、脉冲宽度等)，然后再把这个中间变量转换为数字代码输出。

(2)根据输出数字量的方式。

根据输出数字量的方式，A/D 转换器可以分为并行输出转换器和串行输出转换器两种，串行、并行 ADC 各有优势。并行 ADC 的特点是占用较多的数据线，但转换速度快，在转换位数较少时，有较高的性价比。串行 ADC 具有输出占用的数据线少、转换后的数据逐位输出、输出速度较慢的特点。

(3)根据输出数字量表示形式。

根据输出数字量表示形式，A/D 转换器可分为二进制输出格式和 BCD 码输出格式。BCD 码输出采用分时输出万、千、百、十、位的方法，可以很方便地驱动 LCD 显示。二进制输出格式一般要将转换数据送单片机处理后使用。

二、并行 A/D 转换技术

(一)逐次逼近式 A/D 转换器

由上文可知，N 位逐次逼近型 A/D 转换器最多只需 N 次 D/A 转换、比较判断，就可以完成 A/D 转换。因此，逐次逼近型 A/D 转换速度很快。本小节以典型的 8 位逐次逼近式 A/D 转换器 ADC0809 的为例进行介绍。

(1)ADC0809 的特点。

ADC0809 是美国国家半导体(National Semiconductor，NS)公司生产的逐次逼近型 A/D 转换器，具有以下特点：

①分辨率为 8 位。

②转换时间为 100 μs(当外部时钟输入频率 f_c＝640 kHz 时)。

③单一电源 5 V，采用单一电源＋5 V 供电时量程为 0～5 V。

④带有锁存控制逻辑的 8 通道多路转换开关，便于选择 8 路中的任一路进行转换。

⑤使用 5 V 或采用经调整模拟间距的电压基准工作。

⑥带锁存器的三态数据输出。

(2)ADC0809 的内部结构。

ADC0809 是一种 8 路模拟输入 8 位数字输出的逐次逼近式 A/D 转换器件，转换时间约为 100 μs，其内部结构框图如图 7.3 所示。多路开关用于输入 IN0～IN7 上 8 路模拟量电压，最大允许 8 路模拟量分时输入，共用一个 A/D 转换器。8 路模拟量开关的切换由地址锁存器与译码控制，3 条地址线 C、B、A 通过 ALE 锁存。改变不同的地址，可以切换 8 路模拟通道，如 C、B、A 为 0、0、0 时，选择模拟通道 IN0。同理，可以选择其他通道。A/D 转换结果通过三态输出锁存器输出，允许直接与系统数据总线相连。OE 为输出允许信号，可与系统读信号RD相连。EOC 为转换结束信号，表示一次 A/D 转换已完成，可以作为中断请求信号，也可被程序查询以检测转换是否结束。

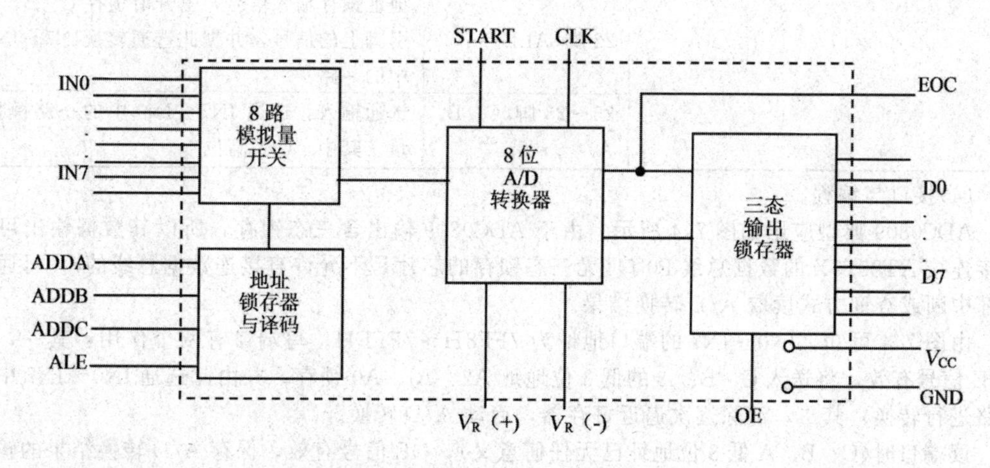

图 7.3　ADC0809 结构框图

(3)ADC0809 引脚功能。

ADC0809 为 DIP28 封装，其芯片引脚排列见表 7.1 所示。

表 7.1　ADC0809 芯片引脚排列

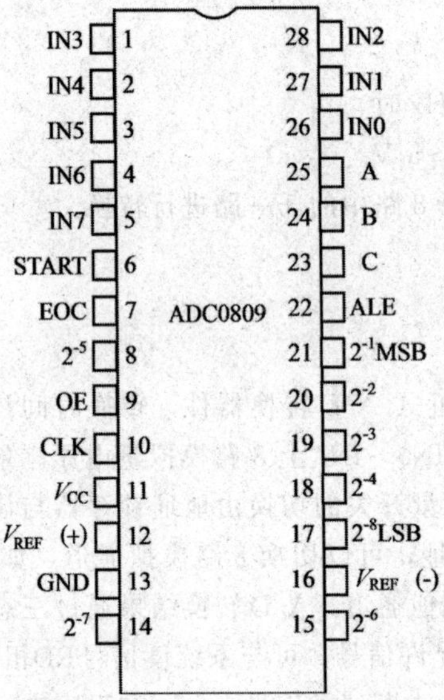

引脚图	引脚	引脚功能
ADC0809 IN3 1 / 28 IN2 IN4 2 / 27 IN1 IN5 3 / 26 IN0 IN6 4 / 25 A IN7 5 / 24 B START 6 / 23 C EOC 7 / 22 ALE 2^{-5} 8 / 21 2^{-1}MSB OE 9 / 20 2^{-2} CLK 10 / 19 2^{-3} V_{CC} 11 / 18 2^{-4} V_{REF} (+) 12 / 17 2^{-8}LSB GND 13 / 16 V_{REF} (-) 2^{-7} 14 / 15 2^{-6}	5～1、28～26 脚(IN7～IN0)	8 路模拟量输入。ADC0809 一次只能选通 IN7～IN0 中的某一路进行转换，选通的通道由 ALE 上升沿时送入的 C、B、A 引脚信号决定
	6 脚(START)	A/D 启动转换输入信号，正脉冲有效。脉冲上升沿清除逐次逼近寄存器；下降沿启动 A/D 转换
	7 脚(EOC)	转换结束输出引脚。启动转换后自动变低电平，转换结束后跳变为高电平，可供 AT89S5X 查询，如果采用中断法，该引脚一定要经反相后接 AT89S5X 的 INT0 和 INT1 引脚
	17、14、15、8、18～21 脚(2^{-8}～2^{-1})	8 位数据输出。其中，2^{-1} 为数据高位，2^{-8} 为数据低位
	9 脚(OE)	输出允许，高电平有效。高电平时，允许转换结果从 A/D 转换器的三态输出锁存器输出数据
	10 脚(CLK)	时钟输入，时钟频率允许范围为 10～1 280 kHz，典型值为 640 kHz，当时钟频率为典型值时，转换速度为 100 μs(128～50 μs)
	11(V_{CC})	工作电源输入。典型值为＋5 V，极限值为 6.5 V
	12 脚 V_{REF}(＋)	参考电压(＋)输入，一般与 V_{CC} 相连
	13 脚(GND)	模拟和数字地
	16 脚 V_{REF}(－)	参考电压(－)输入，一般与 GND 相连
	22 脚(ALE)	地址锁存输入信号，上升沿锁存 C、B、A 引脚上的信号，并据此选通转换IN7～IN0 中的一路
	25～23 脚(C、B、A)	选通输入，选通 IN7～IN0 中的一路模拟量。其中，C 为高位

(4)接口与编程。

ADC0809 典型应用如图 7.4 所示。由于 ADC0809 输出含三态锁存，所以其数据输出可以直接连接 AT89S5X 的数据总线 P0 口(无三态锁存的芯片是不允许直接连数据总线的)。可通过外部中断或查询方式读取 A/D 转换结果。

由图 7.4 可知，IN0～IN7 的端口地址为 7FF8H～7FFFH。写端口有两个作用：其一，使 ALE 信号有效，将送入 C、B、A 的低 3 位地址 A2、Al、A0 锁存，并由此选通 IN0～IN7 中的一路进行转换；其二，清除逐次逼近寄存器，启动 A/D 转换。

读端口时(C、B、A 低 3 位地址已无任何意义)，OE 信号有效，保存 A/D 转换结果的输出三态锁存器的“门”打开，将数据送到数据总线。注意，只有在 EOC 信号有效后，读端口才有意义。CLK 时钟输入信号频率的典型值为 640 kHz。鉴于 640 kHz 频率的获取比较复杂，在工程实际中多采用在 AT89S5X 的 ALE 信号基础上分频的方法。例如，当单片机的 f_{osc}＝6 MHz 时，ALE 引脚上的频率大约为 1 MHz，经 2 分频之后为 500 kHz，使用该频率信号作为

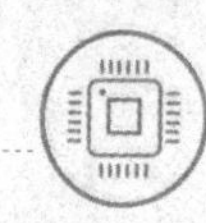

ADC0809 的时钟，基本可以满足要求。该处理方法与使用精确的 640 kHz 时钟输入相比，仅仅是转换时间比典型的 100 μs 略长一些(ADC0809 转换需要 64 个 CLK 时钟周期)。

采用查询方式控制 ADC0809(Proteus 元件库中没有 ADC0809，可用库中 ADC0808 替代，与 ADC0809 性能完全相同，用法一样，只是在非调整误差方面有所不同，ADC0808 为±1/2 LSB，而 ADC0809 为±1 LSB)进行 A/D 转换，原理电路如图 7.4 所示。输入给 ADC0809 模拟电压可通过调节电位器 RV1 来实现，ADC0808 将输入的模拟电压转换成二进制数字，并通过 P1 口输出，控制发光二极管亮与灭，来显示转换结果的二进制数字量。

ADC0808 转换一次约需 100 μs，采用查询方式，即使用 P2.3 来查询 EOC 脚电平，判断 A/D 转换是否结束。如果 EOC 脚为高，说明转换结束，单片机从 P1 口读入转换二进制的结果，然后把结果从 P0 口输出给 8 个发光二极管，发光二极管被点亮的位对应转换结果“0”。

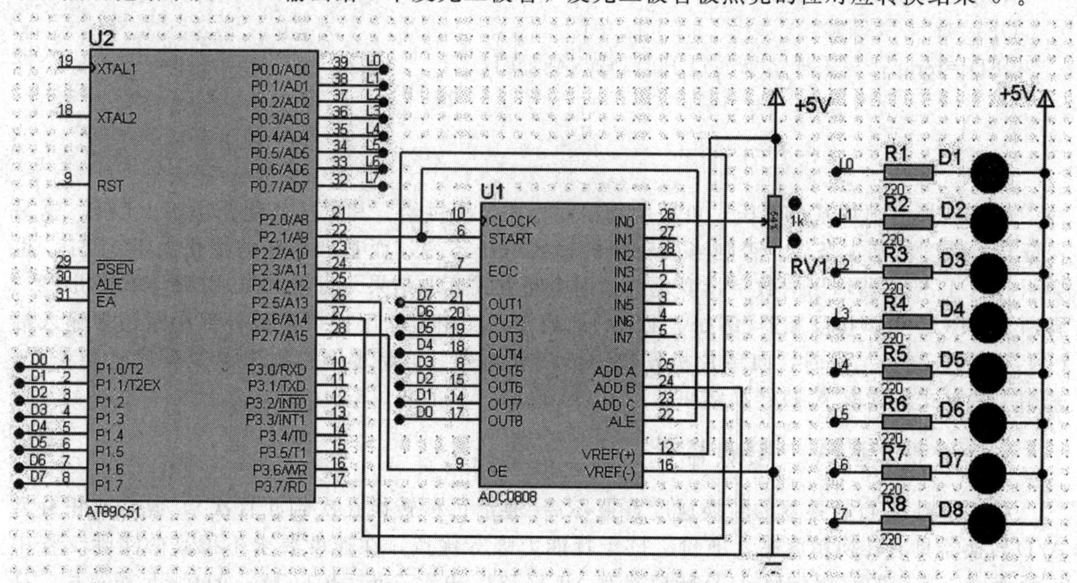

图 7.4　单片机控制 ADC0809 进行转换

参考程序如下：

```
#include"reg51.h"
#define uchar unsigned char
#define uint unsigned int
#define LED P0
#define out P1
sbit start=P2^1;
sbit OE=P2^7;
sbit EOC=P2^3;
sbit CLOCK=P2^0;
sbit add_a=P2^4;
sbit add_b=P2^5;
sbit add_c=P2^6;

void main(void)
{
uchar temp;
add_a=0; add_b=0; add_c=0; //选择 ADC0809 的通道 0
```

```
while (1)
      {
           start=0;
           start=1;
           start=0; //启动转换
while(1)
{
clock=! clock; if(EOC==1)break;}//等待转换结束
OE=1; //允许输出
temp=out; //暂存转换结果
OE=0; //关闭输出
LED=temp; //采样结果通过 P0 口输出到 LED
}
}
}
```

A/D 转换时须加基准电压，单独用高精度稳压电源供给，其电压变化要小于 1 LSB，这是保证转换精度的基本条件。否则当被转换的输入电压不变，而基准电压的变化大于 1LSB，也会引起 A/D 转换器输出的数字量变化。如用中断方式读取结果。可将 EOC 引脚与单片机 P2.3 脚断开，EOC 引脚接反相器(例如 74LS04)的输入，反相器输出接单片机外部中断请求输入端(INTx 脚)，转换结束时，向单片机发出中断请求信号。可将本例接口电路及程序进行修改，采用中断方式来读取 A/D 转换结果。

(二)双积分型 A/D 转换器

双积分型 A/D 转换器的转换速度普遍不高(通常每秒转换几次到几百次)，但是双积分型 A/D 转换器具有转换精度高、廉价、抗干扰能力强等优点，在速度要求不很高的实际工程中广泛使用。常用的双积分型 A/D 转换器有 MC14433、ICL7106、ICL713、AD7555 等芯片。这里以典型的 MC14433A/D 转换器为例进行介绍。

(1)MC14433 的特点。

① $3\frac{1}{2}$ 位双积分型 A/D 转换器。

②外部基准电压输入：200 mV 或 2 V。

③自动调零。

④量程有 199.9 mV 或 1.999 V 两种(由外部基准电压 V_{REF} 决定)。

⑤转换速度为 1～10 次/秒，速度较慢。

(2)MC14433 引脚功能：MC14433 为 DIP24 封装，其芯片引脚排列见 7.2。

(3)MC14433 选通时序。

如图 7.5 所示，EOC 输出 1/2 个 CLK 周期正脉冲表示转换结束，依次 DS1、DS2、DS3、DS4 有效。在 DS1 有效期间从 Q3～Q0 端读出的数据是千位数，在 DS2 有效期间读出的数据为百位数，依此类推，周而复始。当 DS1 有效时，Q3～Q0 上输出的数据为千位数，由于千位只能是 0 或 1，故 DS1 有效期间，Q3～Q0 输出的数据被赋予了新的含义：Q3 表示千位，Q3=0，表示千位为 1；Q3=1，表示千位为 0。Q2 表示极性，Q2=0，表示极性为负；Q2=1，表示极性为正(0 负 1 正)。Q0 表示量程，Q0=1，表示超量程；Q0=0，表示未超量程(1 真 0 假)。

表 7.2　MC14433 芯片引脚排列

引脚图	引脚	引脚功能
AGND 1　2 V_{DD} V_{REF} 2　2 Q3 V_x 3　2 Q2 R_1 4　2 Q1 R_1/C_1 5　2 Q0 C_1 6　1 DS1 CO1 7　MC14433　1 DS2 CO2 8　1 DS3 DU 9　1 DS4 CLK0 10　1 OR CLK1 11　1 EOC V_{EE} 12　1 V_{SS}	1 脚(AGND)	模拟地(所有模拟信号的零电位)
	2 脚(V_{REF})	外接电压基准(2 V 或 200 mV)输入端
	3 脚(V_X)	被测电压输入端
	4 脚(R_1)	外接积分电阻输入
	5 脚(R_1/C_1)	外接电阻 R_1 和外接电容 C_1 的公共端。电容 C_1 常采用聚丙烯电容，典型值 0.1 μF，电阻 R_1 有两种选择：470 kΩ(量程为 200 mV 时)或 27 kΩ(量程为 2 V 时)
	6 脚(C_1)	外接积分电容输入
	7、8 脚(CO1、CO2)	外接失调补偿电容端，典型值为 0.1 μF
	9 脚(DU)	更新转换控制信号输入，高电平有效
	10、11 脚(CLK0，CLK1)	时钟振荡器外接电阻 R_C 输入端，外接电阻 R_C 典型值 470 kΩ，时钟频率随 RC 电阻阻值的增加而下降
	12 脚(V_{EE})	模拟负电源端，典型值为－5 V
	13 脚(V_{SS})	数字地(所有数字信号输入了输出的零电位)
	14 脚(EOC)	转换结束输出，当 DU 有效后，EOC 变低，16 400 个时钟脉冲(CLK)周期后产生一个 0.5 倍时钟周期宽度的正脉冲，表示转换结束。可将 EOC 与 DU 相连，即每次 A/D 转换结束后，均自动启动新的转换
	15 脚(OR)	过量程状态输出，低电平有效。当 $\lvert V_X \rvert > \lvert V_{REF} \rvert$ 时，OR 有效(输出低电平)
	16～19 脚(DS1～DS4)	分别表示千、百、十、个位的选通脉冲输出，格式为 18 个时钟周期宽度的正脉冲。例如，在 DS2 有效期间，Q0～Q3 上输出的 BCD 码表示转换的百位的数值
	20～23 脚(Q0～Q3)	某位 BCD 码数字量输出。具体是哪位，由选通脉冲 DSl～DS4 指定，其中 Q3 为高位，Q0 为低位
	24 脚(V_{DD})	正电源端，典型值为＋5 V

Q0＝1 时，进一步确定是由过量程还是欠量程引起的超量程，由 Q3(千位数据)来确定。若 Q3＝0，表示千位为 1，是由过量程引起的；若 Q3＝1，表示千位为 0，是由欠最程引起的。MC14433 千位选通含义见表 7.3。

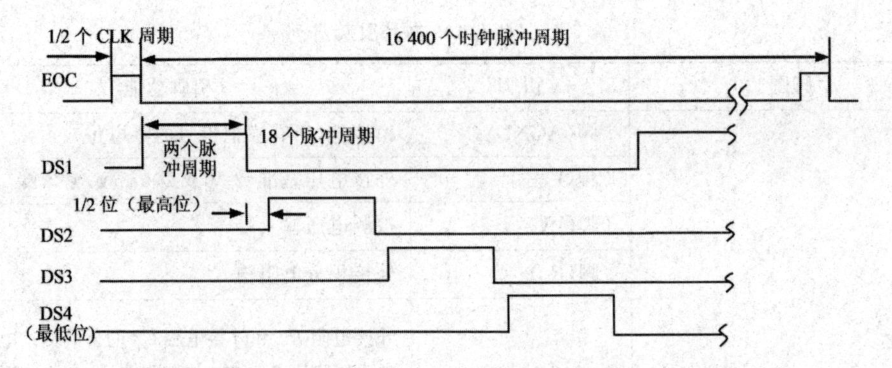

图 7.5　MC14433 选通脉冲时序图

表 7.3　MC14433 千位选通含义

BCD 输出				DS1 有效时千位的含义		
Q3	Q2	Q1	Q0	极性	千位	量程
1	1	1	0	+	0	
1	0	1	0	−	0	
1	1	1	1	+	0	欠量程
1	0	1	1	−	0	欠量程
0	1	0	0	+	1	
0	0	0	0	−	1	
0	1	1	1	+	1	过量程
0	0	1	1	−	1	过量程

(4)接口与编程。

例 7.1　MC14433 与 AT89S5X 的连接电路图如图 7.6 所示，采用中断方式(下降沿触发)进行 8 路 A/D 转换数据采集，第 0 路通道结果存储格式见表 7.4。

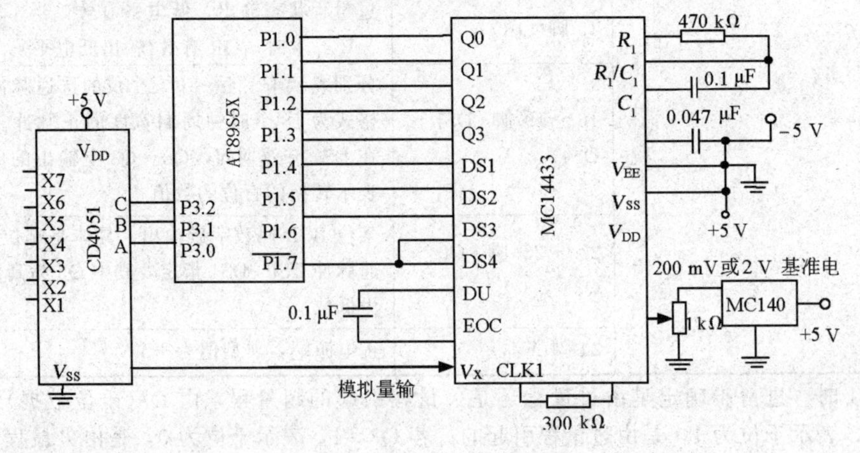

图 7.6　MC14433 与 AT89S5X 连接电路图

表 7.4　存储格式要求

存储单元	32H 高 5 位	32H 低 3 位	31H 高 4 位	31H 低 4 位	30H 高 4 位	30H 低 4 位
所存数据	00000	状态位	千位	百位	十位	个位

三、串行 A/D 转换技术

随着芯片集成度和工艺水平的提高，串行 A/D(尤其是高精度串行 A/D)转换芯片正在被广泛地采用。串行 A/D 转换芯片以其引脚数少、集成度高(基本上无须外接其他器件)、价格低、易于数字隔离、易于芯片升级、廉价等一系列优点，正逐步取代并行 A/D 转换芯片，其代价仅仅是速度略微降低(主要是数据串行逐位传送的速度，而非转换速度)。

串行 A/D 转换器的生产厂商很多，著名的厂商有：ADI、NS(国家半导体)、TI(德州仪器)等。由于串行 A/D 转换器的基本功能相似，本小节以 TI 公司的 TLC1543 为例介绍。

(一)TLC1543 芯片引脚及功能

TLC1543 是美国 TI 公司生产的一种串行 A/D 转换器，它具有输入通道多、转换精度高、传输速度快、使用灵活和价格低廉等优点，是一种高性价比的 A/D 转换器。

TLC1543 是 CMOS、10 位开关电容逐次逼近模数转换器。它有 3 个输入端和 1 个 3 态输出端：片选($\overline{CS}$)、输入、输出时钟(I/O CLOCK)、地址输入(ADDRESS)和数据输出(DATAOUT)，通过一个直接的四线接口与主处理器或其外围的串行口通信。片内含有 14 通道多路选择器可以选择 11 个输入中的任何 1 个或 3 个内部自测试(self-test)电压中的一个。片内设有自动采样-保持电路。在转换结束时，“转换结束”信号(EOC)输出端变高以指示转换的完成。系统时钟由片内产生并由 I/O CLOCK 同步。片内转换器设计使器件有高速(10 μs 转换时间)、高精度(10 位分辨率、最大±LSB 线性误差)和低噪声特点。

(1)TLC1543 内部结构。

TLC1543 内部结构如图 7.7 所示。片内包括 10 位 A/D 转换器、输入地址寄存器、10 选 1 驱动器、采样/保持器、输出数据寄存器和自测参考等。

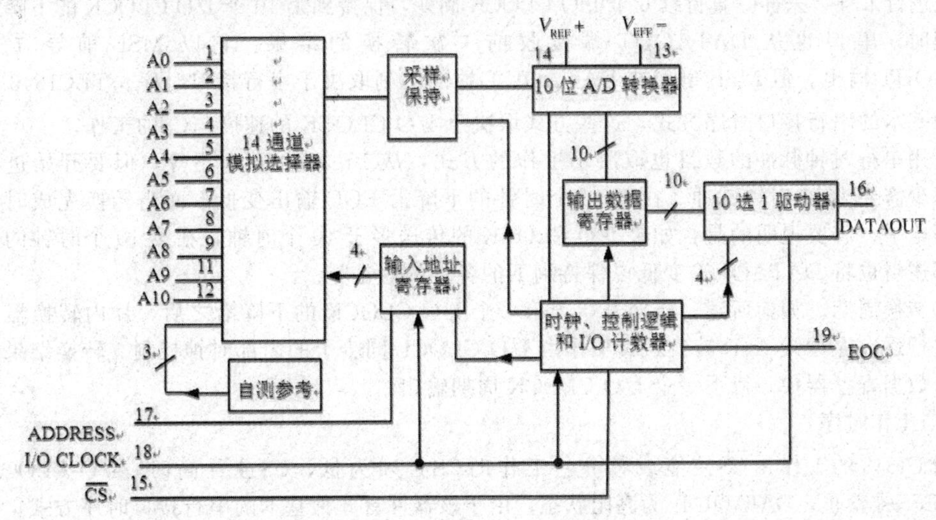

图 7.7　TLC1543 内部结构

(2)TLC1543 芯片引脚。

TLC1543 芯片引脚排列见表 7.5。

表 7.5　TLC1543 芯片引脚排列

引脚图	引脚	引脚功能
TLC 1543 A0 1 — 20 V_{CC} A1 2 — 19 EOC A2 3 — 18 I/O CLOCK A3 4 — 17 ADDRESS A4 5 — 16 DATAOUT A5 6 — 15 $\overline{CS}$ A6 7 — 14 $V_{REF}+$ A7 8 — 13 $V_{REF}-$ A8 9 — 12 A_{10} BND 10 — 11 A_9	1～9 脚、11、12（A0～A10）	模拟输入端。这 11 个模拟信号输入由内部多路器选择。驱动电源的阻抗必须小于或等于 1 kΩ
	15 脚（CS）	片选端
	17 脚（ADDRESS）	串行数据输入端
	16 脚（DATAOUT）	用于 A/D 转换结果输出的 3 态串行输出端
	19 脚（EOC）	转换结束端
	10 脚（GND）	地
	18 脚（I/O CLOCK）	输入/输出时钟端
	13 脚（V_{REF}＋）	正基准电压端
	14 脚（V_{REF}－）	负基准电压端
	20 脚（V_{CC}）	正电源端

(3)TLC1543 工作过程。

TLC1543 工作过程可以分为两个周期：I/O 周期和实际转换周期。

①I/O 周期。一开始，$\overline{CS}$为高，I/O CLOCK 和 ADDRESS 被禁止，DATAOUT 为高阻状态。当串行口使$\overline{CS}$变低时，开始转换过程，I/O CLOCK 和 ADDRESS 使能，并使 DATAOUT 端脱离高阻状态。在 I/O CLOCK 的前 4 个脉冲上升沿，以 MSB 前导方式从 ADDRESS 口输入 4 位数据流到地址寄存器。这 4 位为模拟通道地址，控制 14 通道模拟多路器从 11 个模拟输入和 3 个内部自测电压中，选通一路送到采样-保持电路，该电路从第 4 个 I/O CLOCK 的下降沿开始对所选模拟输入进行采样，采样一直持续 6 个 I/O CLOCK 周期，保持到第 10 个 I/O CLOCK 的下降沿。

同时，串口也从 DATAOUT 端接收前一次转换的结果。它以 MSB 前导方式从 DATAOUT 输出，但 MSB 出现在 DATAOUT 端的时刻取决于串行接口时序。TLC1543 可以用 6 种基本的串行接口时序方式，这些方式取决于 I/O CLOCK 的速度与$\overline{CS}$的工作。

所用串行时钟脉冲的数目也取决于工作的方式，从 10 个到 16 个不等，但要开始进行转换，至少需要 10 个时钟脉冲。在第 10 个时钟的下降沿 EOC 输出变低，而当转换完成时回到逻辑高电平。需要说明的是：如果 I/O CLOCK 的传送多于 10 个时钟，在第 10 个时钟的下降沿内部逻辑也将 DATAOUT 变低以保持剩下的各位的值是零。

②转换周期。如前所述，转换开始于第 4 个 I/O CLOCK 的下降沿之后，片内转换器对采样值进行逐次逼近式 A/D 转换，其工作由 I/O CLOCL 同步了的内部时钟控制。转换结果锁存在输出数据寄存器中，待下一个 I/O CLOCK 周期输出。

(4)工作时序。

TLC1543 的工作由$\overline{CS}$使能或禁止。工作时$\overline{CS}$必须为低，$\overline{CS}$被置高时，I/O CLOCK 和 ADDRESS 被禁止，DATAOUT 为高阻状态。由于该器件有 6 种基本的串行接口时序方式，下面仅介绍工作方式 1 的工作时序，其具体的工作时序图如图 7.8 所示，$\overline{CS}$下降沿使 DATAOUT 引脚脱离高阻抗状态并启动一次 I/O CLOCK 的工作过程。上一次转换结果的 MSB 出现在$\overline{CS}$的下降沿，以 MSB 前导方式从 DATAOUT 口输出数据，在前 4 个 I/O CLOCK 的上升沿将下一次转换模拟通道地址打入 ADDRESS 端。整个构成需要 10 个时钟周期(图 7.8)。

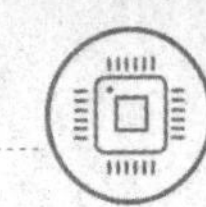

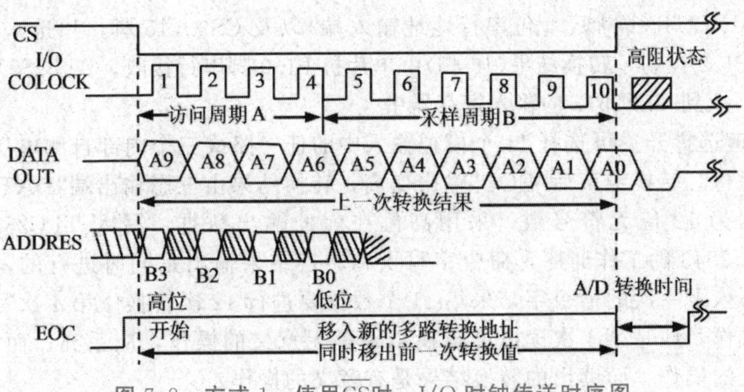

图 7.8　方式 1，使用CS时，I/O 时钟传送时序图

（二）接口与编程

TLC1543 和微处理器之间的数据传送最快和最有效的方式是用串行外设接口(SPI)，但这要求微处理器带有 SPI 接口能力。对不带 SPI 接口或相同接口能力的微处理器，需用软件合成 SPI 操作来和 TLC1543 接口。

软件工作：首先，置低单片机 P1 口的 P1.0 位，使能 TLC1543，读入转换字节的第一个字节的第一位到进位为(C)，累加器内容通过进位而左移，转换结果第一位移入 A 的最低位中，同时输入地址的第一位通过 P1.1 传输给 TLC1543。然后，由 P1 口的 P1.2 位先高后低的翻转来提供第一个 I/O CLOCK 脉冲。这个时序重复 10 次，完成一次数据转换。

AT89S5X 单片机与 TLC2543 的接口电路见图 7.9，编写程序对 AIN2 模拟通道进行数据采集，结果在数码管上显示，输入电压调节通过调节 RV1 来实现。

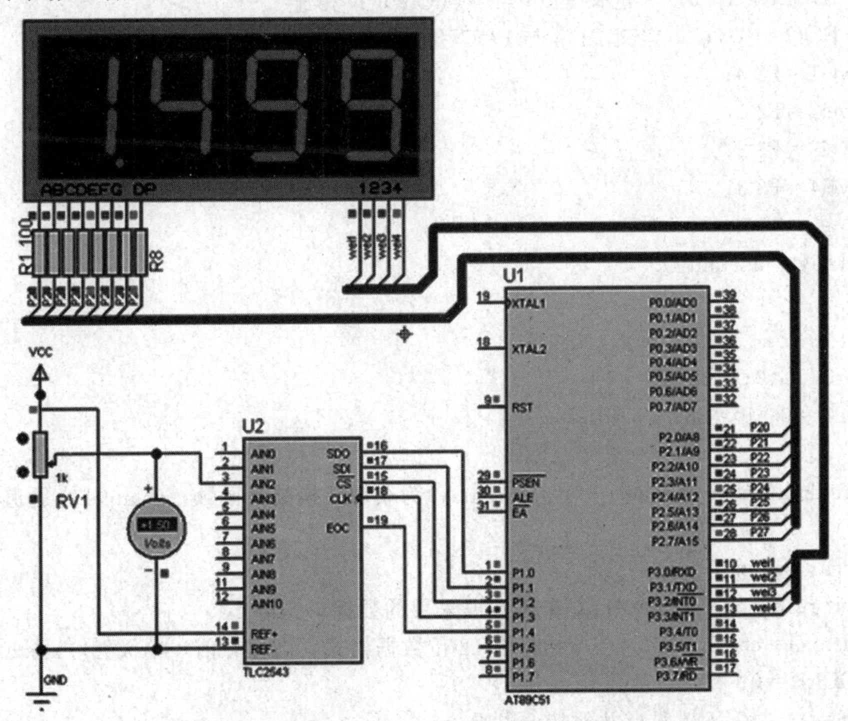

图 7.9　AT89S5X 单片机与 TLC2543 的接口电路

TLC2543 与单片机接口采用 SPI 串行接口，由于 AT89S5X 不带 SPI 接口，须采用软件与I/O 口线相结合，模拟 SPI 接口时序。TLC2543 三个控制输入端分别为 I/O CLOCK(18 脚，输入/输

出时钟)、DATAINPUT(17脚,4位串行地址输入端)以及CS*(15脚,片选),分别由单片机P1.3、P1.1和P1.2控制。转换结果(16脚)由单片机P1.0脚串行接收,AT89S5X将命令字通过P1.1引脚串行写入到TLC2543的输入寄存器中。

片内14通道选择开关可选择11个模拟输入中的任一路或三个内部自测电压中的一个并且自动完成采样保持。转换结束后"EOC"输出变高,转换结果由三态输出端"DATA OUT"输出。

采集的数据为12位无符号数,采用高位在前的输出数据。写入TLC2543的命令字为0xa0。由于TLC2543的工作时序,命令字写入和转换结果输出是同时进行的,即在读出转换结果的同时也写入下一次的命令字,采集11个数据要进行12次转换。第1次写入的命令字是有实际意义的操作,但是第1次读出的转换结果是无意义的操作,应丢弃;而第11次写入的命令字是无意义的操作,而读出的转换结果是有意义的操作。

参考程序如下:

```
#include<reg51.h>
#include<intrins.h>//包含_nop_()函数的头文件
#define uchar unsigned char
#define unit unsigned int
unsigned char code table[]={0xc0,0xf9,0xa4,0xb0,0x99,0x92,0x82,0xf8,0x80,
0x90};
unit ADresult[11]; //11个通道的转换结果单元
sbit  DATOUT=P1^0; //定义P1.0与DATA OUT相连
sbit  DATIN=P1^1; //定义P1.1与DATA INPUT相连
sbit  CS=P1^2; //定义P1.2与端相连
sbit  IOCLK=P1^3; //定义P1.3与I/O CLOCK相连
sbit  EOC=P1^4; //定义P1.4与EOC引脚相连
sbit wei1=P3^0;
sbit wei2=P3^1;
sbit wei3=P3^2;
sbit wei4=P3^3;

void delay_ms(unit i)
{
    int j;
    for(; i>0; i--)
    for(j=0; j<123; j++);
}
unit getdata(uchar channel)      //getdata()为获取转换结果函数,channel为通道号
{
    uchar i,temp;
    unit read_ad_data=0; //分别存放采集的数据,先清0
    channel=channel<<4; //结果为12位数据格式,高位导前,单极性//xxxx0000
    IOCLK=0;
    CS=0; //  下跳沿,并保持低电平
    temp=channel; //输入要转换的通道
    for(i=0; i<12; i++)
    {
```

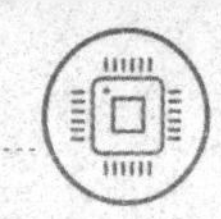

```
    if(DATOUT)read_ad_data=read_ad_data|0x01; //读入转换结果
    DATIN=(bit)(temp&0x80); //写入方式/通道命令字
    IOCLK=1; //IOCLK上跳沿
    _nop_(); _nop_(); _nop_(); //空操作延时
    IOCLK=0; //IOCLK下跳沿
 _nop_(); _nop_(); _nop_();
temp=temp<<1; //左移1位，准备发送方式通道控制字下一位
read_ad_data<<=1; //转换结果左移1位
}
CS=1; //CS上跳沿
read_ad_data>>=1; //抵消第12次左移，得到12位转换结果
return(read_ad_data);
}
void dispaly(void)//显示函数
{
    uchar qian, bai, shi, ge; //定义千、百、十、个位
    unit value;
    value=ADresult[2]*1.221; //*5000/4095
    qian=value%10000/1000;
    bai=value%1000/100;
    shi=value%100/10;
    ge=value%10;
wei1=1;
     P2=table[qian]-128;
     delay_ms(1);
     wei1=0;
                wei2=1;
     P2=table[bai];
     delay_ms(1);
     wei2=0;
                wei3=1;
     P2=table[shi];
     delay_ms(1);
     wei3=0;
                wei4=1;
     P2=table[ge];
     delay_ms(1);
     wei4=0;
}
main(void)
{
    ADresult[2]=getdata(2); //启动2通道转换，第1次转换结果无意义
    while(1)
    {
```

```
    _nop_();    _nop_(); _nop_();
    ADresult[2]=getdata(2); //读取本次转换结果，同时启动下次转换
    while(! EOC); //判断是否转换完毕，未转换完则循环等待
    dispaly();
    }
}
```

由本案例可见，AT89S5X单片机与TLC2543接口电路十分简单，只需用软件控制4条I/O引脚，按规定时序对TLC2543进行访问即可。

第二节　D/A转换技术

D/A转换器(Digit to Analog Converter)是将数字量转换成模拟量的器件，通常用DAC表示，它将数字量转换成与之成正比的电量，广泛应用于过程控制中。

一、D/A转换原理

D/A转换的基本原理是把数字量的每一位代码按权大小转换成模拟分量，然后根据叠加原理将各代码对应的模拟输出分量相加。实现D/A转换常用权电阻网络和T形电阻网络两种方法。

(一)权电阻网络D/A转换法

权电阻网络D/A转换法是用一个二进制数的每一位产生一个与二进制数的权成正比的电压，然后将这些电压加起来，就可得到与该二进制数对应的模拟量电压信号。图7.10是一个4位二进制的D/A转换器的原理图。它包括1个4位切换开关、4个加权电阻的网络、1个运算放大器和1个比例反馈电阻R_F。加权电阻的阻值按8∶4∶2∶1的比例配置，相应的增益分别为$-R_F/8R$、$-R_F/4R$、$-R_F/2R$、$-R_F/R$。切换开关由二进制数来控制，当二进制数的某一位为1时，对应的开关闭合，否则开关断开。当开关闭合时，输入电压V_{REF}加在该位的电阻上，于是在放大器的输出端产生的电压为

$$V_{OUT}=V_{REF}\cdot(-\frac{R_F}{2^n R})$$

当输入的二进制数为$D_3D_2D_1D_0$时，输出电压为

$$V_{OUT}=-V_{REF}\cdot R_F(\frac{D_3}{R}+\frac{D_2}{2R}+\frac{D_1}{4R}+\frac{D_0}{8R})$$

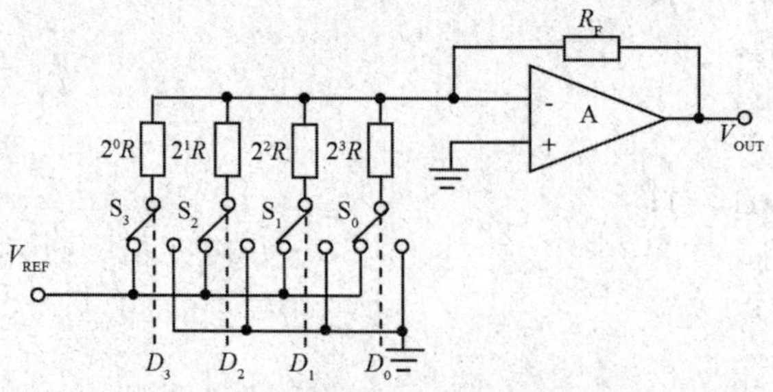

图7.10　权电阻D/A转换原理图

选用不同的加权电阻网络，就可得到不同编码的D/A转换器。

(二)T形电阻网络D/A转换法

图7.11是T形解码网络的具体电路形式。分析这个电路图，4位DAC寄存器中的D_3、

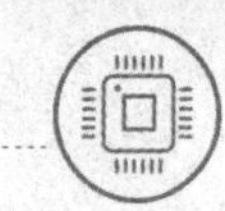

D_2、D_1、D_0 为4位数字量输入，虚框内为T形电阻网络（桥上电阻均为 R，桥臂电阻为 $2R$）、A为运算放大器，也可以外接，E 点为虚拟地，接近零伏；V_{REF} 为参考电压，由稳压电源提供；S_3～S_0 为电子开关，受4位DAC寄存器中 D_3、D_2、D_1、D_0 控制。为了分析问题，设 D_3、D_2、D_1、D_0 全为“1”，故 S_3、S_2、S_1、S_0 全部与“1”端相连。根据克希荷夫定律，有如下关系：

$$I_3=\frac{V_{REF}}{2R}=2^3\cdot\frac{V_{REF}}{2^4\cdot R}$$

$$I_2=\frac{I_3}{2}=2^2\cdot\frac{V_{REF}}{2^4\cdot R}$$

$$I_1=\frac{I_2}{2}=2^1\cdot\frac{V_{REF}}{2^4\cdot R}$$

$$I_0=\frac{I_1}{2}=2^0\cdot\frac{V_{REF}}{2^4\cdot R}$$

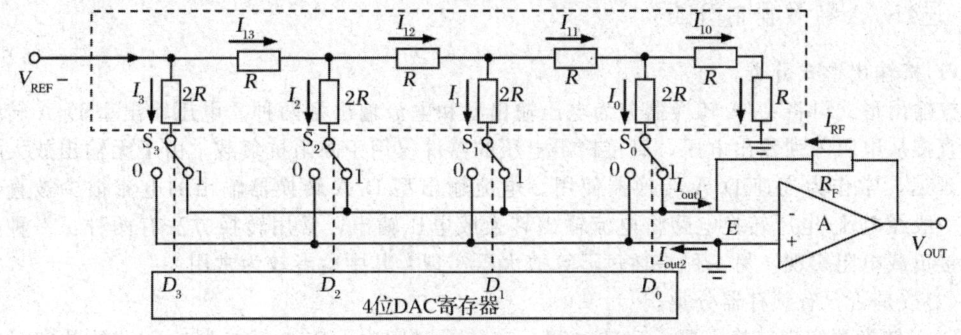

图7.11　T形电阻网络D/A转换器原理图

事实上，S_3、S_2、S_1、S_0 的状态是 D_3、D_2、D_1、D_0 控制的，并非一定是全“1”。若它们中有些位为“0”，S_3、S_2、S_1、S_0 中相应的开关因与“0”端相接而无电流流过，从而可得到通式

$$\begin{aligned}I_{OUT}&=D_3\cdot I_3+D_2\cdot I_2+D_1\cdot I_1+D_0\cdot I_0\\&=(D_3\cdot 2^3+D_2\cdot 2^2+D_1\cdot 2^1+D_0\cdot 2^0)\cdot\frac{V_{REF}}{2^4\cdot R}\end{aligned}$$

选取 $R_F=R$，并考虑E点虚地，故

$$I_{RF}=-I_{OUT1}$$

因此，可以得到

$$V_{OUT}=I_{R_F}\cdot R_F=-(D_3\cdot 2^3+D_2\cdot 2^2+D_1\cdot 2^1+D_0\cdot 2^0)\cdot\frac{V_{REF}\cdot R_F}{2^4\cdot R}=-D\cdot\frac{V_{REF}}{16}$$

对于 n 位T形电阻网络，上式可变为

$$V_{OUT}=-(D_{n-1}\cdot 2^{n-1}+D_{n-2}\cdot 2^{n-2}+\cdots+D_1\cdot 2^1+D_0\cdot 2^0)\cdot\frac{V_{REF}\cdot R_F}{2^n\cdot R}=-D\cdot\frac{V_{REF}}{2^n}$$

上述讨论表明，D/A转换过程主要是由解码网络实现，而且是并行工作的。换句话说，D/A转换器是并行输入数字量的，每位代码也是同时被转换成模拟量的。这种转换方式的速度快，一般为微秒级，有的可达几十毫微秒。

（三）D/A转换器的性能指标

D/A转换器的主要性能指标有：在给定工作条件下的静态指标、动态指标和环境条件指标等。常用的性能指标有以下几项。

(1)分辨率。

单位数字量所对应模拟量增量，即相邻两个二进制码对应的输出电压之差称为D/A转换器的分辨率。它确定了 D/A 产生的最小模拟量变化，也可用最低位(LSB)表示。例如，n 位 D/A 转换器的分辨率为 $1/2^n$ 。

(2)精度。

精度是指 D/A 转换器的实际输出值与理论值之间的误差，它是以满量程 V_{FS} 的百分数或最低有效位(LSB)的分数形式表示。若精度为±0.1%，则最大误差为 V_{FS}±0.1%；若 V_{FS}＝10 V，则误差为±10 mV。n 位 DAC 的精度为±1/2 LSB，则最大误差为

$$\pm 0.5\times\frac{1}{2^n}V_{FS}=\pm\frac{1}{2^{n+1}}V_{FS}$$

(3)线性误差。

D/A 的实际转换特性(各数字输入值所对应的各模拟输出值之间的连线)与理想的转换特性(始、终点连线)之间是有偏差的，这个偏差就是 D/A 的线性误差，即两个相邻的数字码所对应的模拟输出值(之差)与一个 LSB 所对应的模拟值之差，常以 LSB 的分数形式表示。

(四)D/A 转换器的分类

(1)按输出形式分类。

按输出形式可将 D/A 转换器分为电压输出型和电流输出型两种。电压输出型 D/A 转换器可以直接从电阻阵列输出电压，直接输出电压的器件仅用于高阻抗负载，由于无输出放大器部分的延迟，常作为高速 D/A 转换器使用。电流输出型 D/A 转换器输出的电流很少被直接利用，一般经电流-电压转换电路将电流输出转换成电压输出，常用转换方法有两种：一种是直接连接负载电阻实现，另一种是通过运算放大器实现，其中后者较为常用。

(2)按是否含有锁存器分类。

D/A 转换器实现转换需要一定的时间，在转换时间内，D/A 转换器输入端的数字量应保持稳定，为此应当在数/模转换器数字量输入端的前面设置锁存器，以提供数据锁存功能。根据转换器芯片内是否带有锁存器，可将 D/A 转换器分为内部无锁存器和内部有锁存器两类。

(3)按输入数字量方式分类。

根据与处理器相连的总线类型，可将 D/A 转换器分为并行总线 D/A 转换器和串行总线 D/A转换器两种。串行 D/A 转换器可以通过 I^2C 总线、SPI 总线等串行总线接收来自于处理器的数据，并行 D/A 转换器则通过并行总线接收来自于处理器的数据。

二、并行 D/A 转换技术

由于使用的情况不同，DAC 的位数、精度及价格要求也不相同。美国的 AD 公司、Motorola 公司、半导体公司 NS、无线电公司 RCA 等均生产 D/A 转换器。D/A 转换器的位数有 8 位、10 位、12 位、16 位等。本小节以典型的 8 位 D/A 转换器 DAC0832 为例，介绍 D/A 转换器的接口。

(一)DAC0832 的特点

(1)DAC0832 的特点。

DAC0832 是 NS 公司生产的 DAC0830 系列(DAC0830/32)产品中的一种，该系列芯片具有以下特点：

① 8 位并行 D/A 转换。

②片内二级数据锁存，提供数据输入双缓冲、单缓冲和直通三种工作方式。

③电流输出型芯片，通过外接一个运算放大器，可以很方便地提供电压输出。

④ DIP20 封装，单电源(＋5～＋15 V，典型值为＋5 V)，与 AT89S5X 连接方便。

(2)DAC0832 结构与引脚。

DAC0832 的内部结构图如图 7.12 所示。由图 7.12 可见，DAC0832 主要由两个 8 位寄存

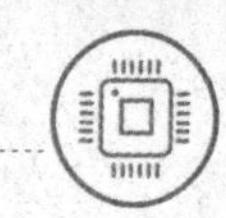

器与一个 D/A 转换器组成。这种结构使输入的数据能够有两次缓冲，因而在操作上十分方便与灵活。DAC0832 的引脚见表 7.6。

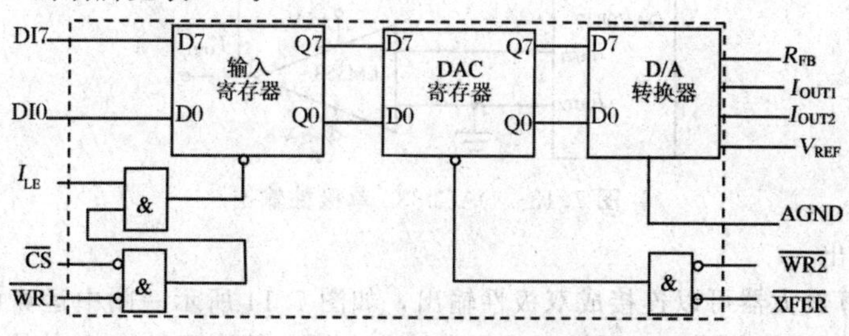

图 7.12　DAC0832 的内部结构图

表 7.6　DAC0832 的引脚和引脚功能

引脚图	引脚功能	
1 $\overline{CS}$, 2 $\overline{WR1}$, 3 AGND, 4 D3, 5 D2, 6 D1, 7 D0, 8 V_{REF}, 9 R_{FB}, 10 DGND, 11 I_{OUT1}, 12 I_{OUT2}, 13 D7, 14 D6, 15 D5, 16 D4, 17 $\overline{XFER}$, 18 $\overline{WR2}$, 19 I_{LE}, 20 V_{CC}	1 脚(CS)	片选输入线，低电平有效
	2 脚($\overline{WR1}$)	写 1 信号输入，低电平有效。当CS、I_{LE}、WR1是 0、1、0 时，数据写入 DAC0832 的第一级锁存
	3 脚(AGND)	模拟地
	8 脚(V_{REF})	基准电压输入(−10～+10 V)，典型值为−5 V(当输出要求为+5 V 电压时)
	9 脚(R_{FB})	反馈信号输入。当需要电压输出时，I_{OUT1} 接外接运算放大器的负(−)端，I_{OUT2} 接运算放大器正(+)端，R_{FB} 接运算放大器输出端
	10 脚(DGND)	数字地
	11 脚(I_{OUT1})	电流输出 1 端。DAC 锁存的数据位为“1”的位电流均流出此端；当 DAC 锁存器各位全 1 时，此输出电流最大，全为 0 时输出为 0
	12 脚(I_{OUT2})	电流输出 2 端。与 I_{OUT1} 是互补关系
	4～7、16～13 脚(D0～D7)	并行数据输入，其中，D7(MSB)为高位，D0(LSB)为低位
	17 脚($\overline{XFER}$)	数据传输信号输入，当$\overline{XFER}$为 0 时，数据由第一级锁存进入第二级锁存，并开始进行 D/A 转换
	18 脚($\overline{WR2}$)	写 2 信号输入，低电平有效
	19 脚(I_{LE})	数据所存允许输入，高电平有效
	20 脚(V_{CC})	数字电源输入(+5～+15 V)，典型值为+5 V

（二）电压输出方法

(1)单极性输出。

DAC0832 需要电压输出时，可以简单地使用一个运算放大器连接成单极性输出形式。DAC0832 单极性输出如图 7.13 所示，输出电压为

$$V_{OUT}=\frac{D_{in}}{2^8}\times(-V_{REF})$$

当 $V_{REF}=-5$ V 时，V_{OUT} 输出范围为 0～+5 V。DAC0832 模拟输出与输入对应关系见表 7.9。

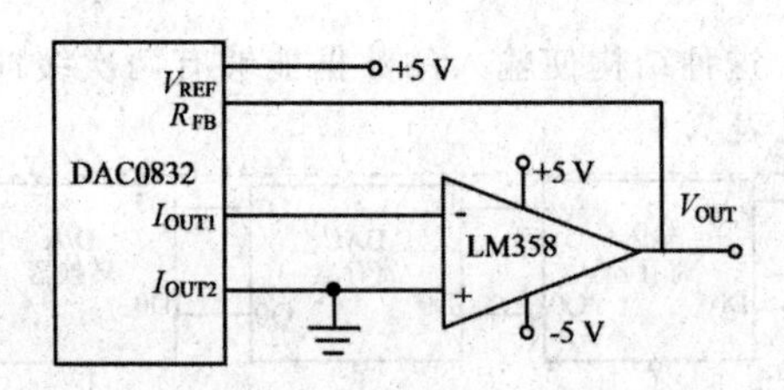

图 7.13 DAC0832 单极性输出

(2)双极性输出。

采用二级运算放大器可以连接成双极性输出，如图 7.14 所示。图中运算放大器 A_2 的作用是把运算放大器 A_1 的单向输出电压转变成双向输出电压。其原理是将 A_2 的输入端通过电阻 R_1 与参考电压 V_{REF} 相连，V_{REF} 经 R_1 向 A_2 提供一个偏流 I_1，V_{out1} 经 R_2 向 A_2 提供一个偏流 I_2，因此，运算放大器 A_2 的输入电流 I_3 为 I_1、I_2 之代数和，且 I_1、I_2 与 I_3 反相。由图 7.14 可求出 D/A 转换器的总输出电压为

$$V_{OUT2}=-[(R_3/R_2)V_{OUT1}+(R_3/R_1)V_{REF}]$$

代入 R_1、R_2、R_3 值，可得

$$V_{OUT2}=-(2V_{OUT1}+V_{REF})$$

代入 $V_{OUT1}=-V_{REF}\times$(数字码/256)，则得

$$V_{OUT2}=(\text{数字码}-128)/128\times V_{REF}$$

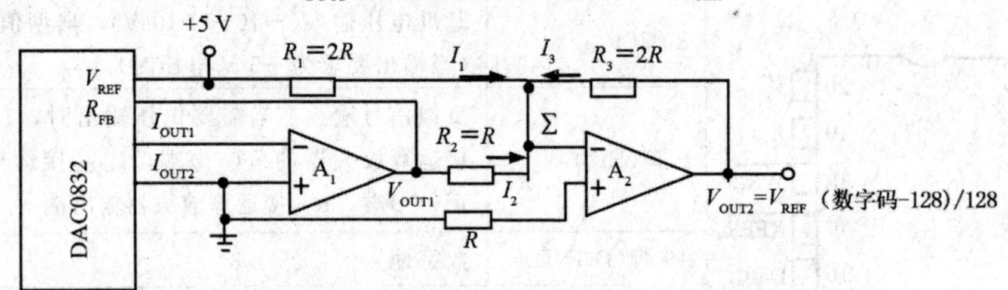

图 7.14 DAC0832 双极性输出

DAC0832 模拟输出与输入对应关系见表 7.7。

表 7.7 DAC0832 模拟输出与输入对应关系

输入数字量	双极性输出模拟量		单极性输出模拟量
MSB	$+V_{REF}$	$-V_{REF}$	$+V_{REF}$
11111111	$V_{REF}-1$ LSB	$-\|V_{REF}\|+1$ LSB	$-V_{REF}\times(255/256)$
11000000	$V_{REF}/2$	$-\|V_{REF}\|/2$	$-V_{REF}\times(192/256)$
10000000	0	0	$-V_{REF}\times(128/256)$
01111111	-1 LSB	$+1$ LSB	$-V_{REF}\times(127/256)$
00111111	$\|V_{REF}\|/2-1$ LSB	$\|V_{REF}\|/2+1$ LSB	$-V_{REF}\times(63/256)$
00000000	$-\|V_{REF}\|$	$+\|V_{REF}\|$	$-V_{REF}\times(0/256)$

其中，1 LSB$=1/128\times V_{REF}$。

(三)转换控制方式

(1)单缓冲方式接口。

单缓冲方式是指 DAC0832 内部的两个数据缓冲器有一个处于直通方式，另一个处于受单片机控制的方式。在应用系统中，如果只有一路 D/A 转换，或者有多路 D/A 转换，但不要求

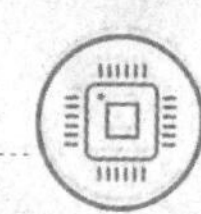

同步输出时，可以采用单缓冲器方式接口，DAC0832 单缓冲方式下的接口电路如图 7.15 所示。图中 ILE 接+5 V，片选信号$\overline{CS}$及数据传输信号$\overline{XFER}$都与地址选择线相连(图中为$\overline{Y3}$，即地址为 7FFFH)，两级寄存器的写信号都由 CPU 的$\overline{WR}$控制。当地址选择线选择好 DAC0832 后，只要输出$\overline{WR}$控制信号，DAC0832 就能一次完成数字量的输入锁存和 D/A 转换输出。由于 DAC0832 具有数字量的输入锁存功能，数字量可以直接从 AT89S5X 的 P0 口送入 DAC0832。

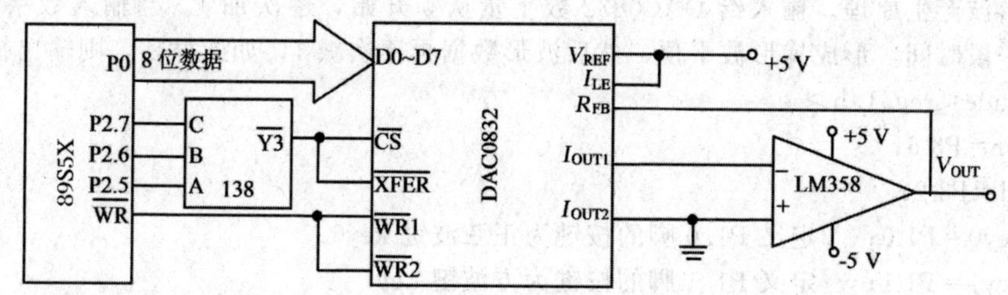

图 7.15　DAC0832 单缓冲方式下的接口电路

单片机如把不同波形数据发送给 DAC0832，就可产生各种不同波形信号。下面介绍单片机控制 DAC0832 产生各种函数波形案例。

单片机控制 DAC0832 产生正弦波、方波、三角波、梯形波和三角波。

Proteus 的原理电路如图 7.16 所示。单片机 P1.0～P1.4 接有 5 个按键，当按键按下时，分别对应产生正弦波、方波、三角波、梯形波和三角波。

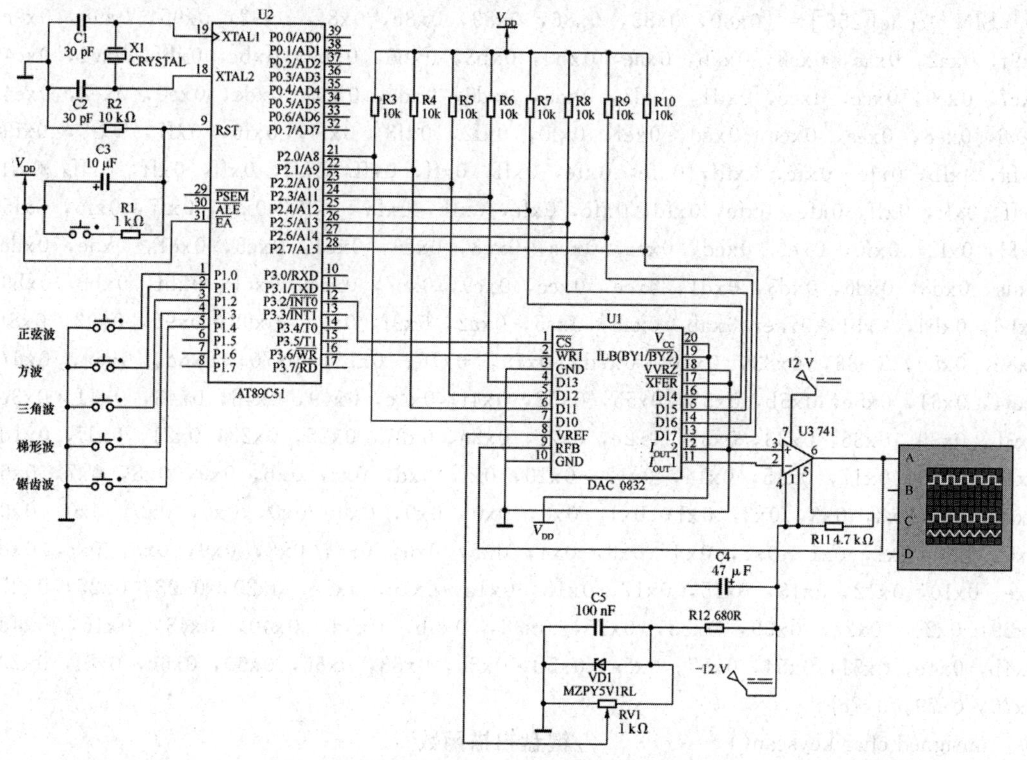

图 7.16　Proteus 的原理电路

单片机控制 DAC0832 产生各种波形，实质就是单片机把波形的采样点数据送至 DAC0832，经 D/A 转换后输出模拟信号。改变送出的函数波形采样点后的延时时间，就可改变函数波形的频率。产生各种波形原理如下。

①正弦波产生原理。单片机把正弦波的 256 个采样点的数据送给 DAC0832。正弦波采样数

据可用编程软件或MATLAB等工具计算。

②方波产生原理。单片机采用定时器定时中断，时间常数决定方波高、低电平持续时间。

③三角波产生原理。单片机把初始数字量0送DAC0832后，不断增1，增至0xff后，然后再把送给DAC0832的数字量不断减1，减至0后，再重复上述过程。

④锯齿波产生原理。单片机把初始数据0送DAC0832后，数据不断增1，增至0xff后，再增1则溢出清0，模拟输出又为0，然后再重复上述过程，如此循环，则输出锯齿波。

⑤梯形波产生原理。输入给DAC0832数字量从0开始，逐次加1。当输入数字量为0xff时，延时一段时间，形成梯形波平顶，然后波形数据再逐次减1，如此循环，则输出梯形波。

```
#include<reg51.h>
sbit wr=P3^6;
sbit rd=P3^2;
sbit key0=P1^0; //定义P1.0脚的按键为正弦波键key0
sbit key1=P1^1; //定义P1.1脚的按键为方波键key1
sbit key2=P1^2; //定义P1.2脚的按键为三角波键key2
sbit key3=P1^3; //定义P1.3脚的按键为梯形波键key3
sbit key4=P1^4; //定义P1.3脚的按键为锯齿波键key4
unsigned char flag;        //flag为1、2、3、4、5时对应正弦波、方波、
                           //三角波、梯形波、锯齿波
unsigned char const code   //以下为正弦波采样点数组256个数据
SIN_code[256]={0x80, 0x83, 0x86, 0x89, 0x8c, 0x8f, 0x92, 0x95, 0x98, 0x9c,
0x9f, 0xa2, 0xa5, 0xa8, 0xab, 0xae, 0xb0, 0xb3, 0xb6, 0xb9, 0xbc, 0xbf, 0xc1, 0xc4,
0xc7, 0xc9, 0xcc, 0xce, 0xd1, 0xd3, 0xd5, 0xd8, 0xda, 0xdc, 0xde, 0xe0, 0xe2, 0xe4,
0xe6, 0xe8, 0xea, 0xec, 0xed, 0xef, 0xf0, 0xf2, 0xf3, 0xf4, 0xf6, 0xf7, 0xf8, 0xf9,
0xfa, 0xfb, 0xfc, 0xfc, 0xfd, 0xfe, 0xfe, 0xff, 0xff, 0xff, 0xff, 0xff, 0xff, 0xff, 0xff,
0xff, 0xff, 0xff, 0xfe, 0xfe, 0xfd, 0xfc, 0xfc, 0xfb, 0xfa, 0xf9, 0xf8, 0xf7, 0xf6, 0xf5,
0xf3, 0xf2, 0xf0, 0xef, 0xed, 0xec, 0xea, 0xe8, 0xe6, 0xe4, 0xe3, 0xe1, 0xde, 0xdc,
0xda, 0xd8, 0xd6, 0xd3, 0xd1, 0xce, 0xcc, 0xc9, 0xc7, 0xc4, 0xc1, 0xbf, 0xbc, 0xb9,
0xb6, 0xb4, 0xb1, 0xae, 0xab, 0xa8, 0xa5, 0xa2, 0x9f, 0x9c, 0x99, 0x96, 0x92, 0x8f,
0x8c, 0x89, 0x86, 0x83, 0x80, 0x7d, 0x79, 0x76, 0x73, 0x70, 0x6d, 0x6a, 0x67,
0x64, 0x61, 0x5e, 0x5b, 0x58, 0x55, 0x52, 0x4f, 0x4c, 0x49, 0x46, 0x43, 0x41, 0x3e,
0x3b, 0x39, 0x36, 0x33, 0x31, 0x2e, 0x2c, 0x2a, 0x27, 0x25, 0x23, 0x21, 0x1f, 0x1d,
0x1b, 0x19, 0x17, 0x15, 0x14, 0x12, 0x10, 0xf, 0xd, 0xc, 0xb, 0x9, 0x8, 0x7, 0x6,
0x5, 0x4, 0x3, 0x3, 0x2, 0x1, 0x1, 0x0, 0x0, 0x0, 0x0, 0x0, 0x0, 0x0, 0x0, 0x0,
0x0, 0x0, 0x1, 0x1, 0x2, 0x3, 0x3, 0x4, 0x5, 0x6, 0x7, 0x8, 0x9, 0xa, 0xc, 0xd,
0xe, 0x10, 0x12, 0x13, 0x15, 0x17, 0x18, 0x1a, 0x1c, 0x1e, 0x20, 0x23, 0x25, 0x27,
0x29, 0x2c, 0x2e, 0x30, 0x33, 0x35, 0x38, 0x3b, 0x3d, 0x40, 0x43, 0x46, 0x48,
0x4b, 0x4e, 0x51, 0x54, 0x57, 0x5a, 0x5d, 0x60, 0x63, 0x66, 0x69, 0x6c, 0x6f, 0x73,
0x76, 0x79, 0x7c}
unsigned char keyscan()              //键盘扫描函数
{
u nsigned char keyscan_num, temp;
 P1=0xff;                            //P1口输入
   temp=P1;                          //从P1口读入键值，存入temp中
   if (~(temp&0xff))                 //判断是否有键按下，即键值不为0xff，则有键按下
```

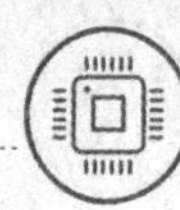

```
    {
    if(key0==0)                 //产生正弦波的按键按下，P1.0=0
    {
    keyscan _ num=1；           //得到的键值为1，表示产生正弦波
    }
    else if(key1==0)            //产生方波的按键按下，P1.1=0
    {
    k eyscan _ num=2；          //得到键值为2，表示产生方波
      }
    e lse if(key2==0)           //产生三角波的按键按下
      P1.2=0
      {
    keyscan _ num=3；           //得到的键值为3，表示产生三角波
      }
else if(key3==0)                //产生梯形波的按键按下，P1.3=0
{
    keyscan _ num=4；           //得到的键值为4，表示产生梯形波
}
else if(key4==0)                //产生锯齿波的按键按下，P1.3=0
{
    keyscan _ num=5；           //得到的键值为5，表示产生锯齿波
}
else
{   keyscan _ num=0；           //没有按键按下，键值为0
    }
    return keyscan _ num；      //得到的键值返回
}
void init _ DA0832 ()           //DAC0832初始化函数
{
    rd=0；
    wr=0；
}
void SIN ()                     //正弦波函数
{
    unsigned int i；
    do {
        P2=SIN _ code [i]；     //由P2口输出给DAC0832正弦波数据
        i=i+1；                 //数组数据指针增1
        } while (i<256)；       //判断是否已输出完256个波形数据，未完继续输出
        数据
}
void Square ()                  //方波函数
{
    EA=1；                      //总中断允许
```

```
    ET0=1;                              //允许 T0 中断
    TMOD=1;                             //T0 工作在方式 1
    TH0=0xff;                           //给 T0 高 8 位装入时间常数
    TL0=0x83;                           //给 T0 低 8 位装入时间常数
    TR0=1;                              //启动 T0
}
void Triangle ()                        //三角波函数
{
    P2=0x00;                            //三角波函数初始值为 0
    do {
        P2=P2+1;                        //三角波上升沿
        } while (P2<0xff);              //判断是否已经输出为 0xff
        P2=0xff;
    do {
        P2=P2-1;                        //三角波下降沿
        } while (P2>0x00);              //判断是否已经输出为 0
        P2=0x00;
}
void Sawtooth ()                        //锯齿波函数
{
    P2=0x00;
    do {
        P2=P2+1;                        //产生锯齿波的上升沿
    } while (P2<0xff);                  //判断上升沿是否已经结束
}
void Trapezoidal ()                     //梯形波函数
{
    unsigned char i;
    P2=0x00;
    do {
          P2=P2+1;                      //产生梯形波的上升沿
    } while (P2<0xff);
    P2=0xff;                            //产生梯形波的平顶
    for (i=255; i>0; i--)               //梯形波的平顶延时
    {
        P2=0xff;                        //产生梯形波的下降沿
    }
    do {
          P2=P2-1;                      //产生梯形波的下降沿
        } while (P2>0x00);              //判断梯形波的下降沿是否结束
    P2=0x00;
}
void main ()                            //主函数
{
```

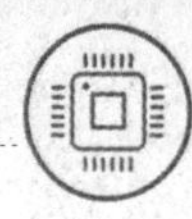

```
init _ DA0832 ();                    //DA0832 的初始化函数
do
{
flag=keyscan ();                     //将键盘扫描函数得到的键值赋给 flag
} while (! flag);
while (1)
{
    switch (flag)
        {
            case 1:
            do {
        flag=keyscan ();
        SIN ();
        } while (flag==1);
    break;
case 2:
        Square ();
        do {
            flag=keyscan ();
        } while (flag==2);
        TR0=0;
        break;
        case 3:
        do {
            flag=keyscan ();
            Triangle ();
        } while (flag==3);
        break;
case 4:
          do {
        flag =keyscan ();
            Trapezoidal ();
        } while (flag==4);
                break;
case 5:
        do {
        flag=keyscan ();
        Sawtooth ();
        } while (flag==5);
        break;
  default:
  fl ag=keyscan ();
   break;
  }
```

```
}
void timer0 (void) interrupt 1         //定时器 T0 的中断函数
{
    P2=~P2;                            //方波的输出电平求反
    TH0=0xff;                          //重装定时时间常数
    TL0=0x83;
    TR0=1;                             //启动定时器 T0
}
```

本案例在仿真运行时，可看到弹出的虚拟示波器，从虚拟示波器屏幕上可观察到由按键选择的函数波形输出。

如在仿真时关闭该虚拟示波器后，再启用虚拟示波器观察波形，可点击鼠标右键，现下拉菜单，点击“oscilloscope”后，仿真界面又会出现虚拟示波器屏幕。

（2）双缓冲方式。

对于多路 D/A 转换，若要求同步进行 D/A 转换输出时，则必须采用双缓冲方式，在此工作方式下，数字量的输入锁存和 D/A 转换输出是分两步完成的。

多路 D/A 转换后的模拟量要求同步输出时，须采用双缓冲同步方式，此时数字量的输入锁存和 D/A 转换输出是分两步完成的。AT89S5X 和 DAC0832 的双缓冲连接方式接口电路如图 7.17 所示。

图 7.17 中，电路中用 P2.5、P2.6、P2.7 来进行片选，P2.5=0 选通 1＃DAC0832 的数据输入，P2.6=0 选通 2＃DAC0832 的数据输入，P2.7=0 时实现两片 DAC0832 同时进行转换并同步输出模拟量。所以 1＃DAC0832 的数据地址为 0xdfff（P2.5=0），2＃DAC0832 的地址为数据 0xbfff（P2.6=0），两片 DAC0832 同时转换并输出的地址为 0x7fff（P2.7=0）。

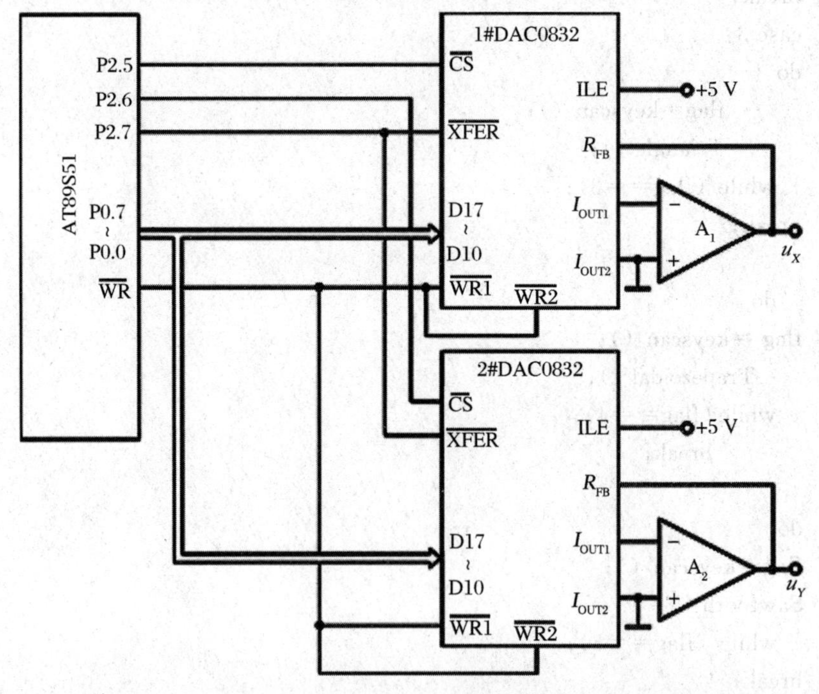

图 7.17　AT89S5X 和 DAC0832 的双缓冲方式接口电路

若用图 7.17 中 DAC 输出的模拟电压 u_X 和 u_Y 来控制 $X-Y$ 绘图仪，则应把 u_X 和 u_Y 分别加到 $X-Y$ 绘图仪的 X 通道和 Y 通道，而 $X-Y$ 绘图仪由 X、Y 两个方向的步进电机驱动，其中一个电机控制绘笔沿 X 方向运动；另一个电机控制绘笔沿 Y 方向运动。

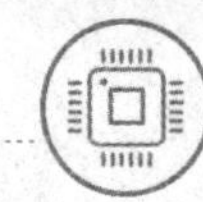

因此对 $X-Y$ 绘图仪的控制有一基本要求。就是两路模拟信号要同步输出，使绘制的曲线光滑。如果不同步输出，例如先输出 X 通道的模拟电压 u_X，再输出 Y 通道的模拟电压 u_Y，则绘图笔先向 X 方向移动，再向 Y 方向移动，此时绘制的曲线就是阶梯状的。通过本例，也就理解了为什么 DAC 设置双缓冲方式的目的所在。

单片机控制两片 DAC0832 采用双缓冲方式驱动 $X-Y$ 绘图仪，接口电路见图 7.17，参考程序如下：

```
#include<reg51. h>
#include<stdio. h>
#define DAC083201Addr 0xdfff//1#0832 的第 1 级寄存器端口地址
#define DAC083202Addr 0xbfff//2#0832 的第 1 级寄存器端口地址
#define DAC0832Addr 0x7fff//两片 0832 同时转换的第 2 级端口地址
#define uchar unsigned char//uchar 代表单个字节无符号数
#define uint unsigned int
sbit P25=0xa5; //定义 P2.5 位
sbit P26=0xa6; //定义 P2.6 位
sbit P27=0xa7; //定义 P2.7 位
void writechip1 (uchar c0832data);
void writechip2 (uchar c0832data);
void transdata (uchar c0832data);
void Delay ;
main ()
{
xdata cdigitl1=0//1#0832 待转换的数字量
xdata cdigitl2=0//2#0832 待转换的数字量
            P0=0xff; //端口初始化
            P1=0xff;  ;
P2=0xff;
P3=0xff;
           Delay (); //延时
while (1)
            {
            cdigitl1=0x80; //1#0832 地址
           cdigitl2=0xff;
           writechip1 (cdigitl1); //向 1#0832 第 1 级寄存器写入数据
           writechip2 (cdigitl2); //向 2#0832 第 1 级寄存器写入数据
           transdata (0x00); //控制两片 0832 第 2 级寄存器同时转换
           while (1)
void writechip1 (uchar c0832data) //向 1#0832 芯片写数据函数
    {
* ((uchar xdata *) DAC083201Addr) =c0832data;
    }
void writechip2 (uchar c0832data) //向 2#0832 芯片写数据函数
    {
* ((uchar xdata *) DAC083202Addr) =c0832data;
```

```
   }
void TransformData (uchar c0832data) //两片 0832 同时进行转换函数
   {
 * ((uchar xdata *) DAC0832Addr) =c0832data;
void Delay () //延时程序
{
        uint i;
     for (i=0; i<200; i++);
   }
```

程序说明如下：

①调用函数 writechip1 时只是向 1＃0832 芯片写入数据，不会写到 2＃0832 中，因 2＃0832 未被选通，对于函数 writechip2 也是同样道理。

②在调用函数 TransformData () 时，函数参数可以为任意值，因为将被转换的数字量已经被锁存到 DAC 寄存器中。调用函数 TransformData () 只是发出启动第二级转换的控制信号，数据线上的数据不会被锁存。

③程序 3～5 行对 DAC0832 的 3 个端口使用了 3 个宏定义。例如，将 DAC0832Addr 的端口地址 0x7fff 宏定义为 DAC0832Addr（第 5 行），是为了定义明确，方便使用和修改。使用该地址向 DAC0832 写入时要先进行类型转换。用（uchar xdata＊）把 DAC0832Addr 转换为指向 0x7fff 地址的指针型数据，再使用指针进行间接寻址。这种为经典和精简的代码风格，初学者可用如下拆分、等价的方式理解这句代码。

首先，由于宏替换，（uchar xdata＊）DAC0832Addr 相当于（uchar xdata＊）0x0x7fff，即将 0x7fff 强制转换为指向外部数据空间的 unsigned char 类型的指针，指针内容为 0x7fff，即指向了 DAC0832 的数据转换端口（即两片 DAC0832 的第 2 级 DAC 寄存器）。

其次，再来看＊（（uchar xdata＊）DAC0832Addr），它相当于＊p，p 是指向外部数据空间 0x7fff 的 unsigned char 类型指针。

最后，＊（（uchar xdata＊）DAC0832Addr）＝c0832data 意义显然为：将 c0832data 的值写入 DAC0832 的数据转换端口。

因此，以下两个代码段在功能上是等价的。

```
代码段 1:
#define DAC0832Addr 0x7fff
#define uchar unsigned char
* ((uchar xdata*) DAC0832Addr) =c0832data;
代码段 2:
unsigned char *p;
p=0x7fff;
*p=c0832data;
```

显然，前者比后者有两个优点：

①代码段 1 意义明确，可读性和可移植性更强。

②代码段 1 节省了数据存储空间，这非常重要。因为它无须使用指针变量，而宏是不占用数据存储空间的，它只占用程序存储空间。

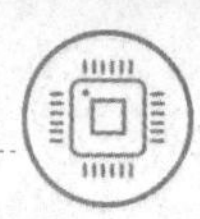

三、串行 D/A 转换技术

(一) TLC5617 简介

TLC5617 是美国 TI 公司生产的带有缓冲基准输入（高阻抗）的双路 10 位电压输出数字-模拟转换器（DAC）。DAC 输出电压范围为基准电压的两倍，且其输出是单调变化的。该器件使用简单，用+5 V 单电源工作，器件包含上电复位功能以确保可重复启动。

通过 CMOS 兼容的 3 线串行总线可对 TLC5617 实现数字控制。器件接收用于编程的 16 位字产生模拟输出。数字输入端的特点是带有斯密特（Schmitt）触发器，它具有高的噪声抑制能力。数字通信协议包括 SPI、QSPI 和 Microwire 标准。

TLC5617 功耗低（慢速方式为 3 mW，快速方式为 8 mW），采用 8 引脚小型 D 封装，因此可用于移动电话、电池供电测试仪表以及自动测试控制系统等领域。TLC5617 芯片的引脚排列见表 7.8。

表 7.8　TLC5617 芯片的引脚排列

引脚图	引脚	引脚功能
TLC5617 DIN 1　　8 V_{DD} SCLK 2　　7 OUTB $\overline{CS}$ 3　　6 REFIN OUTA 4　　5 AGND	1 脚（DIN）	串行数据输入
	2 脚（SCLK）	串行时钟输入
	3 脚（$\overline{CS}$）	芯片选择，低电平有效
	4 脚（OUTA）	DAC B 模拟输出
	5 脚（AGND）	模拟地
	6 脚（REFIN）	基准电压输入
	7 脚（OUTB）	DAC A 模拟输出
	8 脚（V_{DD}）	正电源

TLC5617 内部结构，如图 7.18 所示。

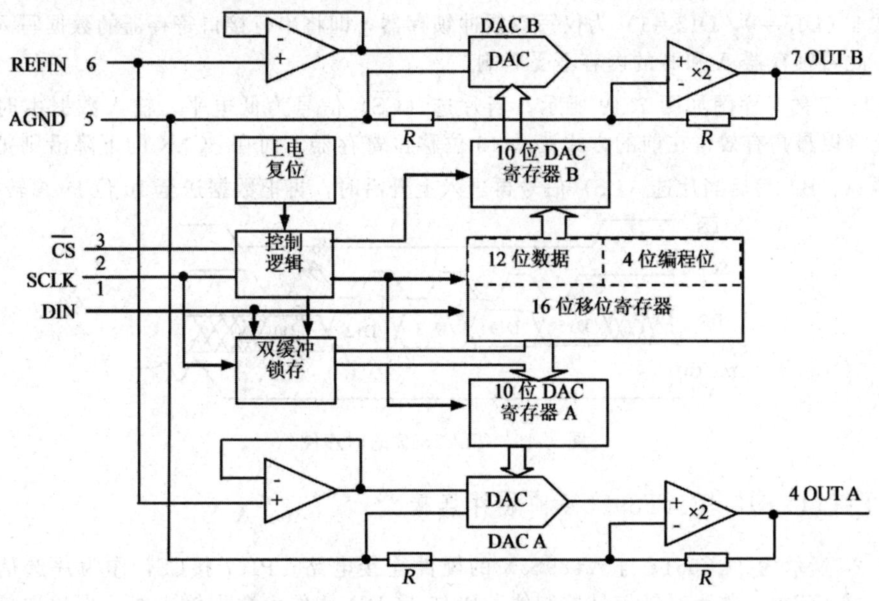

图 7.18　TLC5617 内部结构

（二）TLC5617的工作原理

TLC5617的输入数据格式如下图所示。其中，器件接收的16位字中前4位用于产生数据传送模式，中间10位产生模拟输出，两个额外的位（次LSB）可以不关心。

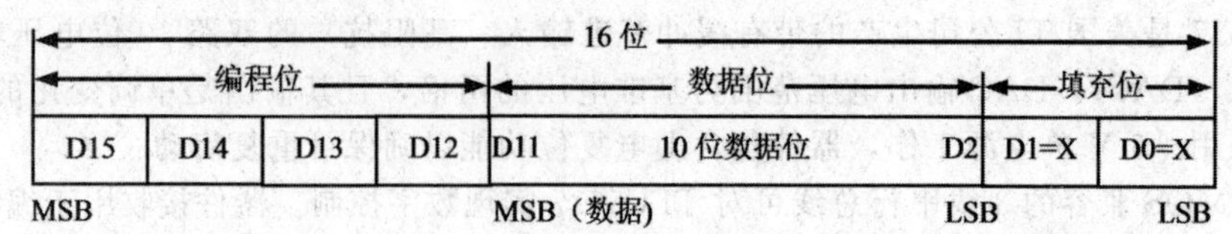

TLC5617具有三种数据传送方式，可由编程位的D15～D12控制选择，见表7.9，其中的"X"表示无关。具体的三种方式如下：

表7.9　16位移位寄存器可编程控制位组成功能表

编程位				器件功能
D15	D14	D13	D12	
1	X	X	X	串行寄存器的数据写入A，并用缓冲器锁存数据，更新锁存器B
0	X	X	0	写锁存器B和双缓冲锁存器
0	X	X	1	仅写双缓冲锁存器
X	1	X	X	12.5 μs建立时间
X	0	X	X	2.5 μs建立时间
X	X	0	X	上电操作
X	X	1	X	断电方式

方式1（D15=1，D12=X）为锁存器A写，锁存器B更新。此时串行接口寄存器的数据将写入器A，双缓冲锁存器的数据写入锁存器B，而双缓冲器的内容不受影响。

方式2（D15=0，D12=0）为锁存器B和双缓冲锁存器写，即将串行接口寄存器的数据写入锁存器B和双缓冲锁存器中，此方式下锁存器A不受影响。

方式3（D15=0，D12=1）为仅写双缓冲锁存器，即将串行接口寄存器的数据写入双缓冲锁存器，此时锁存器A和B的内容不受影响。

TLC5617的时序图如图7.19所示。当片选（$\overline{CS}$）信号为低电平，输入数据由时钟控制时，系统将以最高有效位在前的方式读入16位移位寄存器。而在SCLK的下降沿则把数据移入寄存器A、B。然后当片选（$\overline{CS}$）信号再进入上升沿时，再把数据送至10位D/A转换器。

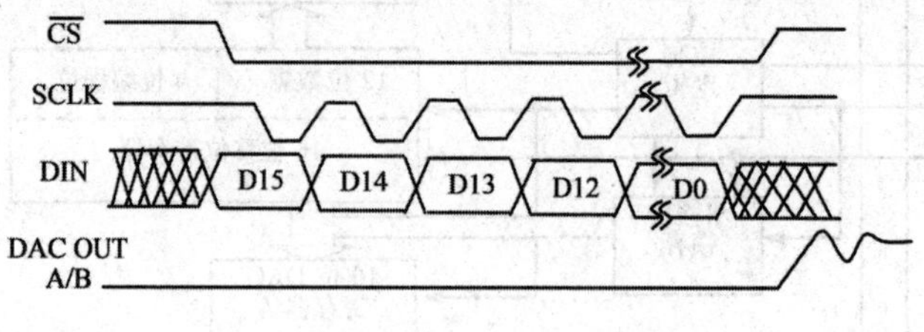

图7.19　TLC5617的时序图

（三）TLC5617与AT89S5X的硬件连接

图7.20所示为TLC5617与AT89S5X的硬件连接电路。P1.7接$\overline{CS}$，作为片选信号控制线。P1.6接SCLK，作为时钟信号控制线。P1.5接DIN，作为数据输入线。当片选信号为低电平时，TLC5617最先接收的是最高位数据，而AT89S5X单片机最先发送的是最低位数据，

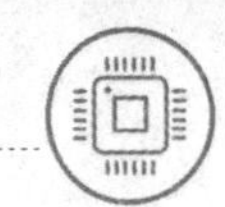

因此单片机在发送数据之前必须将各位数据的顺序颠倒一下。16 位数据可分两次发送，先发送高字节，后发送低字节。最先发送的 D12～D15 位为可编程控制位，用以确定数据的传送方式。然后在片选信号的上升沿把数据送到 DAC 寄存器以开始 D/A 转换。因 D/A 转换需要一定的时间，所以在进行下一次转换前一般需要延时，以确保输出结果的正确性。

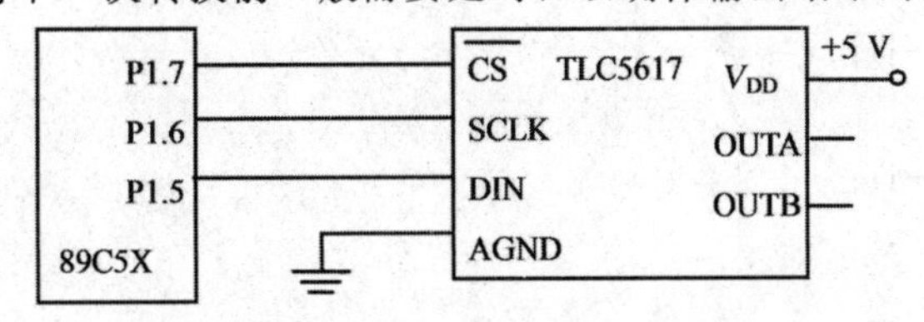

图 7.20　TLC5617 与 AT89S5X 应用接口

单片机控制串行 DAC－TLC5615 进行 D/A 转换，原理电路及仿真如图 7.21 所示。调节可变电位计 RV_1 的值，使 TLC5615 的输出电压可在 0～5V 内调节，从虚拟直流电压表可观察到 DAC 转换输出的电压值。

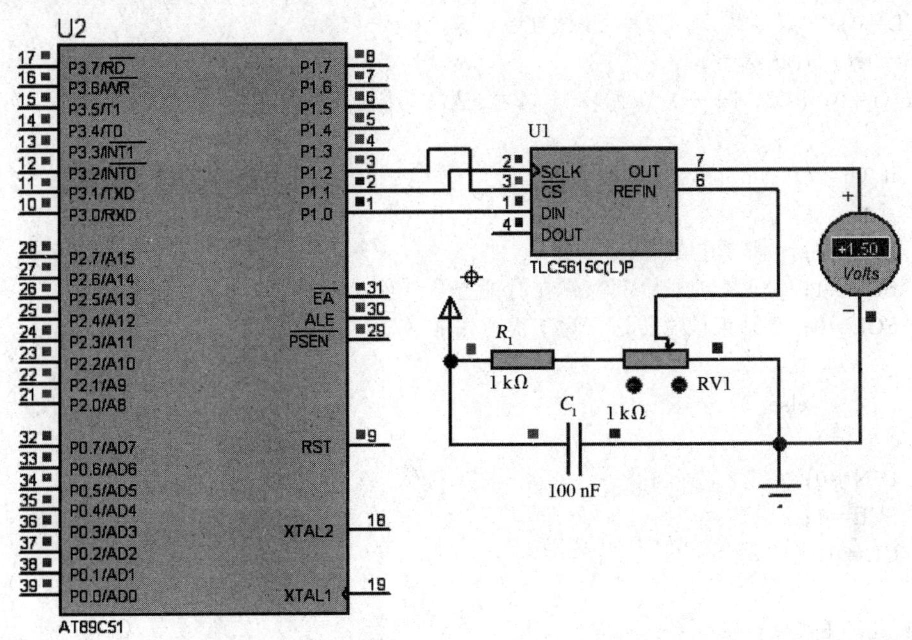

图 7.21　单片机与 DAC—TLC5615 的接口电路

参考程序如下：

```
#include<reg51.h>
#include<intrins.h>
#define uchar unsigned char
#define uint unsigned int
sbit  SCL=P1^1;
sbit  CS=P1^2;
sbit  DIN=P1^0;
uchar bdata dat_in_h;
uchar bdata dat_in_l;
sbit h_7=dat_in_h^7;
sbit l_7=dat_in_l^7;
void delayms (uint j)
```

```
{
   uchar i=250;
   for (; j>0; j--)
   {
        while (--i);
        i=249;
        while (--i);
        i=250;
   }
}
void Write_12Bits (void) //一次向 TLC5615 中写入 12 bit 数据函数
{
uchar i;
SCL=0; //置零 SCL，为写 bit 做准备
CS=0; //片选端=0
for (i=0; i<2; i++) //循环 2 次，发送高两位
{
   if (h_7) //高位先发
{
   DIN=1; //将数据送出
   SCL=1; //提升时钟，写操作在时钟上升沿触发
   SCL=0; //结束该位传送，为下次写作准备
}
        else
{
   DIN=0;
   SCL=1;
   CL=0;
}
dat_in_h<<=1;
}
for (i=0; i<8; i++) //循环八次，发送低八位
{
   if (l_7)
   {
      DIN=1; //将数据送出
      SCL=1; //提升时钟，写操作在时钟上升沿触发
      SCL=0; //结束该位传送，为下次写作准备
   }
   else
   {            DIN=0;
      SCL=1;
      SCL=0;}
      dat_in_l<<=1;}
```

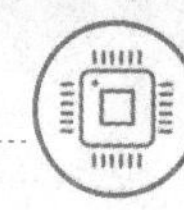

```
        for (i=0; i<2; i++) //循环2次，发送两个填充位
    {
        DIN=0; SCL=1; SCL=0;
    }    CS=1;     SCL=0;}
    void TLC5615-Start (uint dat_in) //启动DAC转换函数
    {
        dat_in%=1024;
        dat_in_h=dat_in/256;
        dat_in_l=dat_in%256;
        dat_in_h<<=6;
        Write_12Bits ();
    }
void main () //主函数
{                  while (1)
{TLC5615-Start (0xffff);    delayms (1);}
}
```

习 题

1. 什么是D/A转换器？

2. DAC0832主要特性参数有哪些？

3. DAC0832与AT89S5X单片机连接时有哪些控制信号？其作用是什么？

4. 简述逐次逼近式A/D转换器的工作原理。

5. 在单片机系统中，常用的A/D转换器有哪几种？

6. 转换器DAC0809的编程要点是什么？

7. 在什么情况下要使用D/A转换器的双缓冲方式？试以DAC0832为例画出双缓冲方式的接口电路。

8. 用单片机控制外部系统时，为什么要进行A/D和D/A转换？

9. 具有8位分辨率的A/D转换器，当输入0～5 V电压时，其最大量化误差是多少？

10. 在一个AT89S5X单片机与一片DAC0832组成的应用系统中，DAC0832地址为7FFFH，输出电压为0～5 V。试画出有关逻辑电路图，并编写产生矩形波，其波形占空比为1∶4，高电平为2.5V，低电平为1.25V的转换程序。

11. 选用DAC0832芯片，设计有三路模拟量同时输出的AT89S5X系统，画出硬件结构框图，编写数模转换程序。

12. 在一个AT89S5X与一片ADC0809组成的数据采集系统中，ADC0809的地址为7FF8H～7FFFH。试画出逻辑电路图，并编写程序，每隔1分钟轮流采集一次8个通道数据，共采集100次，其采样值存入以片外RAM 4000H开始的存储单元中。

13. 设计MC14433与AT89S5X接口线路，要求：具有直接显示功能；具有输入数据功能，输入数据的个位和十位保存在40H单元，千位和百位保存在41H单元，并且欠量程、过量程和极性分别保存在00H～02H位地址单元。

14. 画出串行A/D芯片TLC1543的使用电路。

参考文献

[1] 刘德新，曹雪梅. 单片机应用技术 [M]. 西安：西安电子科技大学出版社，2021.
[2] 吴文明. 单片机应用技术：C语言版 [M]. 西安：西安电子科技大学出版社，2021.
[3] 周忠强，李光荣，吴焕祥. 单片机技术及应用 [M]. 北京：电子工业出版社，2021.
[4] 姚存治，黄峰亮. 单片机应用技术：汇编+C51项目教程 [M]. 北京：机械工业出版社，2021.
[5] 何立民. 单片机高级教程 [M]. 北京：北京航空航天大学出版社，2000.
[6] 万光毅，严义. 单片机实验与实践教程 [M]. 北京：北京航空航天大学出版社，2003.
[7] 夏继强，沈德金. 单片机实验与实践教程 [M]. 北京：北京航空航天大学出版社，2001.
[8] 周兴华. 手把手教你学单片机 [M]. 北京：北京航空航天大学出版社，2005.
[9] 马忠梅等. 单片机C语言Windows环境编程宝典 [M]. 北京：北京航空航天大学出版社，2004.
[10] 李广弟等. 单片机基础（修订本）[M]. 北京：北京航空航天大学出版社，2001.
[11] 徐爱钧等. 单片机高级语言C51 Windows环境编程与应用 [M]. 北京：电子工业出版社，2001.
[12] 王幸之. 单片机应用系统抗干扰技术 [M]. 北京：北京航空航天大学出版社，1999.
[13] 杨光友等. 单片微型计算机原理及接口技术 [M]. 北京：中国水利水电出版社，2002.